症例でみる 小動物の皮膚病診療 Q&A

監修 **岩﨑利郎**
東京農工大学教授

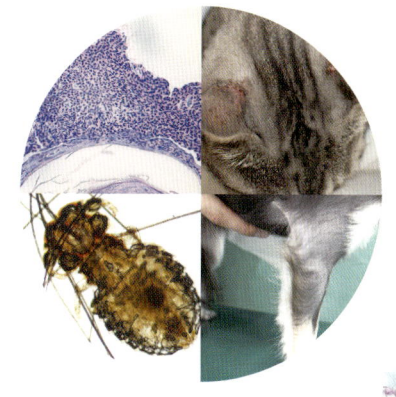
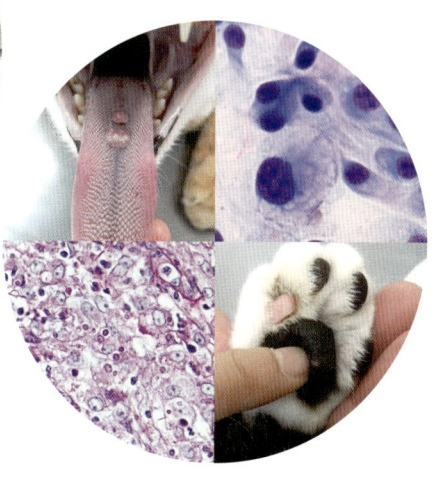

緑書房

ご 注 意

本書中の診断法，治療法，薬用量については，最新の獣医学的知見をもとに，細心の注意をもって記載されています。しかし獣医学の著しい進歩からみて，記載された内容がすべての点において完全であると保証するものではありません。実際の症例へ応用する場合は，使用する機器，検査センターの正常値に注意し，かつ用量等はチェックし，各獣医師の責任の下，注意深く診療を行ってください。本書記載の診断法，治療法，薬用量による不測の事故に対して，著者，監修者，編集者ならびに出版社は，その責を負いかねます。(株式会社　緑書房)

はじめに

　ここ10〜20年ほどで，小動物の臨床獣医学は日本において目覚ましい発展を遂げ，特に臨床第一線の先生方は欧米に劣らないほどの実力を付けてこられたものと感嘆しています。しかし，残念ながら専門医レベルでの日本の小動物臨床獣医学は未だに十分ではなく，今後も引き続き努力する必要があると思います。

　小動物の皮膚疾患の教科書や関連本は，翻訳本を含めて非常に多数のものが出版されていますが，そのほとんどは二次診療を行っている獣医皮膚科専門医によって執筆されています。それら専門医の二次診療に来院する患者の多くは，診断や治療が難しいなど，一般に難治性といわれる疾患をもっています。もちろん一次診療の獣医師のところにも，このような患者は来院するのでしょうが，二次診療と一次診療では，診ている患者が必ずしも同じ層でないかもしれないということを感じていました。

　そこで本書ではこのようなギャップを少しでも埋めるため，主な読者である臨床家の先生が日常の診療で遭遇する疾患について，皮膚科に炯眼をおもちの臨床第一線の15名の先生方に執筆して頂きました。したがって，本書には臨床現場で目にする疾患が多く含まれています。また，ひとつひとつの症例をＱ＆Ａ形式で記載してあるため，実際に診療をするのと同様な思考法を学ぶことができ，大変実践的な内容となっています。

　本書が多くの方に興味をもって読まれ，先生方，学生の皆さんの知識を広げるのに役立てば，執筆者一同望外の喜びです。

　最後に，本書が無事に刊行の運びとなるよう企画，編集に尽力していただいた，緑書房編集担当の松原芳絵氏に深く御礼申し上げます。

2012年7月1日

東京農工大学教授

岩﨑　利郎

執筆者一覧 （五十音順）

監修
岩﨑利郎　　　　　東京農工大学 獣医内科学教室

総論，コラム
伊從慶太　　　　　東京農工大学 動物医療センター 皮膚科

各論
池　順子　　　　　吉田動物病院
加藤（渡邊）理沙　東京動物医療センター
門屋美知代　　　　かどやアニマルホスピタル
小林哲郎　　　　　慶應義塾大学医学部 皮膚科学教室
斉藤久美子　　　　さいとうラビットクリニック
佐藤理文　　　　　ACプラザ 苅谷動物病院 三ツ目通り病院
島田健一郎　　　　麻布十番犬猫クリニック，島田動物病院
強矢　治　　　　　琉球動物医療センター
関口麻衣子　　　　帝京科学大学　アニマルサイエンス学科
　　　　　　　　　動物皮膚科学教室
西藤公司　　　　　東京農工大学 獣医内科学教室
堀中　修　　　　　ファーブル動物医療センター
藪添敦史　　　　　藪添動物病院
山岸建太郎　　　　本郷どうぶつ病院
横井愼一　　　　　泉南動物病院

目　次

はじめに……………………………………… 3
執筆者一覧…………………………………… 4
疾患および症状別目次……………………… 6

総論 ………………………………………… 9
各論 ………………………………………… 19

　　顔面 ………………………………… 21
　　体幹 ………………………………… 85
　　四肢 ………………………………… 161
　　全身 ………………………………… 199

参考文献……………………………………… 312
索引…………………………………………… 315

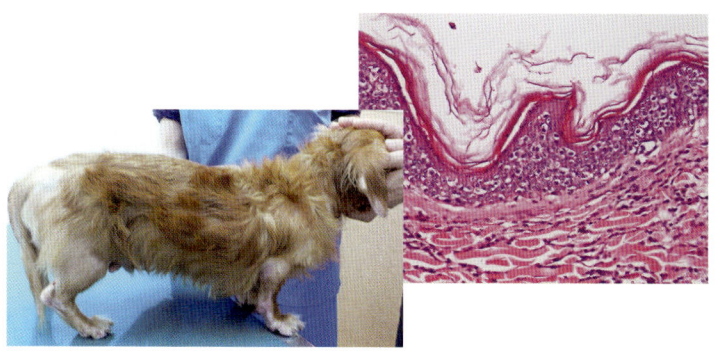

疾患および症状別目次

数字は症例番号

【あ】

- 犬のアトピー性皮膚炎 ……………………………………………………… 85, 94, 126
- 医原性クッシング症候群 ……………………………………………………… 49, 69, 114
- 犬のマダニ症 ……………………………………………………………………………… 40
- 犬毛包虫症 …………………………………………… 5, 15, 24, 36, 42, 70, 103, 129
- ウサギズツキダニ症 …………………………………………………………………… 122
- ウサギツメダニ症 …………………………………………………………………… 65, 111
- ウサギの顔面湿性皮膚炎 ……………………………………………………………… 26
- ウサギの湿性皮膚炎 ………………………………………………………………… 130
- ウサギの足底潰瘍 ……………………………………………………………………… 81
- ウサギのノミ寄生 …………………………………………………………………… 104
- ウサギの緑膿菌感染症 ………………………………………………………………… 54
- ウサギ梅毒 ……………………………………………………………………………… 16
- エストロジェン過剰症 ……………………………………………………………… 134
- 円板状エリテマトーデス ……………………………………………………………… 6, 13

【か】

- 疥癬 ………………………………………………………………… 97, 106, 128, 136
- 家族性皮膚筋炎（DM）………………………………………………… 96, 133, 135
- 化膿性肉芽腫性皮膚炎 ………………………………………………………………… 22
- 蚊刺咬性過敏症 ……………………………………………………………… 21, 28, 31
- 肝皮症候群 ……………………………………………………………………………… 91, 99
- 基底細胞腫 …………………………………………………………………………………… 46
- 虚血性皮膚症 ……………………………………………………………………… 96, 100
- クリプトコッカス症 ………………………………………………………………… 51, 108
- 形質細胞性足皮膚炎 ………………………………………………………… 76, 79, 83
- 血管周皮腫 ……………………………………………………………………………… 75
- 血管肉腫 ………………………………………………………………………………… 121
- 好酸球性肉芽腫群 …………………………………………………………… 12, 23, 66
- 甲状腺機能低下症 …………………………………………… 36, 88, 102, 116, 124, 131
- 黒色毛包異形成 ……………………………………………………………………… 98, 119

【さ】

- 細菌性爪感染症 ………………………………………………………………………… 78
- 再発性臁部脱毛症 ……………………………………………………………………… 34
- 耳介先端の潰瘍 ………………………………………………………………………… 20
- 色素性ウイルス性局面 ……………………………………………………………… 113
- 耳垢腺嚢腫症 …………………………………………………………………………… 4
- 脂腺炎 …………………………………………………………………………………… 90, 138
- 脂腺腺腫 ………………………………………………………………………………… 117
- シモンシエラ（口腔内細菌）………………………………………………………… 80
- 若年性蜂窩織炎 ……………………………………………………………………… 11, 22

項目	ページ
上皮向性リンパ腫	29, 33, 60, 118, 127, 141
ステロイド皮膚症	35, 43, 64, 82
接触皮膚炎	50
セルトリ細胞腫	62, 134
全身性エリテマトーデス	30
粟粒性皮膚炎	52

【た】

項目	ページ
多形紅斑	25, 107
脱毛症X（アロペシアX）	38, 56, 89, 137
淡色被毛脱毛症	93, 142
禿瘡	84

【な】

項目	ページ
猫のアトピー性皮膚炎	68
猫の疥癬	9, 120
猫の痤瘡（アクネ）	7, 19, 32
猫の毛包虫症	63
猫の心因性脱毛	125
熱傷	41
膿皮症	36, 85

【は】

項目	ページ
ハジラミ症	45, 67, 92
非上皮向性リンパ腫	110
皮膚糸状菌症	37, 57, 95, 123
皮膚石灰沈着症	44, 86
皮膚組織球腫	1, 10, 77
鼻部の不全角化	18
肥満細胞腫	14, 72
表在性膿皮症	47, 55, 105, 139
鼻梁の痂皮と体幹の膿疱	8
ペルシャ猫の顔面皮膚炎	2
扁平上皮癌	27, 71, 73

【ま】

項目	ページ
マラセチア皮膚炎	53
ミニチュア・シュナウザーの無菌性膿疱性紅皮症	109
ミミヒゼンダニ症	3, 17
無菌性結節性脂肪織炎	74
メラノーマ	87

毛包過誤腫	58
毛包形成異常	112
毛包嚢腫	59

【や】

薬疹	48
蠅蛆症（ハエウジ）	61

【ら】

落葉状天疱瘡	39, 101, 115, 132, 140

総　論

- 皮膚とは …………… 10
- 皮膚の機能 ………… 10
- 皮膚の構造 ………… 11
- 皮膚の付属器 ……… 14
- 発疹学 ……………… 15

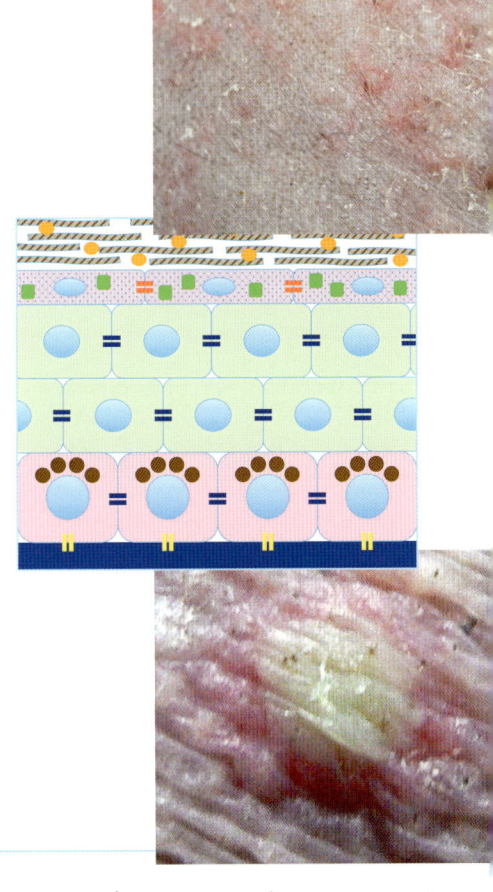
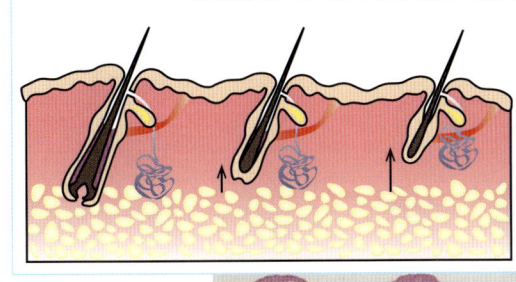
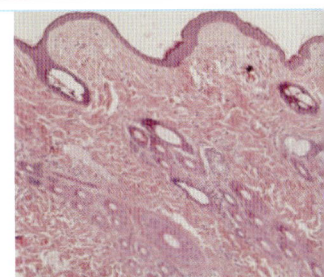

総論

●皮膚とは

皮膚は体重の約12％を占める最大の臓器である。皮膚は外部環境に直接曝露されており，生命を維持するために必要となる様々な機能と構造を有している。

●皮膚の機能

①バリア機能：皮膚は外部からの微生物や物理的・化学的刺激などの侵入を防ぐバリア機能，および内部からの水分，電解質，タンパク質などの流出を防ぐバリア機能を有している。
②体の可動性，形態の保持：皮膚は柔軟性，弾力性，強度に富んでおり，この特性により体が様々な程度で可動すること，また体の形態を維持することが可能となる。
③体温調節：被毛，血流調節，汗腺の分泌などを通じて体温調整に重要な役割を担っている。
④内部環境の反映：内科的疾患，栄養状態，薬物投与などによる様々な影響が皮膚に反映される。
⑤免疫調節機能：皮膚は免疫系において重要な臓器である。角化細胞，ランゲルハンス細胞，リンパ球などの細胞が主体となり，微生物の感染や皮膚の新生物の発生を制御するための免疫機能を調節している。
⑥感覚器：触覚，痛覚，痒覚，温覚，冷覚を司る様々な構造を有する。
⑦その他：ビタミンDの合成，メラニン色素の産生など。

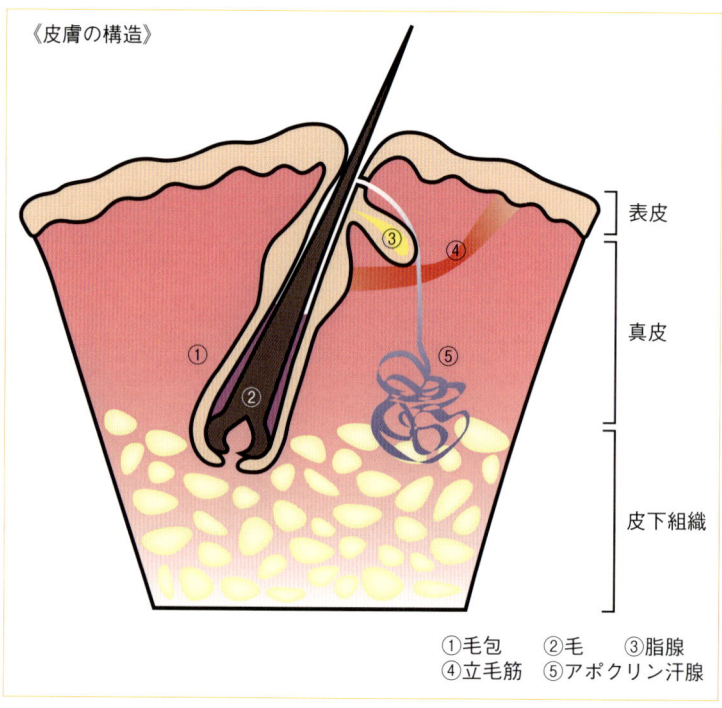

《皮膚の構造》
①毛包　②毛　③脂腺
④立毛筋　⑤アポクリン汗腺

表皮／真皮／皮下組織

●皮膚の構造

皮膚は大きく分けて，表皮，真皮，皮下組織の3層から構成されている。また，毛器官（毛包，毛），立毛筋，脂腺，汗腺（アポクリン汗腺，エクリン汗腺），爪などの付属器がある。

表皮

表皮は皮膚の最外層に位置し，皮膚のバリア機能においてもっとも重要な役割を担う構造である。表皮の約95％は角化細胞で構成され，その他メラノサイト，ランゲルハンス細胞，メルケル細胞などが存在する。

表皮は基底層，有棘層，顆粒層，角質層の4層で構成される。角化細胞は表皮の最深部（基底層）において分裂し，分化・成熟（角化）に伴い上層（有棘層〜顆粒層）へ移行する。最終的に角化細胞が脱核し，重層化して角質層を形成する。表皮の顆粒層において，角化細胞は主に2種類の顆粒（ケラトヒアリン顆粒，層板顆粒）を有する。ケラトヒアリン顆粒内にはプロフィラグリンが含まれ，プロフィラグリンは角化の際にフィラグリンに分解される。フィラグリンは角質細胞の細胞質でケラチン線維を凝集させるとともに，角質層上層において分解されて保水機能および紫外線吸収能を有する天然保湿因子となる。

一方，層板顆粒内にはセラミド前駆体が含まれる。角化細胞が成熟し角質層まで達した際に，層板顆粒よりセラミドが角質細胞間へ放出される（細胞間脂質：その他コレステロール，遊離脂肪酸などが存在）。セラミドは脂質二重層構造をとるため，皮膚の保湿に重要な役割を果たす。フィラグリンおよびセラミドは皮膚の保湿やバリア機能において重要な役割を担っており，これらの遺伝的な産生障害や含有量の低下が魚鱗癬やアトピー性皮膚炎の病態に関与すると考えられている。

角化細胞は，隣接する角化細胞同士が結合するためのデスモソームや裂隙結合，基底膜と結合するためのヘミデスモソームなどの接着構造を有する。デスモソームは角化細胞同士を接着するとともに，細胞膜と細胞骨格を架橋する。裂隙結合は主に表皮上層に発現し，水分子や電解質の蒸散を防いでいる。

メラノサイトは神経堤由来の細胞であり，表皮においては基底層に分布する。細胞内にメラノソームを有し，メラノソーム内でチロシンからメラニンが合成される。成熟したメラノソームは基底細胞へ供給され，基底細胞の核の上部に配置されることで紫外線から核を防御する（核帽の形成）。

ランゲルハンス細胞は骨髄由来の樹状細胞であり，抗原をT細胞に提示する働きをもつ。メルケル細胞は表皮の基底層に存在する触覚受容細胞であり，知覚神経終末が結合されている。

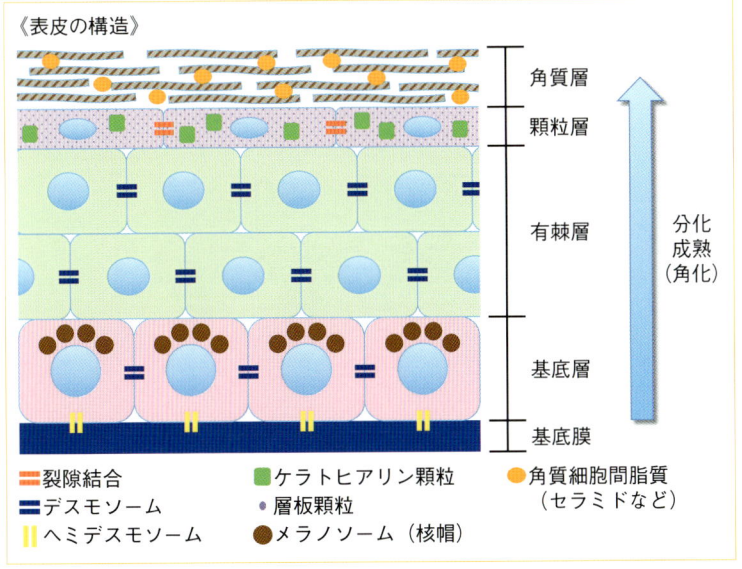

基底膜

　表皮と真皮は基底膜を介して接合する。基底膜は様々な接着蛋白により構成され，複雑な構造をとる。基底細胞と基底板との接着にはヘミデスモソームが重要な役割を担う。基底細胞と基底板の間は透明帯と呼ばれる。
　BP180（水疱性類天疱瘡抗原；XVII型コラーゲン），α6β4インテグリンはラミニン5と結合し，ヘミデスモソームと基底板を連結する。ラミニン5は基底板直下のVII型コラーゲン（係留線維）と結合し，VII型コラーゲンはI型およびIII型コラーゲンと基底板とを結合させる。BP180，ラミニン5，VII型コラーゲンなどに先天的な構造異常が生じる疾患として表皮水疱症が知られている。後天性の疾患としては，BP180やBP230に対する自己抗体が産生される水疱性類天疱瘡，VII型コラーゲンに対する自己抗体が産生される後天性表皮水疱症が存在する。

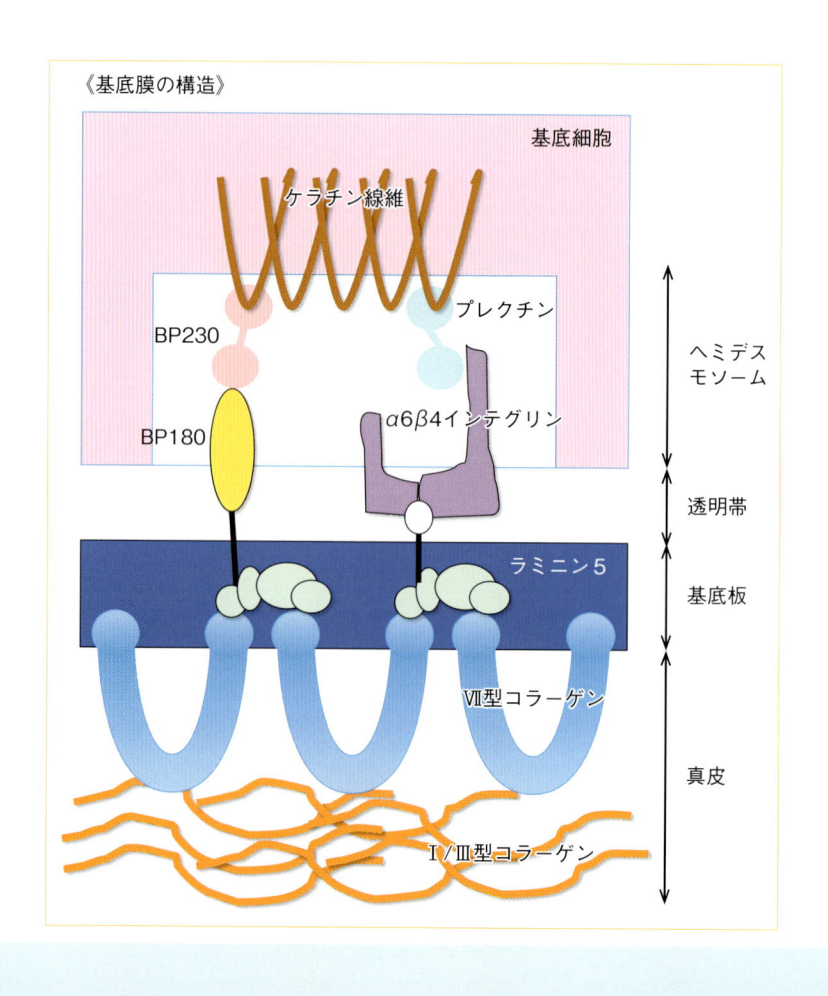

《基底膜の構造》

基底細胞
ケラチン線維
BP230
プレクチン
BP180
α6β4インテグリン
ヘミデスモソーム
透明帯
ラミニン5
基底板
VII型コラーゲン
真皮
I/III型コラーゲン

真皮
　真皮は表皮の下部に存在する線維性組織に富んだ構造物であり，解剖学的には乳頭層，乳頭下層，網状層の3層構造をとる。真皮を構成する線維性組織の大部分は膠原線維（主にⅠ型，Ⅲ型コラーゲン）である。膠原線維は張力に対して強靭であり，皮膚の力学的な強度を保つ役割を担う。また真皮には，弾力性に富み，皮膚に柔軟性を与える弾性線維も存在する。エーラス・ダンロス症候群はこれらの線維の減少，構造異常が起こる疾患であり，皮膚の脆弱化，過伸展が認められる。
　真皮では血管が網目状に分布，吻合する血管叢と呼ばれる構造が皮下および乳頭下において認められる。この血管構造は皮膚への栄養供給，ガス交換を行うのみならず，体温調節にも重要な役割を果たしている。その他，真皮にはリンパ管，知覚神経（触覚，痛覚，温覚，圧覚）および自律神経も分布している。細胞成分としては線維芽細胞，組織球，肥満細胞，形質細胞などが存在する。

皮下組織
　皮下組織の大部分は皮下脂肪組織で占められる。皮下脂肪組織の大部分は脂肪細胞で構成されており，物理的な外力の干渉作用，熱産生や保温機能といった重要な役割を果たしている。

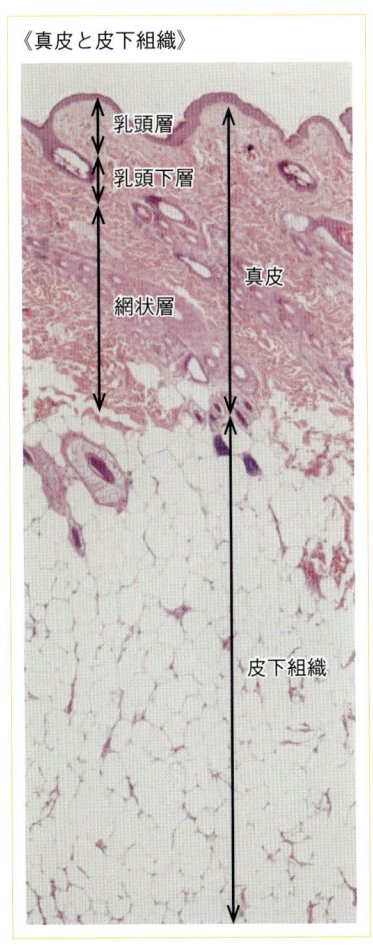

《真皮と皮下組織》

総論

●皮膚の付属器

毛器官

　毛器官は物理的・化学的刺激から皮膚を守るほか，体温調節や感覚器としても重要な役割を担う。毛器官は毛とそれを取り囲む毛包によって構成される。毛は内側より毛髄，毛皮質，毛小皮の3層からなる。また，毛には主毛（一次毛）および副毛（二次毛）が存在する。

　毛包は2層構造をとる。外側は結合組織性毛包と呼ばれ真皮と連続し，内側は上皮性の成分からなり外毛根鞘および内毛根鞘に分けられる。毛包は上部から毛孔，毛包漏斗部，毛包峡部，毛包膨大部と変化し，最下部は球状に膨らんで毛球となる。毛包膨大部には立毛筋が付着し，その上部に脂腺導管およびアポクリン汗管が開口する。毛球の中央部には毛乳頭が存在し，その周囲を毛母細胞が取り囲む構造をとる。毛母にはメラノサイトが存在し，被毛にメラニンを供給する。

　毛器官は成長期，退行期，休止期からなる毛周期を繰り返すことにより，毛の成長および脱落を行っている。毛周期の長さは被毛の長さ，品種，日照時間，気温，栄養状態，ホルモンなどに左右される。成長期毛は活発に増殖を繰り返す毛母細胞を有し，皮下組織のレベルで毛球が確認される。退行期に移行すると毛母の細胞増殖は休止し，毛包が収縮するため毛球の位置レベルが上昇する。休止期へと移行すると毛包は毛包膨大部のレベルまで上昇し，毛根は棍棒状となる。そして再び成長期に移行すると皮下組織のレベルまで毛包は下降する。

汗腺

　汗腺にはアポクリン汗腺およびエクリン汗腺の2種類がある。ヒトとは異なり犬や猫においては，アポクリン汗腺は鼻鏡および肉球を除く皮膚に存在する。アポクリン汗腺は毛包漏斗部に開口し，体臭に関与するとともに，抗菌作用を有すると考えられている。エクリン汗腺は肉球に存在し，肉球皮膚表面に直接開口する。ヒトではエクリン汗腺は温熱刺激に反応して発汗することで体温調節に関与しているが，犬や猫では主に精神的緊張により発汗すると考えられている。

脂腺

　脂腺は皮脂を産生する付属器であり，毛包漏斗部（アポクリン汗管開口部下方）に開口する。皮脂は皮膚や被毛に弾性を与えるほか，保湿や抗微生物作用も有する。

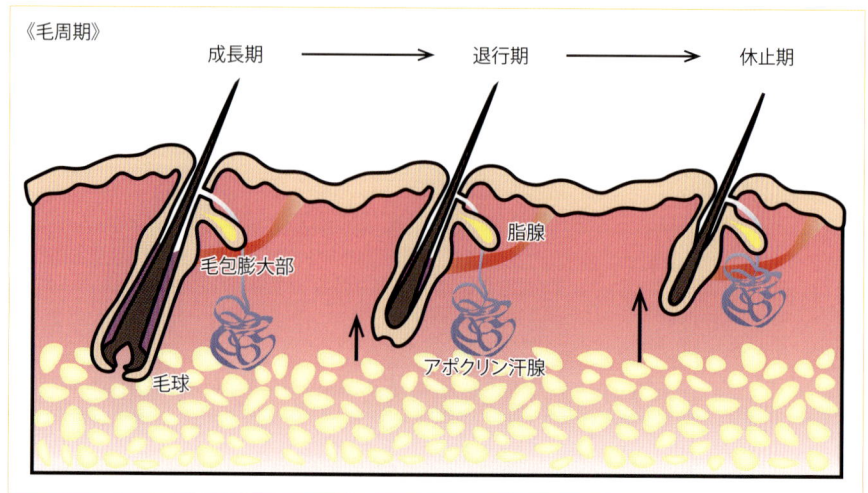

《毛周期》

●発疹学

　発疹とは皮膚に発現する病変である。発疹は原発疹（初期の皮膚病変）および続発疹（原発疹や他の続発疹に続く2次的な病変）に区分される。皮膚科診療において原発疹，続発疹を観察し，その分布を確認することは皮膚疾患を診断する上で重要である。

原発疹
1. 色調の変化（斑）

①紅斑（写真①）：真皮浅層に存在する血管の拡張によって生じる発疹である。血液成分は血管外へ漏出していないため，ガラス圧診により色調は消退する。紅斑はアトピー性皮膚炎やマラセチア皮膚炎など，炎症を起こす様々な疾患で認められる。また，紅斑が環状に配列するものは環状紅斑と呼ばれ，皮膚糸状菌症，表在性拡大性膿皮症，多形紅斑などで認められる。

②紫斑（写真②）：真皮あるいは皮下組織における出血によって生じる発疹である。紅斑とは異なり血液成分が血管外へ漏出しているため，ガラス圧診により退色しない。外傷，血液凝固系の異常，血管炎，副腎皮質機能亢進症，ステロイド皮膚症などで認められる。

③色素斑（写真③）：主にメラニン色素の沈着によって生じる発疹である。メラニン色素の沈着する部位や量によって，肉眼的な色調が変化する。小動物の皮膚科臨床では表皮内への沈着を認めることが多いため，黒色〜茶褐色の色素斑を認めることが多い。性ホルモン関連性皮膚症，炎症後などに認められる。

④白斑（写真④）：メラニン色素，メラノサイトが減少あるいは消失することによって生じる発疹であり，多くの疾患で認められる。その例として，円板状エリテマトーデス，ブドウ膜—皮膚症候群，上皮向性リンパ腫（菌状息肉症）などの他，加齢，虚血，炎症後および慢性的な物理的刺激が挙げられる。

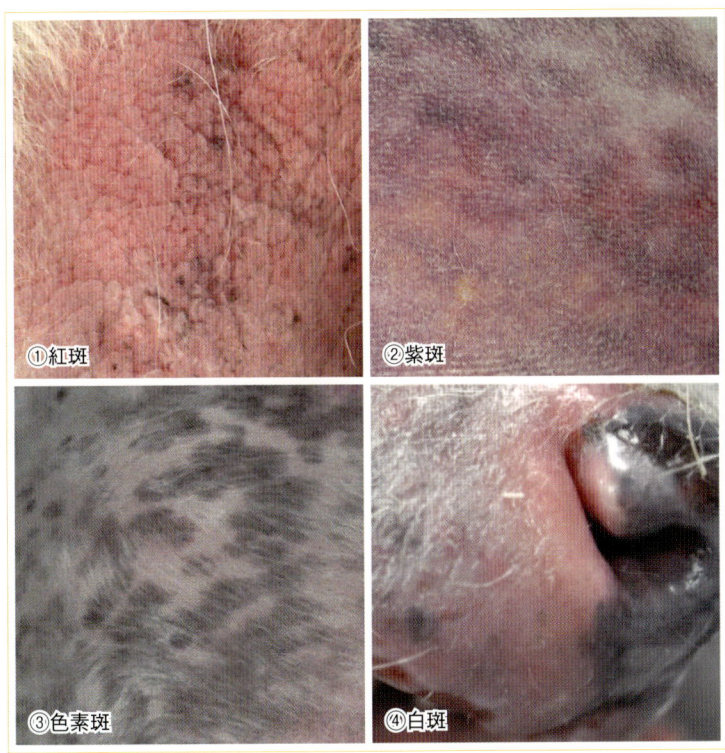

2. 隆起する発疹

①丘疹（写真①）：直径が1cm未満であり、限局性に隆起した発疹である。丘疹が毛孔の位置と一致するかを確認することが重要である。毛孔に一致する丘疹は主に毛包が侵される疾患の細菌性毛包炎、皮膚糸状菌症、毛包虫症などで認められる。毛孔に一致しない丘疹は、疥癬や猫の粟粒性皮膚炎などで認められる。

②局面（写真②）：多くの丘疹が集合・融合した結果生じる扁平に隆起した発疹である。皮膚石灰沈着症、円板状エリテマトーデス、上皮向性リンパ腫などで認められる。

③結節/腫瘤（写真③）：結節は直径1〜3cmの限局性隆起性病変、腫瘤は直径3cm以上の限局性隆起性病変である。深在性の細菌または真菌感染症、脂肪織炎、異物、腫瘍などで認められる。

④水疱/膿疱（写真④）：表皮内の細胞接着障害、表皮—真皮間の接着障害のため、水溶性物質や膿が表皮内あるいは表皮下に貯留することで生じる隆起性の病変である。表皮の上層に水疱が生じた場合、水疱を覆う被膜が薄く、張りがないため弛緩性水疱と呼ばれる。一方、表皮下に水疱が形成された場合は水疱を覆う被膜は厚くなり、水疱が張っているため緊満性水疱と呼ばれる。弛緩性水疱/膿疱は天疱瘡や膿痂疹などで、緊満性水疱は類天疱瘡、後天性表皮水疱症などで認められる。

⑤嚢腫：真皮、皮下組織に存在する膜構造で裏打ちされた閉鎖性の隆起性病変である。毛包嚢腫やアポクリン汗嚢腫などで認められる。

⑥膨疹：皮膚に生じる限局性の浮腫性病変である。膨疹は通常短時間で消失し、また瘙痒を伴うことが多い。膨疹を特徴とする皮膚疾患を蕁麻疹と呼ぶ。

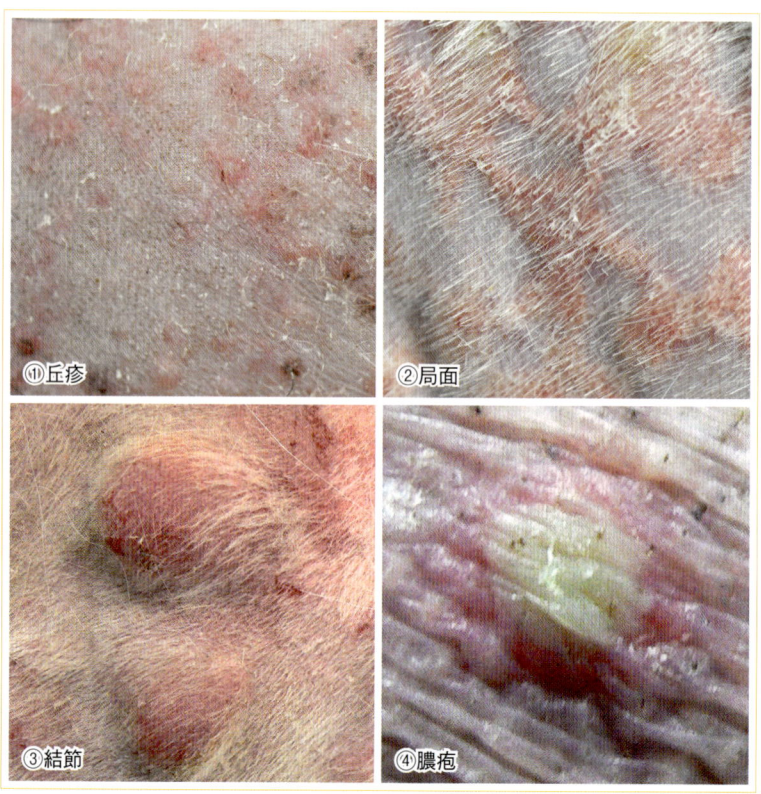

①丘疹　②局面　③結節　④膿疱

続発疹
① びらん／潰瘍（写真①）：皮膚組織の欠損が表皮基底層を超えないものがびらん，皮膚組織の欠損が真皮，皮下組織に達するものが潰瘍である。びらんは水疱や膿疱が破綻した際や掻破行動などで生じ，瘢痕を残さずに治癒する。一方，潰瘍は虚血，深部感染症，腫瘍などで生じ，肉芽組織により修復され瘢痕を残す。
② 痂皮（写真②）：血液，膿，滲出液，角質などが凝集し，皮膚表面に付着する発疹である。基本的にはびらん，潰瘍の表面を覆う。
③ 鱗屑（写真③）：皮膚の表面に角質が過剰に蓄積する発疹である。鱗屑が皮膚の表面より脱落する現象を落屑と呼ぶ。鱗屑は様々な皮膚疾患で非特異的に認められる続発疹であるが，鱗屑の大きさや色調，分布（毛孔の位置に一致しているか）を確認することが重要である。
④ 苔癬化（写真④）：慢性経過の炎症性皮膚疾患において認められ，皮膚が厚く，硬くなることにより生じる発疹である。皮溝，皮丘が明瞭になることが特徴である。
⑤ 瘢痕：潰瘍に続いて認められる続発疹であり，皮膚組織の欠損部が結合組織性の肉芽腫で置換された発疹である。通常，正常な皮膚の付属器は瘢痕部に再生しない。

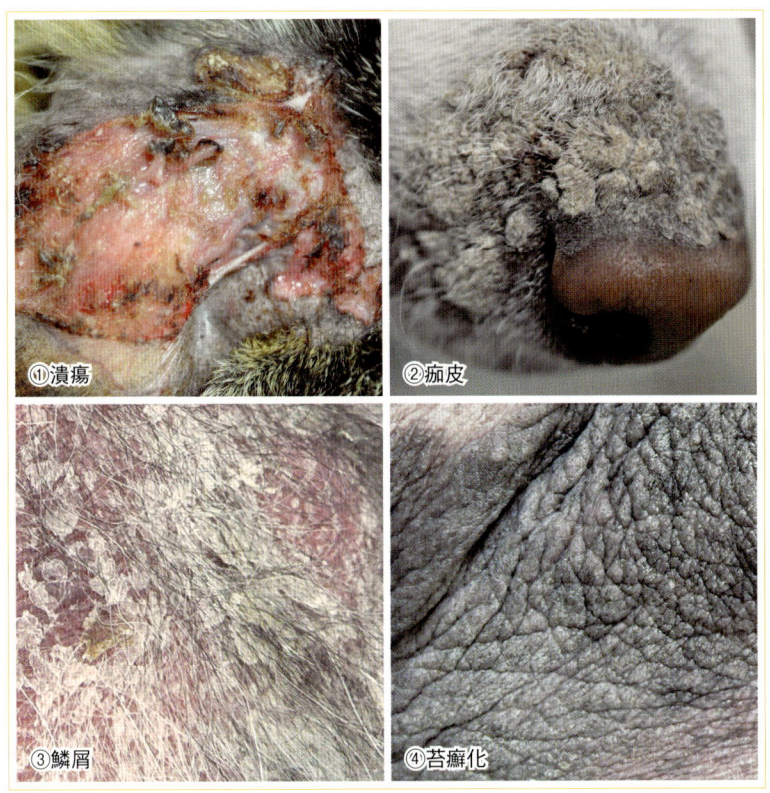

①潰瘍　②痂皮　③鱗屑　④苔癬化

各　論

- 顔面　………………… 21
- 体幹　………………… 85
- 四肢　………………… 161
- 全身　………………… 199

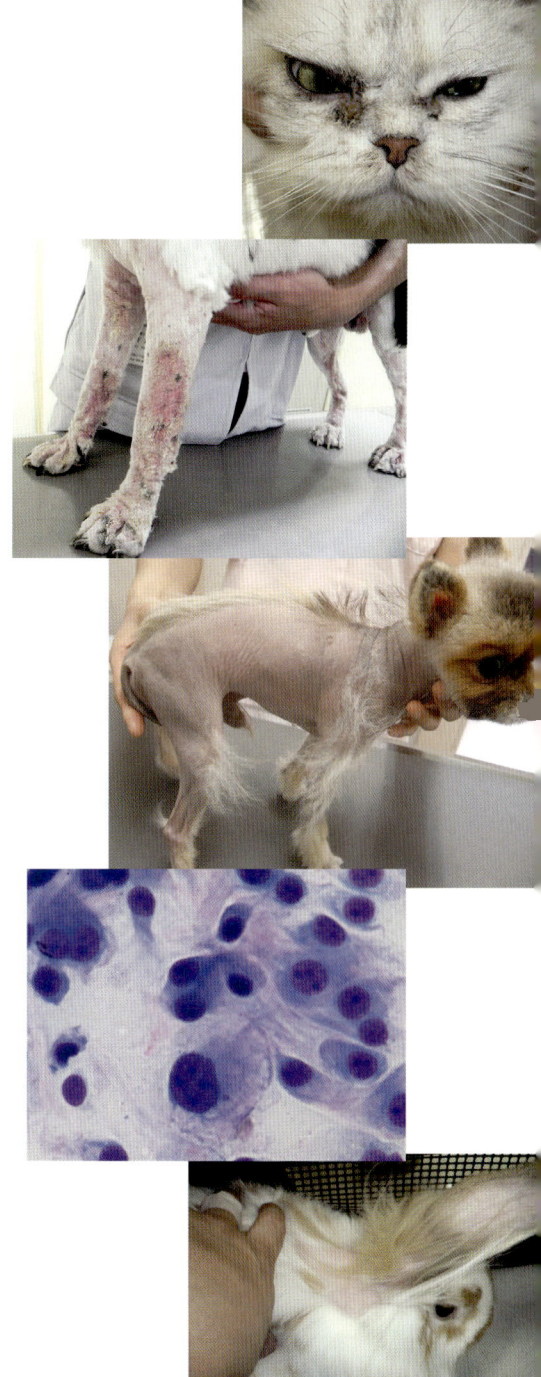

Column

ノミ取り櫛検査

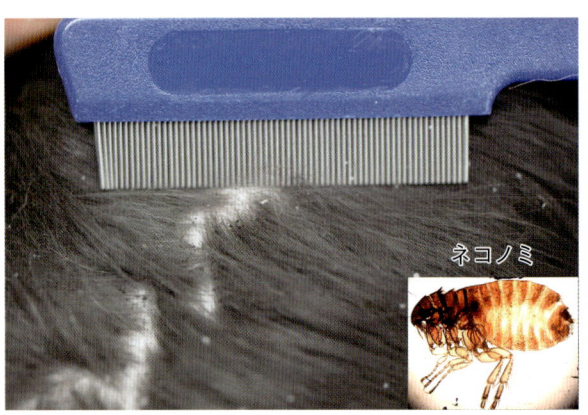

ノミ取り櫛検査はノミ，シラミ，ツメダニなどの大型な外部寄生虫の虫体，糞の検出に有用である。

手技的に簡便に行うことのできる検査であり，全身よりサンプルを採取できるため皮膚科診療では日常的に行うことが望まれる。また，これらの外部寄生虫の検出には，スコッチテープを用いてサンプルを採取し直接鏡検を行ってもよい。

皮膚掻爬物直接鏡検

〈浅い掻爬〉
広範囲に表面を掻爬

〈深い掻爬〉
目的とする部位を深く掻爬（出血する程度）

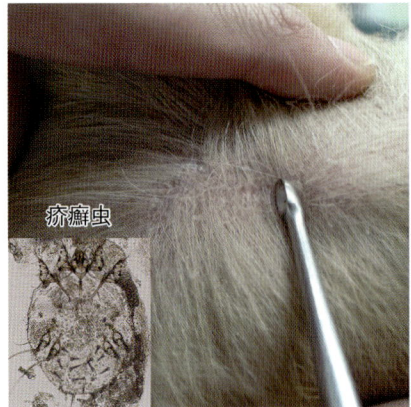

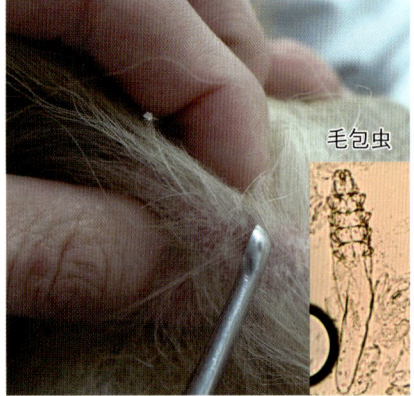

皮膚掻爬物直接鏡検は主に疥癬虫，毛包虫，ツメダニなどの外部寄生虫や皮膚糸状菌の胞子あるいは菌糸を検出するために有用な検査である。疥癬虫は皮膚の浅層に寄生するため，病変部の皮膚を浅く広く掻爬することが望ましい。掻爬部位としては，耳介辺縁，肘部，踵部の鱗屑，腹部の紅色丘疹，触診してかゆみの強い部分を中心に掻爬を行うとよい。毛包虫は皮膚の深層（毛包や脂腺）に寄生するため，病変部を圧迫しながら，出血するまで深く掻爬する必要がある。掻爬する皮疹としては毛孔に一致した丘疹，膿疱，鱗屑などを選択する。

顔面

症例.1　犬，避妊雌，口吻の野イチゴ状腫瘤

主訴・所見

ラブラドール・レトリーバー，4歳，避妊雌，体重22kg。口吻に直径約1cmの皮膚腫瘤があるという主訴で来院した。腫瘤は皮下と固着せず，表面が脱毛し，野イチゴ状の境界明瞭なものである（写真1-1）。

問題

(a) 肉眼的所見から挙げられる鑑別診断は何か？
(b) FNAによる細胞診（写真1-2）を行った上で，疑える疾患は何か？
(c) 治療はどのようにしたらよいか？

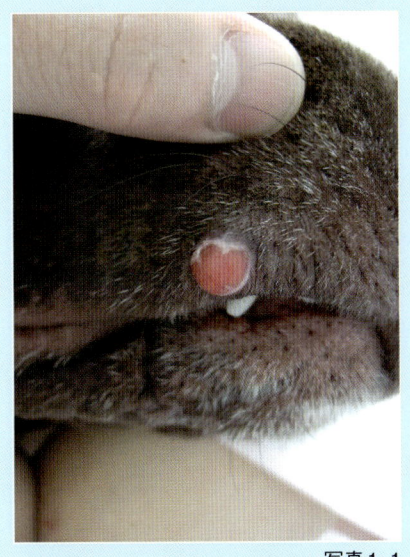

写真1-1

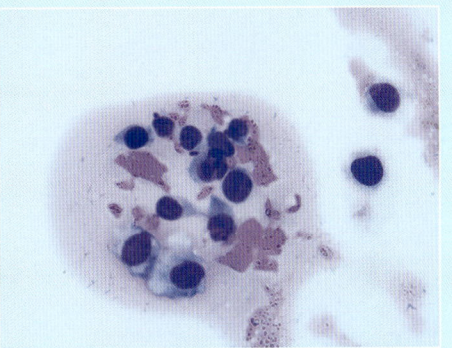

写真1-2

> **解答**
>
> (a) 組織球系腫瘍，肥満細胞腫，肉芽腫（細菌性，真菌性および異物性），その他の皮膚腫瘍。
>
> (b) 細胞質が中等度で核が偏在する細胞が認められ，これらは組織球と考えられる。発症年齢，発症部位および単発性であることなどから皮膚組織球腫であると考えられる。
>
> (c) 通常は約2～4ヵ月で自然退縮するため，経過観察とする。しばらくは外見上の変化がみられないが，いったん退縮すると数日で消失することが多い。退縮しない場合は外科的切除および病理組織学検査を検討する。

● Key Point

- 3歳以下の若齢犬に多くみられる。
- 頭部，顔面および四肢の皮膚に好発する。
- 瘙痒などの症状はみられない。

● オーナーへの伝え方

- 一般的には良性腫瘍であるため経過観察とするが，退縮しない場合は外科的切除が必要になることをあらかじめ伝えておく。

顔面

症例.2　猫，去勢雄，かゆみ，顔面の皮膚炎

主訴・所見

　ペルシャ，1歳8ヵ月齢，去勢雄。生後1歳の頃から続く，顔面に限局したかゆみと皮膚炎を主訴に来院した（写真2-1，2-2）。皮膚炎は脱毛，発赤，脂性の滲出物を主な特徴とし，眼周囲，口周囲，顎下を中心に分布していた。他院にて，副腎皮質ホルモン剤，抗菌剤，抗真菌剤を主体とした治療が実施されていた。
　治療には部分的に反応するものの，改善と増悪をくりかえし，完全に良くなることがなかったため，転院を決断したとのことであった。屋内飼育であり他の動物との接触はなかったが，同居のフェレットが1匹いるとのことであった。毎年の混合ワクチン接種ならびに毎月のノミ予防薬の投与が実施されている。低アレルゲン食への変更を試みたが，嗜好性の問題から継続は不可能と判断された。血清IgE検査にてハウスダストや花粉，食物など多くの項目で陽性反応が確認されている。

問題

(a) 主な鑑別診断リストを挙げよ。
(b) もっとも疑われる疾患名は何か？
(c) どのように診断するか？
(d) 鑑別を行うために追加すべき検査を挙げよ。

写真2-1

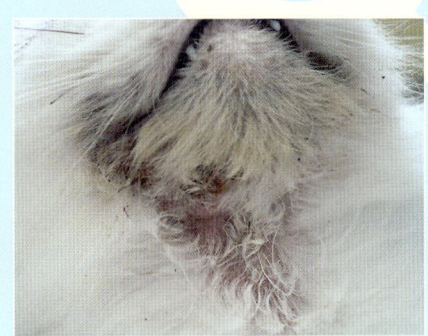

写真2-2

解答

(a) ペルシャ猫の顔面皮膚炎，アトピー性皮膚炎，食物過敏症，落葉状天疱瘡，紅斑性天疱瘡，円板状エリテマトーデス（皮膚エリテマトーデス），疥癬，マラセチア性皮膚炎，表在性膿皮症，皮膚糸状菌症，毛包虫症などが挙げられる。
鑑別診断リストを作成する際のポイントとして，「顔面に限局した」「瘙痒性」皮膚炎に注目する。

(b) ペルシャ猫の顔面皮膚炎。
アトピー性皮膚炎との鑑別はもっとも困難であると考えられる。ただし，アトピー性皮膚炎であれば，よほどの重症例を除いて，通常は副腎皮質ホルモン剤への反応は良好であることが多い。なお現時点では，血清IgE検査は，猫のアトピー性皮膚炎の診断に有用ではない。

(c) ペルシャ猫の顔面皮膚炎は，原則として他の疾患を除外することにより診断する。品種がもっとも重要な判断材料となるが，その他に病歴や臨床症状，病理組織学的所見，治療に対する反応性などが，本疾患の特徴に合致するかどうかを検討する。
アトピー性皮膚炎も除外診断が基本であるため，両者の鑑別は困難な場合も少なくない。

(d) 皮膚搔爬検査，被毛検査，細胞診（テープストリッピング，押捺塗抹検査），除去食試験，皮膚生検。
上記(a)の鑑別診断リストに挙げられた症例に対して，確定あるいは除外が可能となる検査を選択する。また，検査とは異なるが，段階的に抗菌剤，抗真菌剤，副腎皮質ホルモン剤などを投与することによる試験的治療も，診断に役立つ可能性がある。

●Key Point
・ペルシャの顔面皮膚炎は，ペルシャおよびヒマラヤンの顔面に限局して発生する皮膚疾患であり，その原因は不明とされている。
・様々な程度の炎症やかゆみを伴い，眼周囲や口周囲などに黒褐色の脂性の分泌物がみられる。二次性の細菌またはマラセチア感染が続発する。
・二次感染の治療ならびに副腎皮質ホルモン剤やシクロスポリンの投与が行われるが，良好な反応を示すことは少ない。予後は要注意である。

●オーナーへの伝え方
・一般的に治療は困難である。二次感染の治療と対症療法によって一時的には改善するかもしれないが，再発する可能性が高く，完治するとは考えない方がよい。重症例では対症療法にも反応しない。
・遺伝的な背景が関与している可能性が高いため，患者を繁殖に供しない方がよいと伝える。

顔面

症例.3　若齢犬，雄，耳垢，耳のかゆみ

主訴・所見

トイ・プードル，3ヵ月齢，雄，体重1.0kg。ペットショップで購入して以来，耳をかゆがり，大量の黒褐色の耳垢が見られたという主訴で来院した（写真3-1）。

問題
(a) 耳垢の顕微鏡検査（写真3-2）で見られた虫体は何か？
(b) 治療はどうしたらよいか？

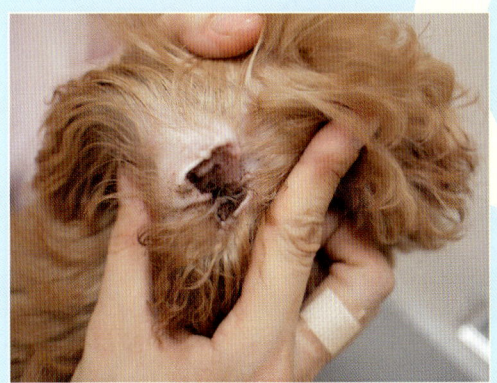

写真3-1

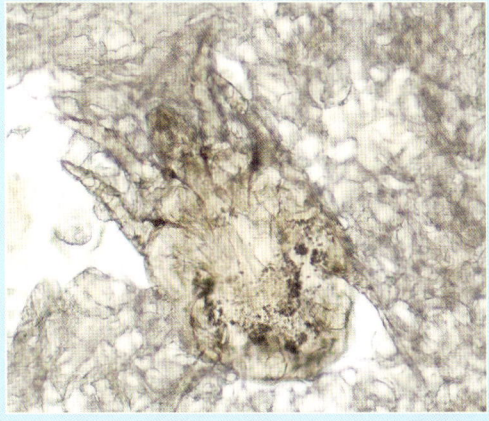

写真3-2

> **解答**

(a) ミミヒゼンダニ（写真3-3）

(b) 可能な限り耳垢を除去する。また駆虫のため，セラメクチン6〜12mg/kgのスポットオン製剤を1ヵ月ごとに最低2回滴下，またはイベルメクチン0.3mg/kgを1週間ごとに最低4回経口投与する。外耳道炎に感染が併発している場合は適切な抗菌剤の投与を行う。

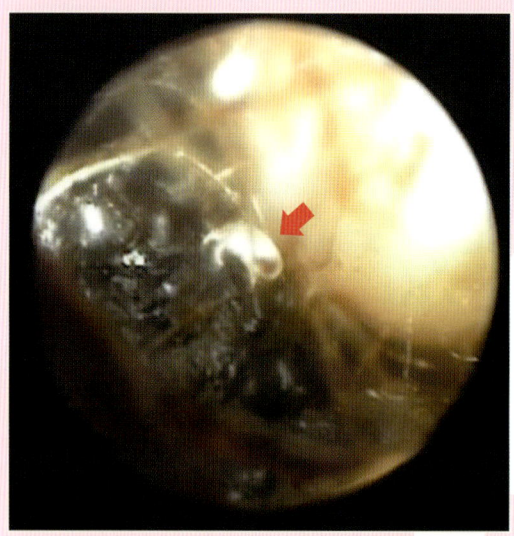

写真3-3

● Key Point

・駆虫剤を1回投与しただけでは虫卵に対する効果が期待できない。ライフサイクルが約2週間であるため，虫卵の孵化を考慮し1ヵ月以上は治療を継続する。
・院内感染を防ぐために，処置後の院内清掃を徹底的に行う必要がある。
・適切に治療すれば予後は良好である。

● オーナーへの伝え方

・家庭内での再感染を防ぐため，環境の清浄化が必要である。
・同居動物がいる場合は，全頭で一斉に駆除する。
・屋外飼育の猫の場合は，再感染する可能性が高いことを伝える。

顔面

症例.4 　猫，去勢雄，耳道の腫瘤

主訴・所見

スコティッシュ・フォールド，6歳，去勢雄が耳介内側に多数の腫瘤ができたとの主訴で来院した（写真4-1）。外耳道内は腫瘤のためほぼ塞がれており，マラセチア外耳炎を併発していた。腫瘤のFNAを行ったところ，主に組織球が観察され，その他はリンパ球，好中球であった。腫瘍細胞は認められなかった。

問題
(a) 診断名は何か？
(b) 治療方法は何か？

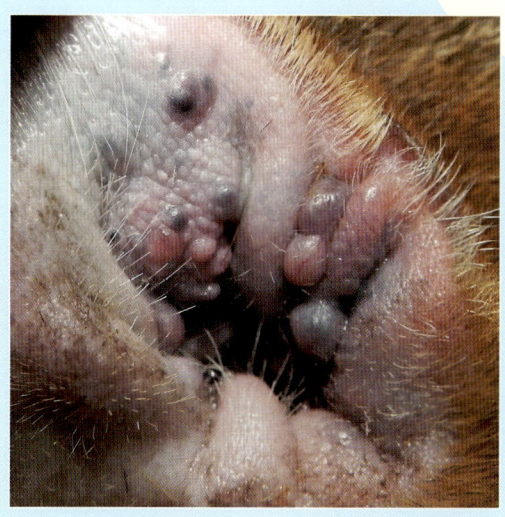

写真4-1

解答

(a) 猫の耳垢腺嚢腫症である。猫の耳垢腺嚢腫症は，原因不明でまれに発症する非腫瘍性病変である。平均発症年齢は8～9.5歳であるが，1歳程度で発症することもある。アビシニアンとペルシャ猫に発症しやすいとされる。

(b) 積極的な外科治療を行う。腫瘍の大きさにより，外耳道の耳道切開術，垂直耳道切除術，全耳道切除術のいずれかが適用されるが，耳介内側に限局したものであれば，CO_2レーザーによる蒸散で，長期間の改善が期待できる可能性がある。

●Key Point

・病変は集合体としてしばしば多発し，通常は直径2 mm以下の点状の結節や水疱として外耳道や耳介内側に認められる。暗赤色，褐色，または黒色で，臨床的にメラノーマや血管腫と見誤まる可能性があるので注意する。

●オーナーへの伝え方

・非腫瘍性病変であるが，腫瘤のある耳を切除しないと完治しないことがある。
・結節が小型であるうちに，CO_2レーザーによる蒸散を試みる。
・耳道が閉塞することにより，外耳炎が続発することがある。

顔面

症例.5　若齢犬，びらん，脱毛，鱗屑

主訴・所見

　3ヵ月齢のフレンチ・ブルドッグ。ペットショップで購入直後の健康診断として来院した。頭部にびらんを伴う脱毛斑（写真5-1），耳介に紅斑および鱗屑（写真5-2）が認められた。購入直後のため，かゆみなどの詳細は不明である。

問題

(a) 若齢犬においてこのような病変が観察された場合，どのような疾患を鑑別診断として挙げるか？

(b) 鑑別のために最初にどのような検査を行うか？

(c) 今後，どのような経過をたどることが予測されるか？

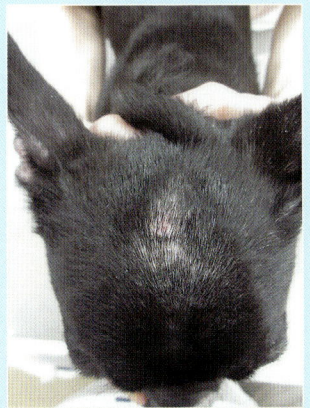

写真5-1

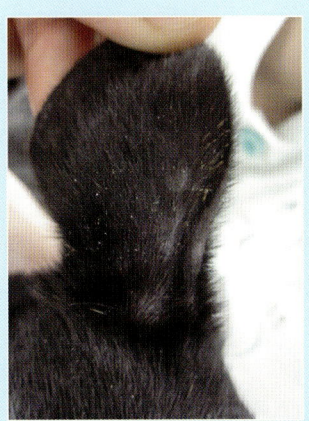

写真5-2

解答

(a) 毛包虫症，皮膚糸状菌症，外傷，まれではあるが皮膚筋炎（様疾患）が鑑別疾患として挙げられる。

(b) 押捺塗抹検査，皮膚掻爬検査を行う。病変部からは毛包虫が検出された。

(c) 若齢発症の局所性毛包虫症のほとんどが12～18ヵ月齢で自然治癒する。まれに全身性へ移行する症例もある。

● Key Point
- 毛包虫症は非感染性の寄生虫性疾患である。
- 伝播は母親からの垂直伝播で，生後数日以内に起こる。正常でもごく少数の毛包虫が，特に顔面や鼻梁部に存在する。
- 若齢発症の毛包虫症はほとんどが局所性（6ヵ所以内の病変）であるが，まれに全身性に移行する症例もある。
- 若齢発症の毛包虫症の病変は，斑状あるいは境界明瞭な脱毛，局面，結節，紅斑および鱗屑が特徴である。かゆみはないか，わずかであり，頭部と前肢が好発部位である。

● オーナーへの伝え方
- 「ダニの寄生」と聞いて，ヒトや同居動物にうつるのでは？　と心配するオーナーがほとんどである。まず，そのような可能性はないということを伝える必要がある。次に，ペットショップあるいはブリーダーでダニをもらったのでは？　と疑うことが多い。不必要なトラブルを避けるために，母子による垂直伝播であるということを伝える。
- 局所性であればほとんど治療の必要はないが，無治療で経過観察とする場合は十分なインフォームド・コンセントが必要である。オーナーの十分な理解が得られなければ，「何も治療してもらえなかった」と転院する可能性もある。

顔面

症例.6 犬，避妊雌，鼻の色素脱失

主訴・所見

紀州犬の雑種，7歳，避妊雌，21kg。2年前より徐々に鼻鏡，鼻表面などの皮膚の色が，黒色からピンク色に変化してきたため来院した。オーナーによると時々鼻表面より出血していることがあるが，犬はあまり気にする様子もなく，一般状態は良好とのことであった。

来院時，鼻は辺縁部の一部を除き全体的にピンク色で，一部に痂皮の付着とびらんを認めた（写真6-1，6-2）。鼻以外，耳介やパッドの皮膚，粘膜部に異常はみられなかった。

問題

(a) どのような疾患を鑑別疾患として考えるべきか？
(b) 本症の診断を行うため，どのような検査を実施するか？

写真6-1

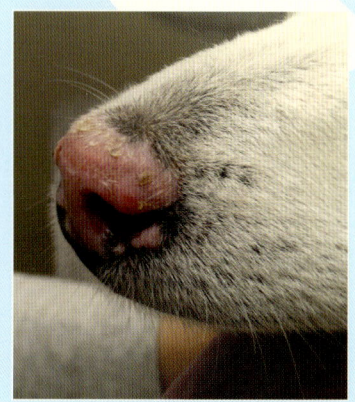

写真6-2

解答

(a) 病変の発症部位と臨床症状より円板状エリテマトーデス（＝DLE，皮膚エリテマトーデス），全身性エリテマトーデス，落葉状天疱瘡，紅斑性天疱瘡，ブドウ膜―皮膚症候群などの自己免疫性疾患や，鼻の日光性皮膚炎，白斑，膿皮症，皮膚糸状菌症，外傷などの疾患が疑われる。

(b) 円板状エリテマトーデスと全身性エリテマトーデスとの鑑別のため，血液一般・生化学検査や尿検査，抗核抗体検査を行う。通常，円板状エリテマトーデスではこれらの検査結果に異常は認められない。また他の疾患との鑑別に病理組織学検査が有効であるため，皮膚生検を行う。本症例は円板状エリテマトーデスと診断された。

● Key Point

- 円板状エリテマトーデスは犬では比較的一般的で，皮膚にのみ出現する良性の自己免疫性疾患であると考えられている。病理組織学検査では全身性エリテマトーデスと鑑別がつかないことがある。
- 紫外線が悪化要因と考えられており，日照時間の長い夏にしばしば症状が悪化しやすい。
- 症状が軽度の場合は日光を避け，症状に合わせて副腎皮質ホルモンの外用療法やビタミンE（400〜800IU/day），必須脂肪酸，テトラサイクリンとニコチン酸アミドの投与（各薬剤を＜10kgで250mg，q8h，＞10kgで500mg，q8h）を，より重度の症例では副腎皮質ホルモン（2.2mg/kg，q24h）の経口投与を検討する。治療は患者の年齢や症状と，治療による副作用を考慮し選択する必要がある。

● オーナーへの伝え方

- 円板状エリテマトーデスの病変は主に鼻，口唇，眼の周囲などの顔面に限局する。鼻平面の粗い敷石構造が消失し，色素脱失や紅斑，脱毛，鱗屑，痂皮，びらん，潰瘍，瘢痕化が特徴である。一過性の出血がみられることがあり，瘙痒やいたみの程度は様々で，通常皮膚以外の一般状態は良好である。
- コリー，シェットランド・シープドッグ，ジャーマン・シェパード，シベリアン・ハスキーに好発傾向が報告されているが，性差や年齢差は明らかではない。
- 通常予後は良いが，症状に合わせた治療管理が生涯必要となることが多い。

顔面

症例.7 　猫，去勢雄，下顎の皮膚炎

主訴・所見

　雑種猫，12歳，去勢雄，体重6kg，室内飼育。3週間前にオーナーが下顎の皮膚炎に気付き，処方された抗生剤の投与を行っていたが改善がないため来院した。
　来院時下顎に一部発赤と丘疹を認め（写真7-1，7-2），病変部を圧迫すると出血と排膿がみられた。その他の部位には病変は認められなかった。

問題

(a) どのような診断名を考えるか？
(b) この疾患の好発部位はどこか？
(c) どのように治療を行うか？
(d) 完治する見込みはあるか？

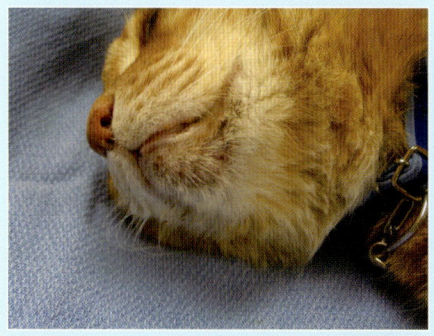

写真7-1

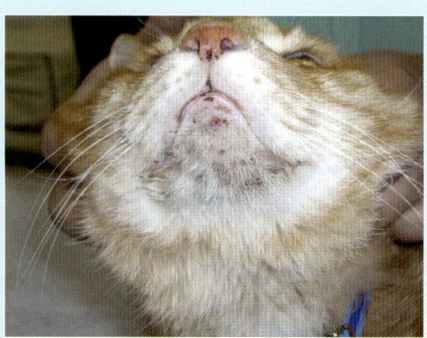

写真7-2

解答

(a) 猫の痤瘡。猫では比較的一般的にみられる皮膚疾患で，発症部位と臨床所見が特徴的である。通常，診断は病歴聴取，臨床所見や他疾患の除外を基に行う。

(b) 下顎と口唇に隣接した皮膚。特徴的な痂皮や面皰，変色した黒い角化物の被毛への付着，および丘疹や膿疱を認める。慢性化し感染が皮膚深部に波及すると瘻管形成や膿瘍がみられる。

(c) 個々の症状に合わせた治療を行う。
病変部周囲の毛を刈り，過酸化ベンゾイルやサルファ・サリチル酸などの抗脂漏性シャンプーで毎日あるいは1週間に数回洗浄する。
ムピロシンやクリンダマイシン，エリスロマイシンなどの抗生物質含有の軟膏やクリームを外用する。
細菌の二次感染があればアモキシシリン・クラブラン酸製剤やフルオロキノロン，セファレキシンなどの適切な抗菌剤による治療を行う。

(d) 予後は良好であるが，生涯にわたり症状に合わせた治療がしばしば必要である。症状の程度は様々である。

● Key Point

- 猫の痤瘡は毛包の角化不全やグルーミング不足，脂漏性の素因が原因として示唆されるが正確な原因は不明である。
- 初期病変は無症候性でしばしば見過ごされる。重度で慢性化した病変部では，いたみを伴う腫脹や毛包炎，せつ腫症，蜂窩織炎が認められ，病変部では *Pasteurella multocida* やブドウ球菌属，β溶血性レンサ球菌属など様々な菌が分離される可能性がある。

● オーナーへの伝え方

- 猫の痤瘡は猫に比較的よくみられる皮膚疾患である。非感染性疾患であるため同居動物やヒトへの感染の心配はない。
- 好発品種や性差は報告されていない。
- 症状が軽度であれば主に審美上の問題であるが，しばしば生涯にわたって症状に合わせた治療管理が必要となる。

顔 面

症例.8　犬，雌，鼻梁の痂皮，腹部の膿疱

主訴・所見

　ジャーマン・シェパード・ドッグ，7歳，雌。2ヵ月前より続く頭部の痂皮病変を主訴に来院した。初診時には耳介，両側眼瞼，鼻梁に厚い痂皮の付着が認められ，また腹部には複数の小膿疱を含む紅斑が散在して認められた。症例は皮膚病変部以外に明らかな異常所見を示さず，元気も食欲も良好であった。

問題

(a) 主な鑑別診断として何が挙げられるか？
(b) 今後診断を進める上で，どのような検査が必要か？
(c) 皮膚生検を行う場合，最適な採材箇所は写真8-1と8-2のどちらか？

写真8-1

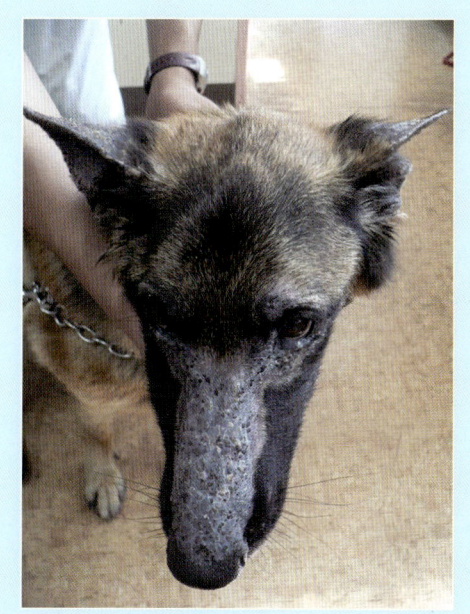

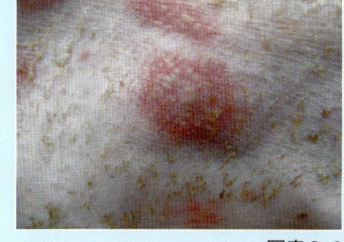

写真8-2

解答

(a) 落葉状天疱瘡，紅斑性天疱瘡，毛包虫症，皮膚糸状菌症，細菌性毛包炎，薬疹，皮膚エリテマトーデスが鑑別診断として挙げられる。

(b)
1. 被毛鏡検および皮膚掻爬検査：毛包虫症や皮膚糸状菌症の同定・除外に有用である。
2. 痂皮下または膿疱内容物の細胞診：浸潤細胞や棘融解細胞の有無を観察する。
3. 真菌の培養による菌種の同定および膿疱内容物の細菌培養による菌種の同定：細菌・真菌感染症の菌種同定・除外に有用である。
4. CBC，血清抗核抗体測定，尿検査：皮膚エリテマトーデスを鑑別・除外する上での指標となる。
5. 皮膚生検：病理組織学的診断および蛍光抗体法による病変部への自己抗体の沈着を確認する上で有用である。

(c) 写真8-2である。新鮮な膿疱は原発疹であるため，典型的な病理組織学的診断が得られやすい。

●Key Point

・落葉状天疱瘡では，自己抗体による表皮細胞間接着の障害および好中球浸潤によって棘融解性膿疱が生じ，その結果として皮膚に膿疱，びらん，痂皮が認められる。紅斑性天疱瘡は落葉状天疱瘡の亜型と考えられており，主に顔面を中心として紅斑，白斑および膿疱が認められる。
・犬で皮膚に膿疱を認める類症鑑別として，細菌性毛包炎，毛包虫症，皮膚糸状菌症，薬疹などが挙げられる。

●オーナーへの伝え方

・落葉状天疱瘡では生涯にわたり免疫抑制療法が継続される症例が多いため，確定診断の重要性と予測される治療効果，リスクについて説明する。

顔面

症例.9　猫，雄，かゆみ，脱毛，痂皮

主訴・所見

　保護された雑種猫，およそ2ヵ月齢，雄，体重850g。衰弱と削痩，皮膚炎のため来院した。来院時仔猫は瘙痒を示し頭部，耳介，眼の周囲，肘に発赤を伴う脱毛斑に，白色の鱗屑および厚い痂皮の付着が認められた（写真9-1，9-2）。同胎の仔猫にも同様の皮膚症状がみられた。

問題

(a) どのような疾患を鑑別疾患として考えるべきか？
(b) 診断のため，どのような検査を行うか？
(c) どのような感染経路が疑われるか？
(d) どのように治療を行うか？

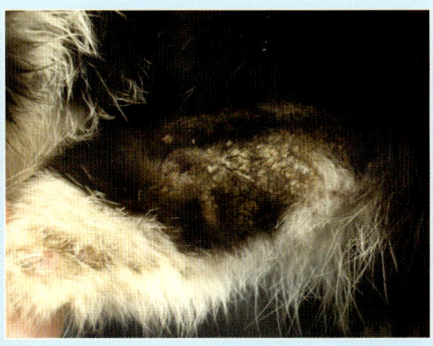

写真9-1　　　　　　　　　　　写真9-2

解答

(a) 若齢猫でみられるかゆみのある感染性の炎症性皮膚疾患として，疥癬，耳ダニ症，皮膚糸状菌症が疑われる。

(b) 皮膚搔爬検査，被毛や鱗屑の顕微鏡検査，ウッド灯検査を行う。病変部皮膚を浅く搔爬し，その材料での成ダニ，若ダニ，幼ダニ，虫卵の有無を調べる。猫の疥癬は比較的容易に検出できる。ダニや虫卵が検出されなければ皮膚糸状菌の感染がないかをウッド灯検査と，注意深い毛と鱗屑の鏡検で確認する。

(c) 本症例では疥癬の虫体と虫卵が検出された。猫の疥癬は伝染性が非常に強く，罹患した猫との直接接触により感染する。

(d) 治療は症状が消失し，皮膚搔爬検査が陰性になるまで行う。通常治療には6～8週間が必要である。
2～3%のライム・サルファ液で1週間ごとにシャンプーを行う。
イベルメクチンあるいはドラメクチンを体重あたり200～300μg/kg，2週間ごとに皮下投与する（猫での使用は承認されておらず，また仔猫では中毒を起こす可能性がある）。

● Key Point

・猫の疥癬はヒゼンダニ科の猫小穿孔ヒゼンダニ（*Notoedres cati*）と呼ばれる小型のダニが表皮中に寄生することによって発症する。
・ダニは表皮の角質内にトンネルを掘って卵を産み生活し，環境中では通常数日間しか生存できない。脱毛や紅斑，鱗屑，分厚い黄色から灰色の痂皮が，初期には主に耳介や顔面で認められ，やがて四肢，会陰部へと広がる。瘙痒は軽度から重度と様々である。

● オーナーへの伝え方

・猫疥癬は人獣共通感染症で，直接的な接触により犬やうさぎに感染する。ヒトへの被害は通常一過性で，瘙痒性発疹が認められる。オーナーにはヒトの医療機関を受診するよう伝える必要がある。
・衰弱している若い猫は特に感受性が高い。このダニは非常に伝染力が強いため罹患した猫と接触のあった猫は全て治療する。殺ダニ剤による環境の清浄化を行い，再感染を予防する必要がある。

顔 面

症例.10 犬，去勢雄，鼻の腫瘤

主訴・所見

チワワ，4歳，去勢雄。2ヵ月前に吻部に紅斑を示す境界明瞭なドーム状の腫瘤が出現した。自覚症状はないものの，徐々に大きくなったため来院した（写真10-1）。細胞診では大型の組織球様細胞と小型のリンパ球様細胞が多数検出された。セファレキシンを22mg/kg，1日2回で3週間内服した後に再診で来院したところ，腫瘤はほぼ消失していた（写真10-2）。

問題
(a) もっとも可能性の高い診断名は何か？
(b) 他に鑑別すべき診断は何か？
(c) どのような管理や治療が必要か？

写真10-1

写真10-2

> **解答**
>
> (a) 皮膚組織球腫
>
> (b) 組織球肉腫，反応性組織球症，皮膚肥満細胞腫，形質細胞腫，非上皮向性リンパ腫，蕁麻疹，感染性毛包炎，異物性肉芽腫，ランゲルハンス細胞組織球症など。
>
> (c) 皮膚組織球腫であれば，自然退縮後の特別な治療は必要ないが，一般的な好発年齢よりも発症年齢が高い場合は，定期的な経過観察を心がける方がよい。自壊などによって強い自覚症状を伴う場合は，続発性膿皮症の管理として抗生剤の内服，抗菌物質含有軟膏の塗布，消毒などを検討する。自然退縮がみられない持続性の病変は，外科的切除を検討する。

●Key Point

- 犬の皮膚組織球腫は，表皮内に分布する抗原提示細胞であるランゲルハンス細胞の増殖性疾患である。細胞診あるいは病理組織学検査所見において，増殖細胞は様々な程度に異型性を示すことがある。
- 若齢犬（通常は3歳以下）に好発する良性腫瘍であるが，あらゆる年齢に発症する可能性がある。
- 大部分の病変は自然退縮する。末期の腫瘤内ではTリンパ球が多く浸潤し，退縮に関与していると考えられている。
- 臨床的には境界明瞭なドーム状の紅斑性腫瘤で，通常は直径3cm以下である。単発性が多いが，多発性の場合もある。体のあらゆる部位に発症する可能性があるが，耳介，頭部，四肢などに好発する。

●オーナーへの伝え方

- 犬の皮膚組織球腫は一般的に良性腫瘍であり，大部分は3ヵ月以内に自然退縮し，予後は良好であることを伝える。
- 犬の皮膚組織球腫の好発年齢は3歳以下であり，中〜高齢で発症した場合は経過に注意するよう伝える。
- 多発性の場合や退縮しない持続性の病変は，外科的切除のうえ病理組織学検査を行い，他の腫瘍や疾患との鑑別を行う必要があることを伝える。

顔 面

症例.11　仔犬，雌，顔面の痂皮，リンパ節腫脹

主訴・所見

　ノーフォークテリア，2ヵ月齢，雌。最初は下眼瞼に小型の丘疹がみられ，2日後には眼瞼周囲の腫脹が認められた（写真11-1）。次第に脱毛と痂皮を形成するようになり，病変部は吻部や耳介内側に拡大した（写真11-2，11-3）。
　皮膚病変の発症とともに左前肢の疼痛および跛行，全身の倦怠感，発熱（39.2℃），下顎リンパ節および浅頸リンパ節の腫脹が認められた。同腹仔には皮膚症状およびその他の臨床症状は認められなかった。

問題

(a) どのような疾患を鑑別疾患として挙げるべきか？
(b) どのように診断をするか？
(c) 本疾患の治療はどのようにすればよいか？

写真11-1

写真11-2

写真11-3

> **解答**

(a) 発赤，腫脹が認められることから炎症性の疾患が考えられる。若齢の犬に好発してみられる炎症性疾患として毛包虫症，皮膚糸状菌症，深在性膿皮症などの感染症および感染症以外の炎症性疾患として，蕁麻疹や若年性蜂窩織炎（若年性リンパ節炎）が疑われる。

(b) 病歴や薬物投与，ワクチン接種，食物の摂取歴などを問診で聴取し，蕁麻疹の可能性を検討する。また，皮膚掻爬検査，ウッド灯検査，細胞診を行い，特に毛包虫症および皮膚糸状菌症による感染性疾患を除外する。
上記の疾患が否定されると，残る鑑別疾患は深在性膿皮症と若年性蜂窩織炎である。若年性蜂窩織炎は通常無菌性であるが，細菌による二次感染が認められることもあるため，細胞診にて細菌が認められたときは，抗菌剤の全身投与を行い，症状に改善が認められるか試験的治療を行う。
抗菌剤の全身投与への反応がみられないとき，あるいは細胞診にて細菌が検出されないときは若年性蜂窩織炎が強く疑われる。

(c) 病変が軽快するまではプレドニゾロン2 mg/kgをq24h，PO（約1〜4週間）。その後，1 mg/kgをq24h，2〜3週間POとし，漸減して最後は離脱する。プレドニゾロンからの離脱が早すぎると再発する可能性があるので注意すること。
細菌や酵母菌による二次感染が見られる場合，抗菌剤や抗真菌剤を1日1回投与して治療する。

● **Key Point**

・本疾患は3週齢から8ヵ月齢の仔犬でもっとも多くみられ，原因および病態は明らかになっていない。初期症状は顔，特に眼瞼，口唇，吻部に急性の腫脹，水疱，膿疱がみられ，次第に漿液性から化膿性の滲出液，痂皮，蜂窩織炎および脱毛がみられる。下顎リンパ節などの局所あるいは全身のリンパ節が腫脹することがある。
・同腹仔のうちの複数頭が発症することがある。
・重症例では沈うつ，食欲不振，発熱がみられる。まれに跛行，肉芽腫形成がみられることもある。

● **オーナーへの伝え方**

・治療への反応が数日で認められる場合は予後良好である。また，治療を行わなければ死に至ることもあるため，早期に積極的な治療を行う必要がある。
・後遺症として，一生涯，瘢痕が残ることがある。

顔面

症例.12　猫，去勢雄，上口唇の腫脹，潰瘍

主訴・所見

短毛雑種猫，6歳，去勢雄，体重4.2kg，屋内飼育，ワクチン接種・ノミ予防済み。左側上口唇に重度の組織腫脹と潰瘍形成が認められた。病変は，過去3年以上繰り返し再発し，しだいに重篤になってきた（写真12-1）。

問題
(a) この症状は何と呼ばれるか？
(b) 基礎疾患は何か？
(c) 治療の種類を挙げよ。

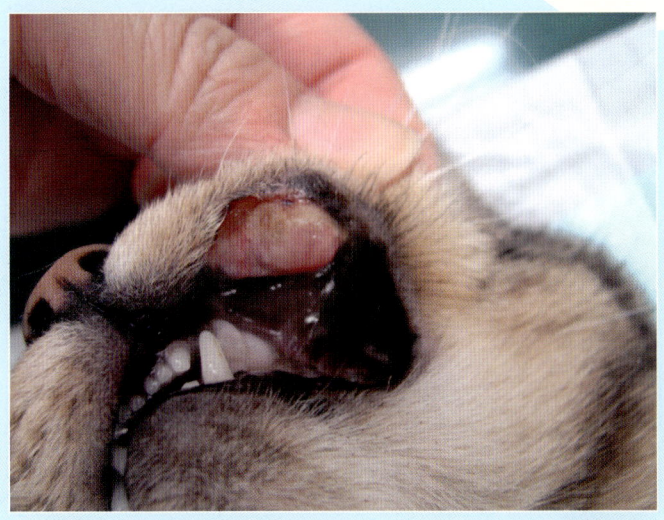

写真12-1

> **解答**
>
> (a) 好酸球性肉芽腫群の一病態，好酸球性潰瘍または無痛性潰瘍と呼称される。
>
> (b) アトピー性皮膚炎，ノミアレルギー性皮膚炎，食物アレルギーなど，アレルギー性疾患。
>
> (c) 特に病変が軽度である場合には，自然に治癒することがある。大型の片側性病変や両側性病変の時には病変が拡大して，出血を伴うことがあるために治療する必要がある。副腎皮質ホルモン剤の投与が有効であるが，再発を繰り返し，長期投与に及ぶ場合は副作用の危険性があるため，推奨されない。難治性の場合は，原因となるアレルギー疾患のコントロールが必要となる。

● **Key Point**

- 猫にみられる反応パターンであり，好酸球性潰瘍，無痛性潰瘍などと呼ばれるが，疾患名ではなく症状名である。
- 両側性，片側性，どちらの発生もある。
- このような病変がみられる猫では，好酸球性局面などの症状を併発することもある（写真12-2, 12-3）。
- この病変は初回の治療後，再発することがある。再発した場合には，原因としてアレルギー疾患（ノミアレルギー性皮膚炎，食物アレルギー，アトピー性皮膚炎）を併せ持つ可能性が高く，検査・治療が必要である。
- 外科的切除やレーザー治療が有効との報告もあるが，原因であるアレルギー疾患がコントロールされなければ，再発をくりかえす可能性がある。

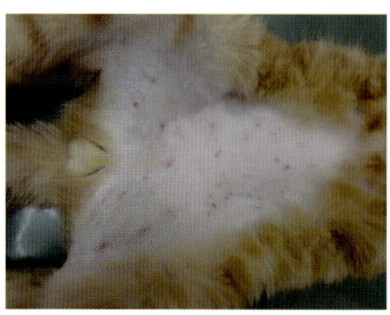

写真12-2 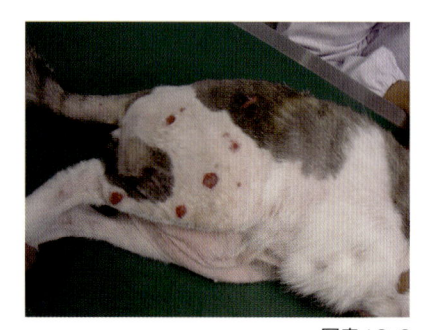　　　　　　　　　　　　写真12-3

● **オーナーへの伝え方**

- 基礎疾患としてアレルギー性皮膚炎が関与している場合が多い。
- 難治性の場合はアレルギー疾患のコントロールが生涯にわたって必要な場合が多く，そのため再発を繰り返す可能性があることを伝える。

顔面

症例.13 犬，雌，鼻鏡と鼻梁の痂皮

主訴・所見

シベリアン・ハスキーの雑種，10歳，雌。1ヵ月前より鼻鏡部から鼻梁にかけて皮膚が乾燥し，他院に通院したが治癒しないため来院した。主に鼻鏡と鼻梁に鱗屑，痂皮，色素脱失が認められ，また鼻梁は脱毛していた（写真13-1，13-2）。一般状態は良好である。

問題

(a) どのような鑑別疾患が挙げられるか？
(b) もっとも疑われる診断名は何か？
(c) 好発犬種として何が挙げられるか？
(d) 病変の好発部位はどこか？
(e) 病変の特徴は？
(f) 治療方法および対症療法，予防方法にはどのようなものがあるか？

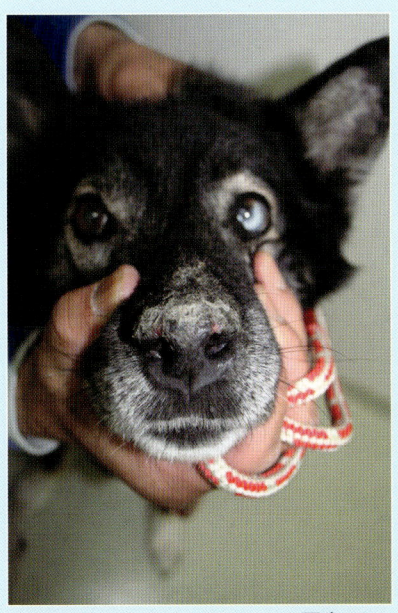

写真13-1

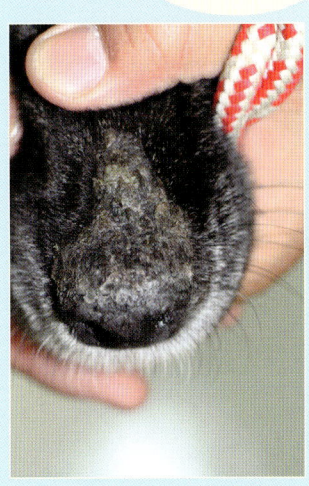

写真13-2

解答

(a) 鼻部膿皮症，毛包虫症，皮膚糸状菌症，鼻の日光性皮膚炎，全身性エリテマトーデス，皮膚エリテマトーデス，紅斑性天疱瘡または落葉状天疱瘡，ブドウ膜―皮膚症候群，薬疹，皮膚型リンパ腫などが挙げられる。

(b) 皮膚エリテマトーデス（円板状エリテマトーデス）

(c) シベリアン・ハスキー，シェットランド・シープドッグ，ラフ・コリーなどの品種が罹患しやすい。また，雄に比べて雌で好発する。

(d) 鼻鏡と鼻梁である。口唇，眼周囲，耳介にも発生することがある。

(e) 鼻の色素脱失，発赤，鱗屑，びらん，潰瘍や痂皮形成が特徴である。

(f)
1. 日光を避け，外出時はサンスクリーンを外用する。
2. 副腎皮質ホルモンの外用。強力なもの（ベタメサゾンやフルオロキノロン）を1日2回塗布する。症状に併せて，弱いものに変更する。
3. 軽度〜中等度の場合，ビタミンE（毎日400〜800IU）の大量投与，ニコチン酸アミドとテトラサイクリンの投与を選択することができる。体重10kg以下の場合は，それぞれ250mg，q8h，PO，体重10kg以上はそれぞれ500mg，q8h，POとする。
4. 中等度〜重度の場合，プレドニゾロンを1〜2mg/kg，q24h〜q12hで投与し，症状に合わせて漸減していく。

●Key Point

・円板状エリテマトーデス（皮膚エリテマトーデスの1種）は，他臓器を冒さない，まれな紫外線増悪性の免疫介在性皮膚疾患である。
・本症の原因は明らかではないが，遺伝的な好発傾向が認められる（上述）。
・紫外線照射により上皮や真皮の成分に障害を受け，さらに局所性の免疫介在性反応を引き起こし，炎症の結果，発赤，落屑，痂皮，色素脱失などが起きる可能性がある。

●オーナーへの伝え方

・全身症状を示さず，病変は局在性である。紫外線で悪化する傾向にあるので，外出時にはサンスクリーンなどを用いた紫外線対策の必要がある。
・免疫介在性皮膚疾患であるが，予後は良好である。ただし生涯にわたる治療が必要なことがある。一生涯，瘢痕や色素脱失が残る可能性があることを伝える。

顔面

症例.14 　猫，避妊雌，耳介の腫瘤

主訴・所見

　雑種猫，5歳，避妊雌，体重2.8kg，屋内飼育，ワクチン接種・ノミ予防済み。数年前より，右耳介外側に，直径2mm程度の孤立した腫瘤（写真14-1，14-2）を認めていたが，他院にて特に問題がないとされ経過観察していた。かゆみはなく健康状態も良好であったが，転院した動物病院でワクチン接種時に，検査の必要性を指摘され，針生検を行ったところ，トルイジンブルー染色標本にて写真14-3のような細胞が検出された。

問題

(a) どのような診断を考えるか？
(b) どのような治療を行うか？
(c) 予後はどのように考えられるか？

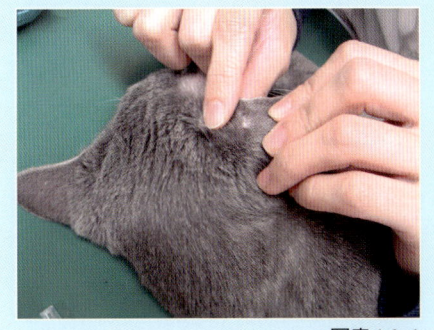

写真14-1

写真14-2

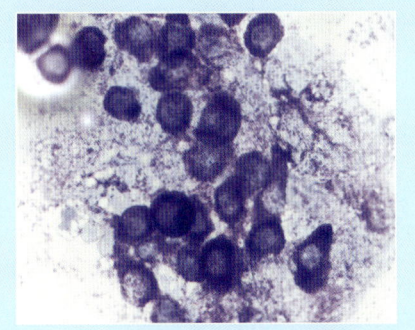

写真14-3

解答

(a) 円形の核と異染性の細胞質内顆粒を有する多数の円形細胞がみられることより、肥満細胞腫が強く疑われる。

(b) 広範囲な外科的切除を行う。マージンは最低3cmはとることが望ましい。また高度医療設備の普及により、CO_2レーザーでの摘出も行われるようになった。

(c) 肥満細胞腫は真皮組織の肥満細胞から生じる悪性腫瘍であるが、猫の肥満細胞腫のほとんどは頭部と頚部の皮膚に孤立性に発生する。ほとんどの場合、分化度が高く、予後は良好である。猫の頭部に発生した場合は、摘出時に十分なマージンの確保が難しい場合が多い。しかし、その場合やCO_2レーザーで摘出した場合でも再発はまれである。

● Key Point

- 肥満細胞腫は犬猫ともに発生頻度が高く、特に犬ではもっとも多く発生する皮膚腫瘍で、猫では2番目に多い腫瘍との報告がある。
- 単発のものから致死的なものまであるが、全身に分布した多発性腫瘍は、孤立性の場合よりも悪性度が高く、他の部位および臓器に転移する可能性が高い。
- 皮膚肥満細胞腫が内臓型からの転移病巣として発症している可能性もあり、この場合は予後が悪い。

● オーナーへの伝え方

- 外科的切除を行った場合でも、再発や新しい病変の発症を監視する必要性があるため、定期的な来院を指示する。
- 体表に新しい腫瘤病変が見つかったときは、その外観から肥満細胞腫以外の皮膚病が疑われた場合でも、針生検あるいは病理組織学検査を行う必要性があることを説明する。

顔 面

症例.15　犬，雌，脱毛，かゆみ

主訴・所見

　シェットランド・シープドッグ，9ヵ月齢，雌。4ヵ月前からの顔面および四肢端における脱毛とかゆみを主訴に来院した。初診時において，症例では上記の部位に脱毛，紅斑，毛孔部位における鱗屑の蓄積，膿疱が認められた（写真15-1）。

問題

(a) もっとも疑わしい診断名は何か？
(b) 本症の確定診断はどのように行うか？
(c) 本症の治療はどのように行うか？

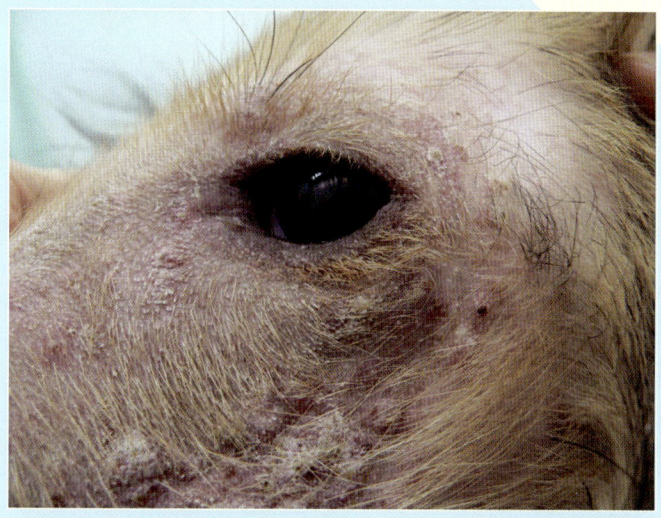

写真15-1

> **解答**

(a) 犬毛包虫症（イヌニキビダニ症）

(b) 特徴的な臨床症状，ならびに被毛検査または皮膚掻爬検査により毛包虫が多数認められた場合は本症と診断する。皮膚の病理組織学検査が診断に有効なこともある。

(c) イベルメクチン300〜600μg/kgを毎日内服させる。またはドラメクチン600μg/kgを週1回皮下投与する。アミトラズによる薬浴，モキシデクチンの内服またはスポットオンやミルベマイシンの内服も，本症の治療に有効であるとされる。

●Key Point

- 犬毛包虫症では毛孔に一致した紅色小丘疹，毛孔部位における鱗屑の蓄積，毛包周囲に強調された色素沈着が認められる症例が多い。顔面にはびまん性紅斑のみが認められることもある。細菌性毛包炎の合併がみられる症例では，より大型の紅色丘疹や膿疱が認められることもある。
- 本症では被毛検査により，毛幹周囲に虫体や虫卵がみられることがある。虫体は主に毛包漏斗部に存在するが，真皮乳頭層の毛細血管よりも深部に存在するため，皮膚掻爬検査を行う場合は，発疹部からわずかに出血するまで深く掻爬する必要がある。
- コリー種，シェットランド・シープドッグなどではMDR1遺伝子（P糖蛋白をコード）に変異がみられることがあるため，アベルメクチン系の駆虫薬を投与する場合は，あらかじめ本遺伝子における変異の有無をPCR法により確認する必要がある。
- 本症は若齢発症例では自然治癒することがある。

●オーナーへの伝え方

- 本症は他の動物やヒトに伝播しないことを説明する。
- 限局性・局所性の皮疹を認める症例や，若齢発症例では自然治癒することがあるが，成犬発症例では自然治癒は期待できないことを伝える。
- 本症の基礎疾患となる内科学的な病態の有無を確認するため，各種検査を勧める必要がある。

顔面

症例.16　うさぎ，雌，鼻の皮膚炎

主訴・所見

　6ヵ月齢の雌うさぎが，鼻孔を中心とした皮膚炎を主訴に来院した。これまでにニューキノロン系の抗菌剤を1ヵ月間投与したが，治療初期には症状が多少改善したものの，その後投与中も病変は拡大，悪化したとのことであった。
　この時点で病変は鼻から上口唇，さらに下口唇まで拡大していた。食欲その他の全身状態に異常はなく，瘙痒や疼痛を示すような行動もみられない。病変は潰瘍を呈し，分泌物が堆積したような箇所も認められた（写真16-1）。

問題

(a) もっとも可能性の高い診断名は何か？
(b) 診断を進めるために行うべきことは何か？

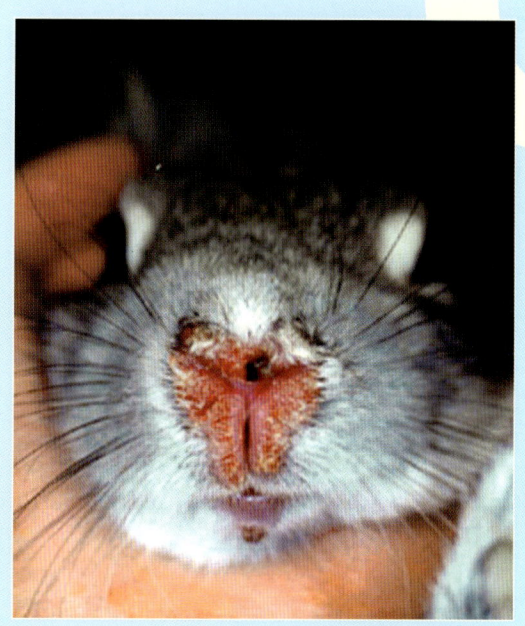

写真16-1

解答

(a) トレポネーマ症（うさぎ梅毒）。皮膚症状と病歴からトレポネーマ症が原因であることを強く疑う理由は①特徴的な病変、②ニューキノロン系抗菌剤が無効であったこと、③若齢で全身状態の良い個体であること、の3点である。

(b) 1. 陰部の周囲を詳細に視診することで、陰唇周囲や肛門に同様の病変がみられないかどうかを調べる。陰部にも病変があればトレポネーマ症である可能性は非常に高い。本症例では陰唇と肛門にも病変が認められた（写真16-2）。
2. RPRテスト（＝Rapid Plasma Reagin Test）で抗体の有無を調べる。
3. クロラムフェニコールの内服またはペニシリンGの注射を用いて治療に反応することを確認する。

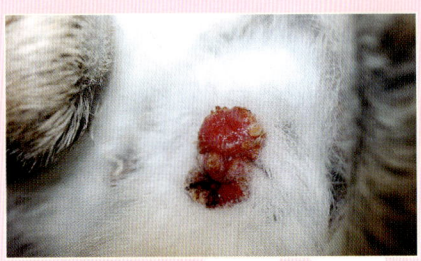

写真16-2

●Key Point

- トレポネーマ症はスピロヘータの一種 *Treponema cuniculi* に起因する性病であるが、家庭のうさぎでは多くの場合、産道感染により鼻や口の周囲に感染したものが、若齢のうちに発症する。陰部や肛門、まれに眼瞼に、雄では包皮にも病変がみられることがある。鼻孔周囲の病変が鼻粘膜を冒すと、くしゃみがみられる。
- RPRテストはキットが市販されている。これはヒトの検査方法であるが、うさぎの血液でも抗体を調べることができる。ただし、家庭うさぎにおける陽性率は高く、30％を超えるため、陽性であることだけで確定診断はできない。
- クロラムフェニコールパルミテート液とペニシリンは最近販売されなくなり、入手が難しくなりつつある。しかし、クロラムフェニコールの錠剤は現在も販売されているので、錠剤をつぶして55 mg/kg、q12hで投与する。トレポネーマ症であれば、1週間以内に改善がみられる。ただし投与は症状が完全消失した後も2週間は継続する。そうでないと再発率が高い。

●オーナーへの伝え方

- ヒトの梅毒とは病原体が異なるのでヒトにうつることはない。
- 治癒した後であっても交配に供することは避けるように伝える。雄は雌にうつす可能性があり、雌は雄と子にうつす可能性があるからである。
- 母子感染が疑われるが（特に交尾歴のない個体）、無症候性の保菌個体が多いことから、販売元へのクレームは成立しないことを伝える。
- 長期間の投薬になるが、途中でやめてしまい再発すると、何度も再発を繰り返す可能性が高いので、最後まで確実に投薬することが大切である。

顔面

症例.17 犬，耳道内の紅斑，脱毛

主訴・所見

1歳の柴犬。耳をしきりに掻くとのことで来院。視診にて外耳道内の紅斑と丘疹および耳根部にあたる皮膚の脱毛がみられた（写真17-1）。また，綿棒にて耳道内から多量の黒色耳垢が得られた。耳垢を顕微鏡下にて観察すると写真17-2のような寄生虫が検出された。

問題

(a) この寄生虫は何か？
(b) どのような治療を行えばよいか？

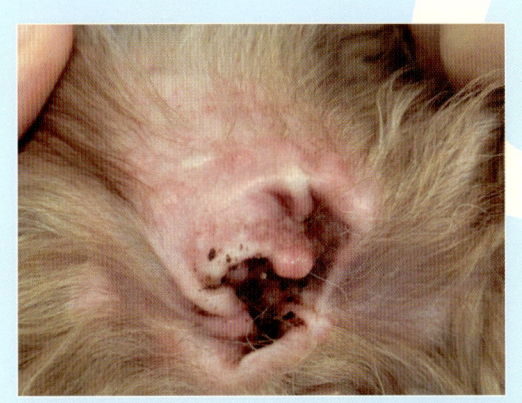

写真17-1

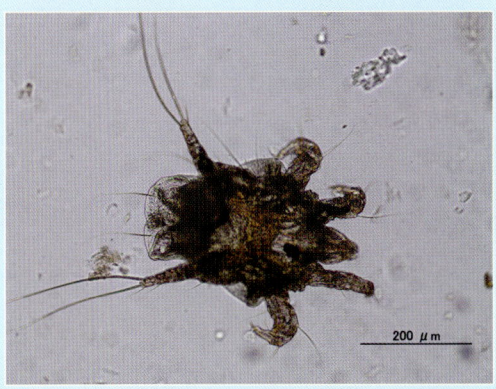

写真17-2

解答

(a) ミミヒゼンダニ

(b) 感染を受けた動物，および接触した犬，猫のすべてを治療する。耳道内をきれいに清拭し，適切なダニ駆虫剤を皮膚に滴下する。例えば，セラメクチンのスポットオン製剤であれば2週間隔で3回塗布する。また，イベルメクチン（0.2mg/kg）であれば経口または皮下投与にて2週間隔で3回の駆虫を行う。なお，駆虫薬の投与はダニが検出されなくなるまで継続する。

● Key Point

- ミミヒゼンダニ症は皮膚表面と耳道に生息するキュウセンヒゼンダニ科のミミヒゼンダニ（*Otodectes cynotis*）の感染によって起きる。
- 一般的に，耳道内に暗褐色～黒色の耳垢がみられ，耳の分泌物は二次性の細菌性外耳炎が起きると膿様になる。
- 通常，耳に激しいかゆみを伴い，耳および頭部に二次性の脱毛と擦過傷が起きる。また，頭を激しく振ることによって耳血腫が起きることもある。

● オーナーへの伝え方

- ミミヒゼンダニは非常に伝染力が強いため，接触した動物はすべて検査し，治療する必要がある。
- 耳道内の洗浄時には綿棒を使わず，適切なイヤークリーナーを使用すること。

顔 面

症例.18 犬，鼻鏡の痂皮

主訴・所見

　5歳のアメリカン・コッカー・スパニエルが，1年ほど前から，鼻鏡に多量の痂皮が形成されはじめたという主訴で来院した（写真18-1）。瘙痒および疼痛はなく，鼻梁部には痂皮はみられなかった。真菌培養検査は陰性で，痂皮を剥がした部位の細胞診では棘融解細胞は観察されなかった。また，粘膜疹はみられず，血液検査の結果にも異常を認めなかった。

問題

(a) どのような診断が考えられるか？
(b) 同様に罹患していると思われる身体的部位はどこか？
(c) どのような治療法を選択すればよいか？

写真18-1

解答

(a) 鑑別診断として落葉状天疱瘡，全身性または円板状エリテマトーデス（皮膚エリテマトーデス），脂漏性皮膚炎，表在性膿皮症，亜鉛反応性皮膚症，上皮向性リンパ腫，鼻部不全角化症などが挙げられる。確定診断には病理組織学検査が必要であるが，本症例ではオーナーからの了解が得られず，臨床像のみで推測することが求められた。発症して1年以上が経過しているものの，病変は鼻鏡に限局した痂皮のみであることから，鼻部不全角化症の可能性が示唆された。

(b) 肉球

(c) 犬に不快感がなければ特に治療の必要はない。軽度で，無症候性の症例では，治療を行わず経過観察を行うのが適切である。ただし，オーナーにとっては外観上重大な心配事となることがある。治療する場合は，増殖した角質を物理的に除去する。また，ワセリン，サリチル酸，乳酸，尿素含有の軟膏や，抗生剤／副腎皮質ホルモン混合軟膏の局所塗布が有効であると思われる。一部の症例で甲状腺機能低下症を罹患していることがあるため，その場合は甲状腺ホルモン剤を投与することによって改善することがある。

● Key Point

- 通常，角質の増加は鼻鏡の鼻平面および肉球でもっとも顕著である。
- 罹患犬は他の健康面では問題はなく，皮膚症状も存在しない。
- 鼻部に角化亢進が起きる疾患として，亜鉛反応性皮膚症，脂漏性皮膚炎，落葉状天疱瘡，全身性エリテマトーデスあるいは円板状エリテマトーデス，肝皮膚症候群，ジステンパーが主な類症鑑別として挙げられる。

● オーナーへの伝え方

- 通常，犬は鼻部に薬剤を塗布されることを嫌がる傾向にあるとオーナーに伝える。
- 完治することはないが，症状は多くの場合，コントロールすることが可能である。
- また，症状を抑えるためには長期の継続治療が必要であることをオーナーに伝える。

顔面

症例.19 猫，未去勢雄，下顎と下口唇の皮膚炎

主訴・所見

雑種猫，3歳，未去勢雄，体重5.0kg，室外飼育，ワクチン・ノミ予防歴なし。下顎と下口唇部に脱毛，紅斑，痂皮がみられるとのことで来院した。瘙痒の有無は不明であった。皮膚掻爬検査，ウッド灯検査はともに陰性であった（写真19-1，19-2）。

問題

(a) この病変の一般的な名称は何か？
(b) 病因は何か？
(c) どのように治療すればよいか？
(d) この病変の組織学的所見は何か？

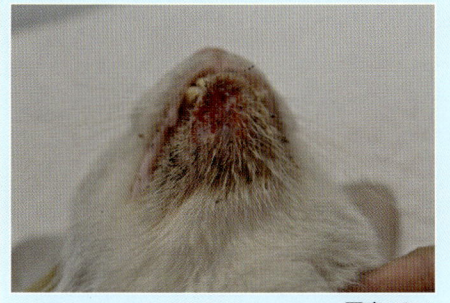

写真19-1

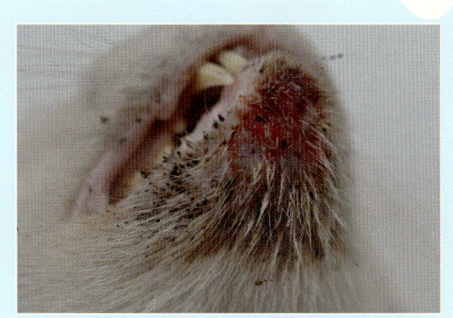

写真19-2

解答

(a) 下顎の痤瘡

(b) 特発性あるいは毛包の限局性の角化異常や，脂腺の過形成のような複数の要因によって発生し，毛包が皮脂やケラチン性残屑で膨張し，典型的な黒色の面皰を生じる。これらの毛包が破裂してケラチンや脂腺内容が真皮内に放出された場合，炎症を伴う異物反応が起きて，せつ腫症，蜂窩織炎に進展することがある。犬ではヒトと同様に成長に伴う一過性のホルモン変調により発症するが，猫では季節性発情，ストレス，ウイルス感染，免疫抑制等による生涯にわたる持続的なホルモン変調が関与すると考えられている。

(c) 病変が軽度で猫に不快感がない場合は治療を必要としない。病変が中等度から重度である場合は，その重症度によって以下の治療を単独あるいは組み合わせて行う。
  1. サルファ・サリチル酸シャンプーなど毛包洗浄効果のあるシャンプーによる局所洗浄あるいはアルコールやクロルヘキシジンでの消毒。
  2. 抗生剤の外用療法。炎症が重度の場合は副腎皮質ホルモン剤との合剤も有効。ビタミンA配合クリームが有効との報告がある。
  3. 抗生剤の内服（アモキシシリン，アンピシリン，セファレキシン，オフロキサシン，ドキシサイクリンなどを3～4週間投与する）。

(d) 毛包が拡張し，中に角化物を伴う毛包性（毛孔性）角化という所見がみられる。脂腺の拡張と隆起を伴うこともある。重症例では毛包炎，毛包周囲炎，化膿性肉芽腫性皮膚炎を伴う。

●Key Point
- タールを含んだシャンプーは，猫には刺激や中毒の恐れがあるため避ける。
- 典型的な症状であるため，臨床所見から診断可能であるが，押捺塗抹検査と皮膚掻爬検査は必ず行い，他の感染性疾患や腫瘍性疾患でないことを確認する。
- 瘙痒を伴う場合は，食物アレルギーやアトピー性皮膚炎のような瘙痒症の併発も考慮する。

●オーナーへの伝え方
- 軽症例である場合，オーナーに洗浄や消毒などを指示すると，強く刺激を与えすぎて逆に表皮を傷めることがある。
- 炎症や化膿性病変がなければ，審美上の問題はあるものの，無治療という選択肢もあることを説明する。

顔 面

症例.20 犬，雄，両耳介先端の痂皮

主訴・所見

ミニチュア・ピンシャー，10ヵ月齢，雄。10月下旬より，両耳の耳介先端に痂皮がみられ，頭を振り後肢で耳介を掻いていた。痂皮が剥がれると出血し，また痂皮を形成するという状態を1ヵ月繰り返していた（写真20-1～20-3）。耳介以外は身体の瘙痒や皮疹は認められず，また一般状態も良好であった。

問題

(a) どのような疾患が鑑別疾患として考えられるか？
(b) 疾患を鑑別するためにどのような検査を行うとよいか？

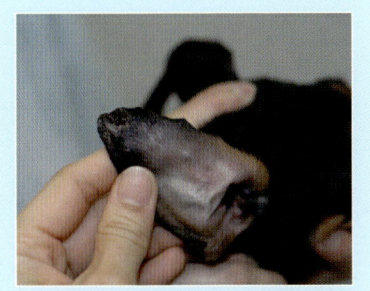

写真20-1

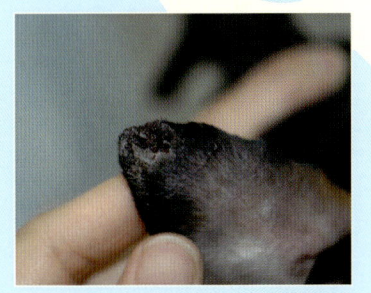

写真20-2

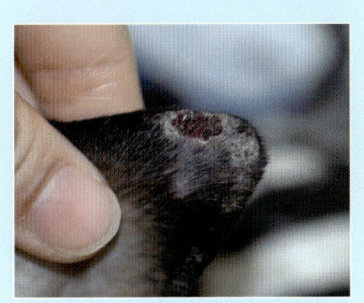

写真20-3

> **解答**

(a) 頭を振ったり，後肢で耳を掻く動作は外耳炎の時にみられる症状のため，細菌，マラセチア，ミミヒゼンダニ，異物などによる外耳炎との鑑別が必要である．また，耳介の先端に脱毛，痂皮，瘙痒などを示す疾患として疥癬，血管炎，寒冷凝集素病，全身性エリテマトーデス，凍傷，耳介辺縁皮膚症が考えられる．

(b) 外耳炎あるいは疥癬が疑われる時は，まずそれらに対して治療を行う．治療により症状の変化がないときは，血管炎，寒冷凝集素病，全身性エリテマトーデス，凍傷，耳介辺縁皮膚症などその他の疾患を疑い，寒冷凝集素反応や抗核抗体検査，皮膚生検を行う．
本症例は，外耳道に軽度なマラセチア性外耳炎があったものの，治療後の瘙痒に変化はなかった．また，疥癬は検出されなかった．寒冷凝集素反応および抗核抗体検査を行ったが，いずれも陰性であった．本症例は耳介先端の痂皮形成および潰瘍が主な症状であり，角化異常による脂性のケラチン様物質の蓄積がみられる耳介辺縁皮膚症とは合致しない．また，耳介の先端以外には皮膚および全身症状は認められなかったため，全身性エリテマトーデスとも合致しなかった．
本症例はオーナーが皮膚生検を希望しなかったため診断には至らなかったが，散歩時に耳を冷やさないようにすることと，ペントキシフィリンとビタミンEによる治療で症状は改善した．

●Key Point

・本症例は，耳介辺縁を除けば他の皮膚は正常であることにおいては耳介辺縁皮膚症と合致するが，痂皮や潰瘍を主体とするため，角化障害を呈する耳介辺縁皮膚症とは臨床症状が異なる．
・血管炎の関与などを調べて確定診断するためには皮膚生検を行う必要がある．

●オーナーへの伝え方

・寒冷時における血行障害が疑わしい場合，翌年以降も散歩時などに耳を冷やさないようにする必要がある．
・本症例のように皮膚生検を行わずに試験的治療を行った場合，治療への反応が乏しい時は皮膚生検を行い確定診断することが推奨される．

顔 面

症例.21　猫，避妊雌，耳介・鼻梁・肉球の病変

主訴・所見

　雑種猫，3歳，避妊雌。室内飼育されているが，朝方と夕方は庭に出されている。夏にはじめて両側耳介の丘疹と痂皮（写真21-1），鼻梁の丘疹（写真21-2），全肢肉球の過角化とびらん（写真21-3）が出現し，かゆみを示している。この他の部位に皮膚症状は認められない。皮膚掻爬検査，被毛検査，押捺塗抹検査にて病原体は検出されなかった。食事は市販のドライフードである。定期的なノミ予防（フィプロニル外用）は行っており，同居猫に皮膚症状はない。元気食欲に問題はない。徹底した室内への隔離を指示したものの，猫が鳴き続けるため困難とのことで協力が得られなかった。クロルヘキシジンによる消毒，抗ヒスタミン剤の内服（フマル酸クレマスチン 0.1 mg/kg, q12h），副腎皮質ホルモン配合軟膏を組み合わせて使用するも，大きな変化はみられなかった。しかし，初発から3ヵ月半後の11月下旬にすべての皮膚症状は急速に消失した。

問題

(a) もっとも可能性の高い診断は何か？
(b) 他に鑑別すべき診断は何か？
(c) どのような検査や調査が必要か？
(d) どのような管理や治療が必要か？

写真21-1

写真21-2

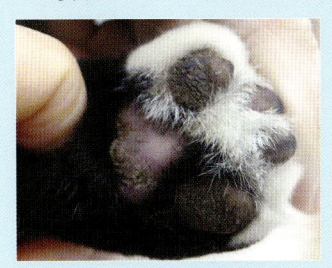

写真21-3

解答

(a) 蚊の刺咬性過敏症

(b) 食物アレルギー性皮膚炎，アトピー性皮膚炎，疥癬，皮膚糸状菌症，ヘルペスウイルス感染症，多形紅斑，落葉状天疱瘡，薬疹，扁平上皮癌など。

(c) 皮膚掻爬検査，押捺塗抹検査を行う必要がある。これらにより病原体が検出されない場合も，かゆみが強い症例には試験的なノミ駆除やヒゼンダニ駆除（例：セラメクチン外用）を積極的に行うことが推奨される。さらに発症部位，季節性など臨床的事実から蚊の刺咬性過敏症が強く疑われるため，本来は室内への完全隔離による評価が望まれる。

(d) 蚊の刺咬性過敏症である場合は，室内への完全隔離が望まれる。これが困難であり，毎年の同時期に同様の症状を繰り返す場合は，発症期間中のみ副腎皮質ホルモン剤投与（例：プレドニゾロン 0.5〜1 mg/kg, q48h〜q24h）を行い維持できる可能性がある。本症例は，翌年の夏にも同様の症状を発症し，やはり完全室内隔離が困難であったことから，プレドニゾロンを 0.5 mg/kg，週2回POとして，夏から初冬まで良好に維持した。

●Key Point

- 蚊の刺咬性過敏症は，その地域の蚊の発生時期に合わせて皮膚症状が出現し，頻繁な屋外活動をする動物に好発する。
- 皮膚症状は，被毛の薄い耳介や鼻梁に好発し，肉球にも発症することがある。
- 蚊の刺咬性過敏症は，蚊との接触を予防することで改善できる。
- 蚊との接触を予防できない場合は，発症期間中のみ副腎皮質ホルモンの投与により維持できる可能性がある。

●オーナーへの伝え方

- 蚊の刺咬に対するアレルギーは，屋内に隔離し蚊との接触を回避することで予防可能であることを伝える。
- 蚊との接触を完全に回避できない環境の場合は，蚊の発生期間中のみ副腎皮質ホルモン等の投薬により管理できる可能性があることを伝える。

顔面

症例.22　若齢犬，避妊雌，顔面の腫脹と化膿

主訴・所見

チワワ，2ヵ月齢，未避妊雌。顔面が腫脹し化膿を伴うという主訴で来院した。眼瞼の浮腫が顕著で，一部はびらん・潰瘍化し，膿が付着していた（写真22-1）。鼻周囲，口唇にも強い浮腫と痂皮の形成がみられた。耳介には浮腫はそれほど強くないものの，紅斑や膿疱の形成が認められた。やや沈うつで，体温は39.8℃，下顎リンパ節の両側性の腫大が認められた。

問題

(a) 最初にどのような検査を行うか？　また材料はどのような部位から採取するのが望ましいか？

(b) 皮膚掻爬検査は陰性，押捺塗抹検査では，非変性性好中球およびマクロファージが約6：4の割合で認められた。細菌はみられず，マクロファージの空胞化，類上皮細胞や巨細胞が散見された。このような検査結果をふまえ，どのように仮診断を行い治療を進めていくか？

写真22-1

解答

(a) 鑑別診断として化膿性肉芽腫性皮膚炎および若年性リンパ節炎（蜂窩織炎），毛包虫症，深在性膿皮症，皮膚糸状菌症などが考えられるため，最初に押捺塗抹検査および皮膚掻爬検査を行う。検査材料の採材は潰瘍化した古い病変ではなく，新鮮病変から行うことが好ましい。古い病変では二次感染を起こしている可能性が高く，病態を正確に把握できない可能性が高い。

(b) 臨床症状および押捺塗抹検査の結果から化膿性肉芽腫性皮膚炎および若年性リンパ節炎と仮診断した。治療はプレドニゾロンを1〜2mg/kg，q24hで1週間投与し，その後は経過をみながら漸減する。平均して4週間程度の治療期間が必要である。プレドニゾロンを使用する前に必ず感染を否定する必要がある。また，治療による反応をみるために，可能な限り投薬開始3日後に再診するのがよい。また二次感染予防のためにセファレキシンなどの抗生剤も併用する。

●Key Point

- 化膿性肉芽腫性皮膚炎および若年性リンパ節炎（若年性蜂窩織炎とも呼ばれる）は，左右対称性の顔面の浮腫を特徴とする急性発症の化膿性肉芽腫性の皮膚疾患である（写真22-2，同疾患他症例の写真）。生後3ヵ月齢までの発症率が高いが，成犬での発症も認められる。
- 病変は特に眼瞼，口唇，鼻周囲および耳介にみられ，急性に浮腫が出現した後，数時間〜数日以内に膿および痂皮が形成される。同時に発熱やリンパ節の腫大などの全身徴候も認められる。
- 確定診断には生検が必要であるが，通常は臨床症状から診断を行う方がよい。生検の結果が判明するまでプレドニゾロンの使用を控えていると悪化するため，オーナーとのトラブルのもとになる可能性もある。通常治療開始後数日で症状の改善が認められ，写真22-3では眼が開けられるまで改善している。

写真22-2 　　　　　写真22-3

●オーナーへの伝え方

- 臨床的診断に基づいて高用量のプレドニゾロンを使用しなくてはならないため，そのリスクについては十分に説明し同意を得る。
- 予後は比較的良好だが瘢痕や色素脱失が残る可能性があることを伝える。
- 治療には長期間（約4週間）のプレドニゾロンの投薬が必要であることを伝える。

顔面

症例.23 　猫，去勢雄，上口唇の潰瘍

主訴・所見

　雑種猫，1歳，去勢雄，体重4.5kg，室内飼育。3ヵ月前に口唇が赤くただれていることにオーナーが気付いた。猫の健康状態は良好で，目立った症状がないため治療を受けていなかった。
　来院時左右の上口唇に境界明瞭で光沢のある赤色のクレーター様の潰瘍病変が認められ，中心部は白色を示していた。上口唇はやや前方に突出していた（写真23-1，23-2）。

問題

(a) この口唇の反応パターンを何と呼ぶか？
(b) どのような疾患を鑑別疾患として考えるか？
(c) この症状の基礎疾患や病因として何が疑われるか？

写真23-1

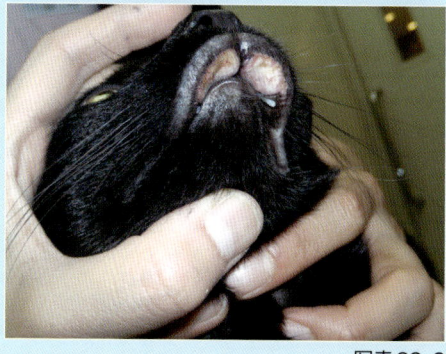

写真23-2

解答

(a) 猫の無痛性潰瘍（同義語：猫の好酸球性潰瘍，蚕食性潰瘍）。
猫の無痛性潰瘍は好酸球性肉芽腫群の中の1つの反応パターンで，好酸球性肉芽腫群にはその他に境界明瞭な脱毛と隆起性の潰瘍を特徴とする好酸球性プラーク（局面），境界明瞭な黄褐色からピンク色の線状の局面や結節を特徴とする好酸球性肉芽腫（線状肉芽腫）と呼ばれる反応パターンがある。

(b) 扁平上皮癌や肥満細胞腫，リンパ腫のような腫瘍性疾患や，細菌や真菌による感染症との鑑別を行う。これらの疾患と鑑別し確定診断を行うためには病理組織学検査や培養検査を実施する。しかし通常，猫の無痛性潰瘍は臨床症状や病歴から診断を行うことが可能である。

(c) ノミアレルギー性皮膚炎やアトピー性皮膚炎，食物アレルギーなどの過敏症が疑われている。また細菌感染や遺伝的素因の関与も示唆されている。

● **Key Point**

・猫の無痛性潰瘍では，通常上口唇に境界明瞭で辺縁が隆起した赤茶色で光沢のあるクレーター様の潰瘍病変が片側性，時に両側性に観察される。通常いたみや瘙痒はなく無症候性だが，硬口蓋に病変が発生すると出血がみられたり，局所リンパ節の腫脹を伴うことがある。
・治療には基礎疾患の存在を確認し，その治療・管理を行うことが重要である。
・通常プレドニゾロンやプレドニゾンの経口投与に対する反応は良好だが，近年シクロスポリン（5～10mg/kg，q24h又は，4.4mg/kg，q24h）を最低1～2ヵ月間投与することで，治癒あるいは臨床症状の改善に効果的なことが示唆されている。難治性の病変では抗生剤の投与が効果的なこともある。

● **オーナーへの伝え方**

・猫の無痛性潰瘍は猫では一般的な病態で，品種や年齢による好発傾向の違いは報告されていない。
・非感染性疾患であるため，ヒトや同居動物へ感染する心配はない。
・通常無症候性だが症状が進行すると外観が損なわれる。
・基礎疾患を確定し，治療・管理が成功すれば予後は良いが，基礎疾患の確定が困難で再発を繰り返す症例では，長期間にわたる対症療法が必要である。

顔面

症例.24 犬,未避妊雌,顔面の脱毛と紅斑

主訴・所見

シェットランド・シープドッグ,17歳,未避妊雌。顔面や頚部のかゆみを伴う脱毛を主訴に来院した(写真24-1)。1年前より,顔面を中心に瘙痒を伴う脱毛,紅斑が認められたとのことである。病変部は徐々に拡大してきている。

問題

(a) 類症鑑別および検査方法は何があるか?

(b) 皮膚掻爬検査の結果,写真24-2のような外部寄生虫が観察された。この寄生虫は何か? また写真24-2の中の,1〜4はこの寄生虫の成長過程の形態を示している。それぞれの名称を述べよ。

(c) どのような治療方法および管理方法があるか?

写真24-1

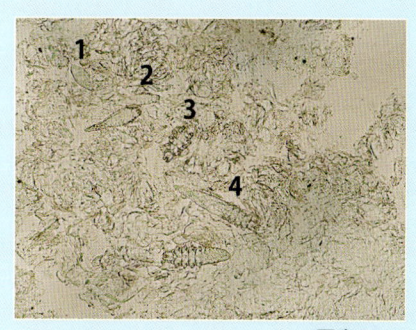

写真24-2

解答

(a) アトピー性皮膚炎，表在性膿皮症，マラセチア性皮膚炎，皮膚筋炎，毛包虫症，皮膚型リンパ腫，多形紅斑などが鑑別疾患として挙げられる。発症年齢から，皮膚筋炎の可能性は低いと考えられる。一般的な皮膚検査として押捺塗抹検査，皮膚掻爬検査を行い，感染症や外部寄生虫症を除外する。本症例では掻爬検査により毛包虫が検出された。

(b) 毛包虫 (*Demodex canis*)。1. 虫卵，2. 幼虫，3. 若虫，4. 成虫。

(c) 高齢での発症であることから，血液検査などを行い基礎疾患の有無を調べる。治療として，イベルメクチンを，初日は100μg/kgを投与し，2日目は200μg/kg，3日目以降は300μg/kg，POと増量する。ふらつきなどの副作用が現れた場合はすぐに中止する。イベルメクチンで副作用がみられた場合は，代替療法としてミルベマイシンを検討する。本症例では，いずれの薬剤でも副作用がみられたことから，アミトラズの薬浴により治療を行った。また二次感染が認められた場合には，適宜抗菌剤を投与する。シェットランド・シープドッグではイベルメクチンなどのマクロライド類による副作用がしばしば認められるため，投与は慎重に行うか，代替療法を考慮する。

●Key Point

- 毛包虫症は毛包内に存在する *D. canis* あるいは *D. injai* が何らかの原因で増殖し皮膚炎を起こす疾患である。
- 1歳以下の若齢の犬に発症する若年発症型と，1〜2歳以上にみられる成年発症型があり，前者は無治療で自然軽快することがあり，後者では内分泌疾患や腫瘍などの基礎疾患に起因することが多い。
- 病変は全身のどこでも発生する可能性があり，かゆみを伴う紅斑，丘疹，脱毛などがみられる。二次感染を併発する場合は膿疱やびらん，痂皮形成がみられる。肢端に発生した場合は，腫脹した紅斑や瘻管形成を認めることがあり，いたみを伴うことも多い。

●オーナーへの伝え方

- 本症例では，いずれの経口薬剤でも副作用がみられたことから，薬浴を中心とした治療のみを行った。年齢が高齢であるため，完治させることよりもQOLを高めることを目的に治療を実施した。
- イベルメクチンは時として，ふらつきなどの副作用がみられる場合があるので，投与する際は少ない用量から投与し，徐々に増量する。オーナーには副作用が起きる可能性を伝え，ふらつきなどの症状が起きた際にはすぐに投与を中止する。コリーでは高率に副作用が起きることから，イベルメクチンの使用は控える。またMDR1遺伝子の変異を検査することにより，副作用発現の予測が可能なこともある。

顔面

症例.25　犬，去勢雄，皮膚粘膜境界部の紅斑とびらん

主訴・所見

マルチーズ，10歳，去勢雄。顔面の紅斑を主訴に来院した。2年前より，眼や口の周囲が赤くなり，しだいにびらんもみられるようになったとのことである。身体検査では，眼の周囲に紅斑，痂皮，びらんを認め，眼脂が多く付着していた（写真25-1）。鼻，口周囲にも同様に痂皮の付着した紅斑がみられ，鼻平面および鼻周囲には色素脱失が認められた。また肛門周囲にも紅斑を認めた（写真25-2）。

問題

(a) 鑑別疾患としてどのようなものが挙げられるか？　行うべき検査方法は何か？
(b) 治療のオプションとして何があるか？

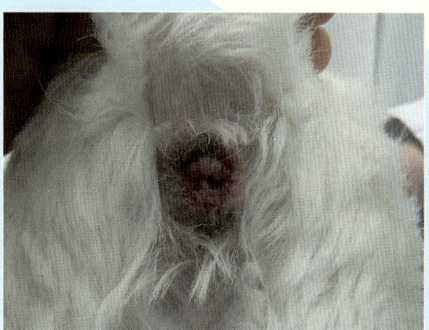

写真25-1　　　　　　写真25-2

> **解答**

(a) 膿皮症，毛包虫症，全身性エリテマトーデス，天疱瘡，多形紅斑，血管炎，薬疹などが鑑別疾患として挙げられる。まずは感染症を除外するために，押捺塗抹検査および皮膚掻爬検査を行う。感染症や外部寄生虫症の可能性が除外されれば，皮膚生検の必要がある。本症例では病理組織学検査により，表皮角化細胞の個細胞壊死を伴う境界部皮膚炎が認められ，多形紅斑が疑われた（写真25-3，25-4）。多形紅斑では感染が原因になるため，抗菌剤の全身投与を行ったが改善が認められなかった。また本症例では，原因となる薬剤の投与歴もなかった。

(b) 免疫抑制剤による治療が中心である。プレドニゾロン2mg/kgを改善が認められるまでは1日1回経口投与し，その後漸減する。またシクロスポリン5mg/kg，q24h，POでプレドニゾロンの用量を減らすことができる。これらの薬剤に反応しない症例ではヒト免疫グロブリン製剤の使用も考慮する。獣医皮膚科領域においてヒト免疫グロブリン製剤の治療プロトコールは確立されていないが，一般的な方法として，0.5〜1g/kgを数時間かけて静脈内投与する。ヒト免疫グロブリンに異物反応を示すことによるアナフィラキシーショックを防ぐために，プレドニゾロンの予防的投与を行う。また二次感染がある場合には，抗生剤の全身投与を行う。

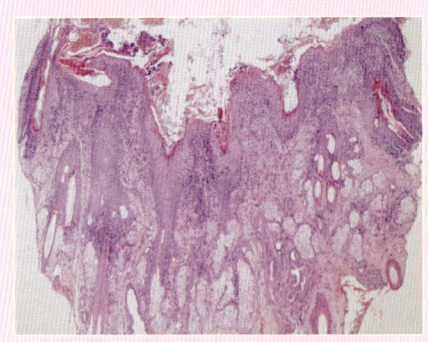

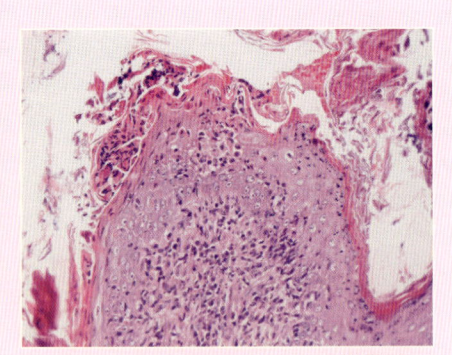

写真25-3　　　　　写真25-4

●Key Point

- 多形紅斑は表皮角化細胞の個細胞壊死を特徴とする皮膚炎で，腹部や体幹などに紅斑やびらんなどを生じ，時に口や眼の粘膜皮膚境界部にも病変を認める。原因として薬物や感染などがあるが，原因が見つからないことも多い。
- 治療は免疫抑制剤を中心とした薬物療法が基本である。副腎皮質ホルモン剤を高用量で投与し，その後漸減する。副腎皮質ホルモン剤を減少すると再発する症例には，シクロスポリンを併用する。
- 二次感染を伴うことが多いので表在性膿皮症や外耳炎の有無を常に観察し，適宜治療を行う。

●オーナーへの伝え方

- 再発を繰り返す症例では，生涯にわたる免疫抑制剤による治療が必要であり，薬用量と副作用のバランスの管理に苦慮することがある。オーナーに，免疫抑制剤による副作用のリスクを十分に説明した上で，治療を行う必要がある。

顔面

症例.26 うさぎ，流涙，顔面の皮膚炎

主訴・所見

8歳2ヵ月齢のロップイヤーうさぎが長期にわたる流涙と顔面の皮膚炎のため来院した（写真26-1）。羞明はなく，眼球結膜は正常であるが，眼瞼結膜に充血が認められた。

問題
(a) この皮膚症状の基礎疾患は何か？
(b) 診断を進めるために行うべきことは何か？

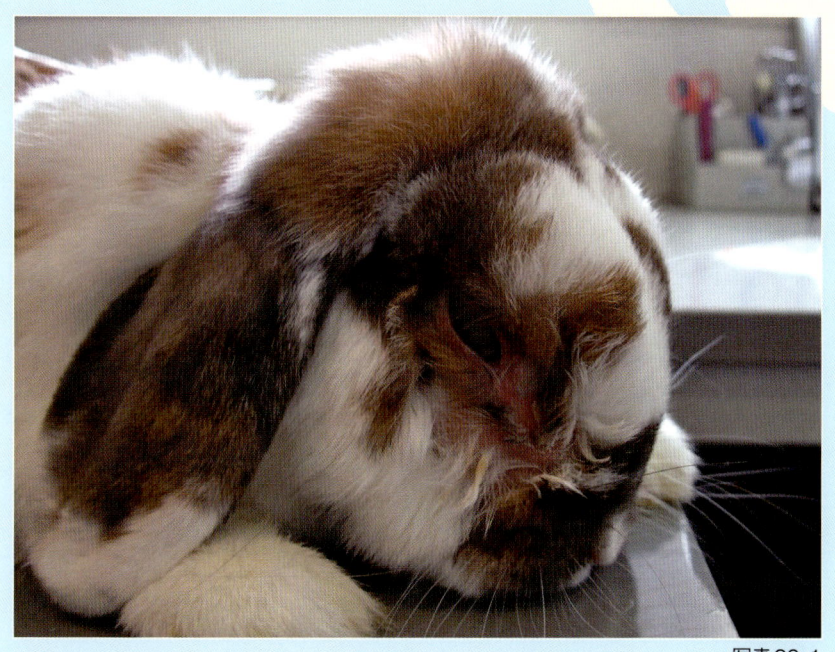

写真26-1

解答

(a) 本症は流涙による顔面の湿性皮膚炎であるが，基礎疾患は鼻涙管の狭窄または閉塞と考えられる。本症例にみられた眼瞼炎は長期にわたる鼻涙管の閉塞から，涙嚢炎と同時に眼瞼炎が生じていると理解され，眼瞼炎から涙液の過剰産生が生じているとは考えにくい。

(b) 1. フルオレセイン通過試験を行う。本症例では1分経過しても通過が認められなかった。
2. 色素が鼻涙管を通過しないことが確認されたら，生理食塩水を鼻涙管に通して，鼻涙管の状態を調べる。フルオレセインの通過試験は省略し，まず鼻涙管洗浄を試みてもよい。本症例では鼻涙管の通過は非常に悪く，大量の白色固形物の逆流がみられ，最終的に鼻に通過した時には生理食塩水とともに白色固形物が鼻孔側から流出した。

● Key Point

- うさぎの皮膚は湿潤すると膿皮症（湿性皮膚炎）になりやすい。
- ロップイヤー品種（ホーランドロップ，アメリカンファジーロップなど）は鼻涙管狭窄・閉塞が好発する。これらの品種は短頭であるため眼と鼻孔との距離が著しく短く，鼻涙管の弯曲が強いことに起因していると考えられる。
- 鼻涙管狭窄・閉塞の原因の多くが上顎の切歯もしくは臼歯の歯根炎に関連しているものと思われる。歯根が深く埋まり込んでいる症例もある。しかし歯根炎自体のコントロールは難しいので，歯肉の腫脹や著しい唾液の過剰がないのであれば，定期的に（3日～2週間に1回）鼻涙管洗浄を行う。
- 本症例は流涙による湿性皮膚炎が著しいため，皮膚炎と歯根炎の両方を視野に入れて，抗生剤の内服と低用量の副腎皮質ホルモンを処方した。

● オーナーへの伝え方

- 鼻涙管狭窄は歯根のトラブルと関連していることが多いため，一度はじまってしまうと，鼻涙管洗浄を繰り返しても治らないケースが少なくない。したがって長期間にわたって治療が必要となる可能性があることを伝える。
- 歯根炎など，歯根の異常は，干し草の食べ方が少なく，ラビットフードに偏った食生活が大きな原因となるので，食生活の見直しを提案する。硬いラビットフード（ソフトタイプと称するものでも）を食べている高齢のうさぎでは，歯根の負担を軽減するために，フードを水でふやかして与えるなどの工夫が必要な場合もある。

顔面

症例.27　犬，雄，鼻の腫脹，潰瘍

主訴・所見

　アメリカン・コッカー・スパニエル，11歳4ヵ月齢，雄である。約1ヵ月前に，鼻の先端に腫脹と潰瘍が認められ，それが次第に大きくなってきた（写真27-1）という主訴で来院した。鼻平面からその下部の皮膚にかけて，触れると弾性硬で表面が潰瘍化した限界明瞭な腫瘤が認められ，鼻鏡部では厚い痂皮が認められた。

問題

(a) どのような鑑別疾患が挙げられるか？

(b) 写真27-2は本症例の腫瘤を針生検した細胞診像であるが，どのような所見が認められるか？　それにより，何が考えられるか？

(c) どのような治療方法があるか？

写真27-1

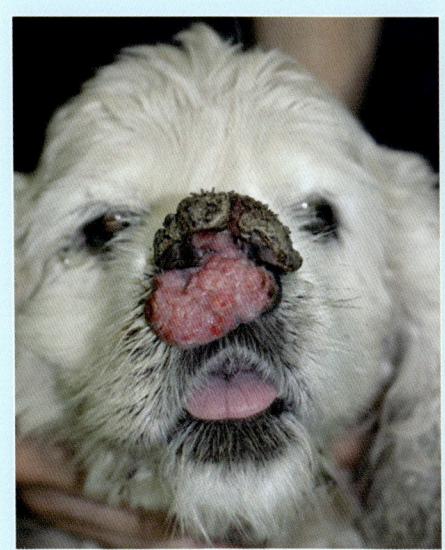

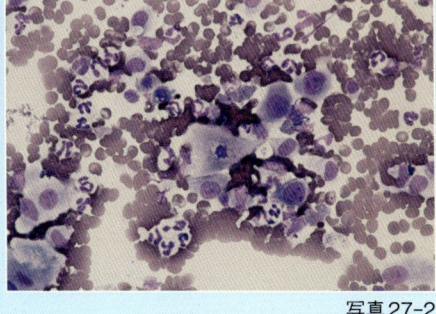

写真27-2

解答

(a) 腫瘍，外傷，深在性真菌症，深在性膿皮症などが挙げられる。

(b) 細胞診により，好塩基性に染色されたケラトヒアリン顆粒を有する細胞が採取され，核の大小不同，N/C比のばらつき，核小体の，増数などの異常所見が認められ，扁平上皮癌が強く疑われた。この症例は，病理組織学検査により，扁平上皮癌と診断された。

(c) 完全な外科的切除を行う。不完全な切除しかできない，あるいは，切除不可能な場合は，放射線療法，電子線照射療法，NSAIDsであるピロキシカム（0.3mg/kg，q24h，PO），シスプラチン，カルボプラチンの投与が有効であるとの報告がある。

●Key Point

- 扁平上皮癌は，扁平上皮細胞を由来とする腫瘍であり，犬と猫に比較的よくみられる。高齢の動物に発生しやすく，猫では白色猫に発生率が高い（頭部，特に耳介）。
- 紫外線に対する曝露によって，この腫瘍の発現率が高くなると考えられている。
- 犬での予後は，分化度の違いと発生部位によって多様である。足趾に発生するものは転移しやすい傾向がある。ほとんどのものは局所的に浸潤はするが，遠隔転移の速度は遅い。
- 猫の高分化型のものは，比較的予後は良好である。

●オーナーへの伝え方

- 細胞診などにより扁平上皮癌が強く疑われた場合には，CT検査などで精査を実施する。その結果により鼻鏡の切除術，放射線療法，化学療法などの治療を選択することを勧める。

顔面

症例.28 猫，去勢雄，鼻と耳介の炎症

主訴・所見

　長毛雑種猫，2歳，去勢雄，体重4.5kg，室内外飼育，ワクチン・ノミ予防済み。夏期に鼻部および左右の耳介外側に急性でかつ強い瘙痒が認められた。病変部では丘疹，痂皮，掻爬痕，びらんを伴う炎症性脱毛が認められた（写真28-1〜28-3）。健康状態は良好で，皮膚掻爬検査は陰性であった。鼻の押捺塗抹検査では炎症性滲出物がみられ，好酸球，好中球，リンパ球を含んでいた。

問題

(a) 本症例の鑑別診断を挙げよ。また，病歴と現症に基づく可能性の高い診断名は何か？
(b) 治療法を挙げよ。

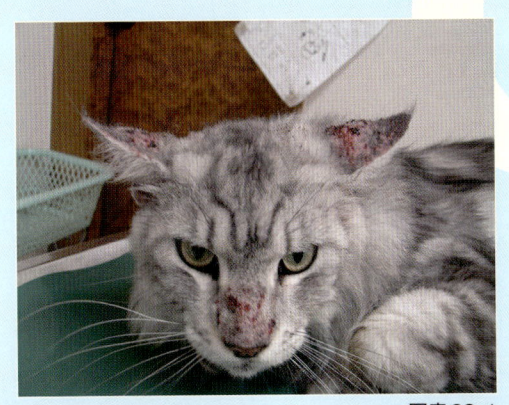

写真28-1

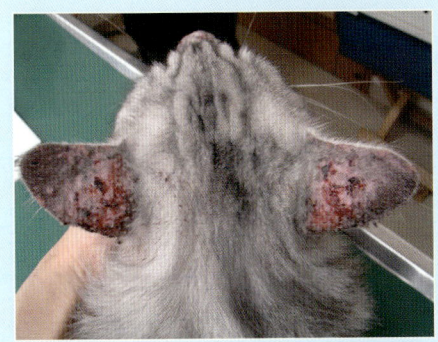

写真28-2

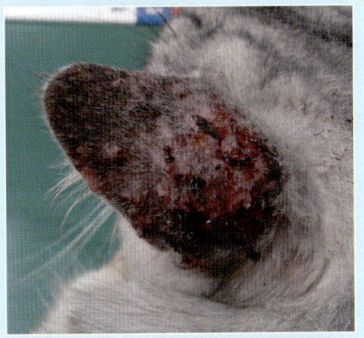

写真28-3

> **解答**

(a) 鼻・耳を中心とした顔面に,丘疹・痂皮を認めることより,落葉状天疱瘡,顔面に強いかゆみを伴うことからアトピー性皮膚炎,食物アレルギー性皮膚炎,昆虫刺咬性過敏症が疑われる。臨床症状と現病歴(夏期に屋外にも移動可能であること,また急速にかゆみをともなう皮疹を示し,押捺標本で好酸球が認められること)から,蚊の刺咬性過敏症が強く疑われる。

(b) 蚊の出現時期に室内で飼育できれば,自然に治癒することが多い。症状が季節性であるため,かゆみが強く掻破痕が重度である場合は,一時的な副腎皮質ホルモン剤が有効である。プレドニゾロン2〜4 mg/kg,q24hで漸減しながら投与すると,通常1〜3週間で改善する。早いものでは1回のみの投与で快方に向かうが,難治性の場合は,蚊の季節の間は維持療法として,可能な限りの最小用量を隔日投与する。

●Key Point

・その他の刺咬性昆虫(ブユ,ヌカカ)も同様の病変を示すが,蚊の刺咬性過敏症は季節性であり,蚊の発生時期と同時期に発症する。蚊は濃い色や黒い被毛に集まるため,刺咬自体は毛色が濃く,被毛の薄い鼻・耳介部分に起こりやすいが,アレルギー反応は鼻全体,両側の耳介全体に及ぶことが多い。

●オーナーへの伝え方

・ほとんどの場合,猫を5〜7日間,屋内に閉じ込めておくだけで病変部が改善するので,投薬するかどうかをよく話し合う必要がある。
・屋内飼育している場合でも,バルコニーやベランダにも蚊は存在することに留意する。
・本疾患は過敏性反応であるため,蚊の生息数と症状は関係がない。したがって,屋内飼育の動物が少数の蚊に刺された場合でも,屋外飼育の場合と同程度の症状を示す。

顔面

症例.29 犬，避妊雌，皮膚粘膜境界部の色素脱失とびらん

主訴・所見

雑種犬，15歳，避妊雌。2ヵ月前から鼻鏡，眼瞼，口唇，肛囲に色素脱失と紅斑，びらんが認められたとのことで来院した。初診時には上記の症状の他に，鼻鏡の皮膚が平坦化していた（写真29-1）。

問題

(a) もっとも疑わしい診断名は何か？
(b) 鑑別すべき主な疾患名を挙げよ。
(c) 本症は予後の良い疾患か？

写真29-1

解答

(a) 犬上皮向性リンパ腫（菌状息肉症）

(b) 全身性エリテマトーデス，粘膜眼症候群，薬疹，ブドウ膜—皮膚症候群が鑑別疾患として挙げられる。

(c) 予後は悪い。一時的にロムスチンやプレドニゾロンに反応することもあるが，症例のほとんどが初発から2年以内に死亡するとされている。

● Key Point

- 犬上皮向性リンパ腫は，毛包上皮，表皮，粘膜上皮などに，腫瘍化した細胞障害性Tリンパ球の浸潤を認める予後不良の疾患である。
- 本症では病勢の初期にはびまん性紅斑，脱毛，鱗屑のみが認められることもあり，皮膚炎との鑑別が難しいことも少なくない。皮膚—粘膜境界部に白斑やびらん～潰瘍が認められることもある。進行例では多発性局面や結節・腫瘤が認められることもある。
- 高齢犬で上述の症状が認められた場合（特に初発例）には，本症を類症鑑別に含めて皮膚生検を実施することが望ましい。

● オーナーへの伝え方

- 本症は予後不良の疾患であることを伝える必要がある。化学療法などを行う場合は，予測される効果とリスクについて十分に説明し，同意を得た上で治療を開始する必要がある。

顔面

症例.30　犬，去勢雄，鼻鏡の色素脱失，鱗屑

主訴・所見

バーニーズ・マウンテン・ドッグ，10歳，去勢雄，室内飼育である。2年前から鼻部に皮膚病変が認められ，他院にて抗生剤（セファレキシン）および抗真菌剤（ケトコナゾール）の投薬（薬用量不明）により治療を受けていたが改善なく，やがて病変が拡大したとのことで当院に来院した。臨床所見では鼻鏡背側に色素脱失ならびに厚い鱗屑の付着が認められ，わずかな刺激で容易に出血が認められた（写真30-1）。また鼻梁部には紅斑および鱗屑が認められた（写真30-2）。
皮膚病変以外に特記すべき身体検査所見は認められず，皮膚細胞診および皮膚掻爬検査の結果は陰性であった。CBCおよび血液生化学検査の結果には特筆すべき所見は認められなかった。

問題

(a) 考えられる鑑別診断は何か？
(b) 必要な追加検査を挙げよ。
(c) 生検は病変のどの部位が適しているか？

写真30-1

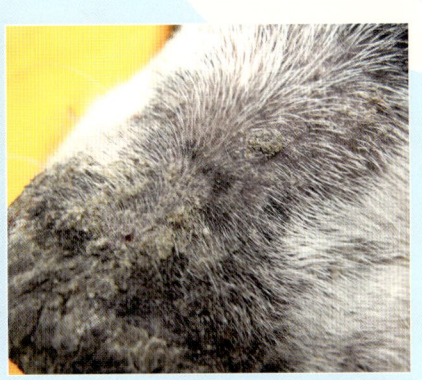

写真30-2

> **解答**
>
> (a) 全身性エリテマトーデス，皮膚（円板状）エリテマトーデス，粘膜皮膚膿皮症，皮膚糸状菌症，落葉状天疱瘡，紅斑性天疱瘡，白斑，フォークト—小柳—原田症候群．
>
> (b) 全身性エリテマトーデスとの鑑別診断のために，抗核抗体（ANA）検査や尿検査などが必要である．
>
> (c) 新しい色素脱失部位が皮膚生検に最適である．損傷のある病変や，重度の痂皮，潰瘍および瘢痕を伴う病変は避ける．鼻平面や耳介は止血が難しく瘢痕化するため，他に生検に適した部位が見つからない場合以外はできる限り避ける．

●Key Point

- 自己免疫性皮膚疾患である．
- コリー，シェットランド・シープ・ドッグ，ジャーマン・シェパード・ドッグ，シベリアン・ハスキーが好発犬種である．
- 病変の多くは顔面に限局している．初期病変は多くの場合，色素脱失，紅斑および鱗屑を特徴としており，鼻平面に限局して，両側性対称性に発生する．慢性的な瘢痕や萎縮した病変は脆弱で，一過性に出血する．病変は，鼻部背側，口唇，眼周囲そして耳に発生することがある．
- 光線がこの疾患を誘発することはないが，少なくとも悪化要因となるため，夏に悪化する傾向がある．
- 免疫抑制量の副腎皮質ホルモン剤を，寛解までは1〜3mg/kgもしくはシクロスポリンAを5mg/kg，q24h，外用薬として強いクラスの外用副腎皮質ホルモンもしくはタクロリムスを用いる．

●オーナーへの伝え方

- 日中の散歩を避け，病変へのサンスクリーンの塗布などが必要であることを指示する．

顔面

症例.31 猫，去勢雄，鼻と耳介の結節と痂皮

主訴・所見

　雑種猫，4歳，去勢雄，体重4.2kg。屋外飼育。鼻および耳介のかゆみを主訴に来院した。夏になるといつも同様の皮膚炎がみられる。ノミ駆除薬の定期的投与は行っていた。両側の耳介外側の耳根部に近いところに円形の小型の脱毛を伴う丘疹〜結節がみられ，一部に痂皮が認められた。鼻鏡部から鼻梁にかけては小型の痂皮を伴う粟粒性の丘疹を認めた（写真31-1，31-2）。

問題

(a) 疑われる疾患名は何か？
(b) 治療はどうしたらよいか？

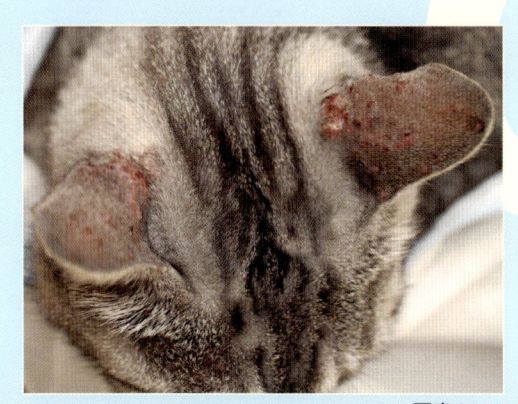

写真31-1

写真31-2

解答

(a) アレルギー性皮膚炎，食物アレルギー，ミミヒゼンダニ症，毛包虫症および落葉状天疱瘡などの免疫介在性皮膚疾患などが鑑別診断である．まず，耳垢の検査や被毛検査によりミミヒゼンダニ症および毛包虫症を除外する．本症例では屋外飼育であること，季節により定期的に症状がみられていること，耳介や鼻梁といった特定の部位に皮疹がみられることなどから，蚊の刺咬性過敏症を疑う．痂皮を剥がし，細胞診を行うと好酸球が認められる．

猫の蚊の刺咬性過敏症は，一般的に夏に発生し秋に終息する．同じ環境で飼育されていれば，同じ季節に繰り返し発症する．また耳介，鼻梁などの特徴的な部位に痂皮を伴った結節および丘疹が認められ，びらんがみられることもある．びらん部や痂皮の下を剥がし細胞診を行うと，好酸球が認められる．濃い毛色の方が蚊に刺されやすいようである．

症状に季節性がみられない場合や症状が重度の場合などは，落葉状天疱瘡，猫のヘルペスウイルス性潰瘍性皮膚炎および扁平上皮癌なども考慮し皮膚病理学検査を行い，診断をより確実にする必要がある．

(b) 蚊の刺咬性過敏症であれば，屋内飼育に切り替えることで自然治癒する．飼育環境の変更が困難な場合，季節性の瘙痒であればプレドニゾロン 2 mg/kg，q24h を症状がみられる期間投与し，症状の終息に合わせて漸減する．

● Key Point

- 季節性のアレルギー性皮膚炎の場合は，発症期間を乗り越えれば継続的な治療は必要ないため，副腎皮質ホルモン剤等を用いた対症療法を行う．
- 症状が通年性の場合には，診断を適切に行い，必要に応じて病理組織学検査などを行う．通年性のアレルギー性皮膚炎の場合は，副腎皮質ホルモン剤による副作用を避けるために，投与量に注意を払い，可能であれば他の免疫抑制剤等の薬剤を用いることで極力減量するのがよい．

● オーナーへの伝え方

- 本症の原因が蚊の咬傷の疑いがある場合は，屋内飼育に切り替える．
- 副腎皮質ホルモン剤を使用する場合，根治療法ではなく，対症療法として行われる．
- 副腎皮質ホルモン剤を季節性の皮膚疾患で使用する場合は，必ず獣医師の指示通りに投与するように指導する．
- 副腎皮質ホルモン剤や免疫抑制剤を使用する場合，特に屋外飼育の場合は感染症に十分注意する．ヘモプラズマなどの発症がないか，定期的に身体検査をするべきである．

顔面

症例.32　猫，雄，下顎の黒い付着物

主訴・所見

　雑種猫，1歳，雄。2ヵ月前から下顎に黒く細かい付着物を多く認めるようになった。1ヵ月前から複数の丘疹が出現し，徐々に大きくなってきたため来院した（写真32-1）。自覚症状はほとんどない。濡れた綿花で拭いたところ黒胡椒のような付着物が採取された（写真32-2）。

問題

(a) もっとも可能性の高い診断は何か？
(b) 他に鑑別すべき診断は何か？
(c) どのような検査や調査が必要か？
(d) どのような管理や治療が必要か？

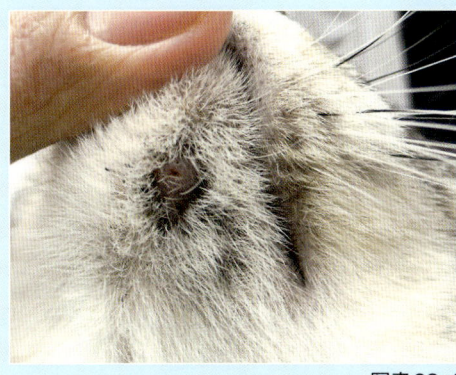

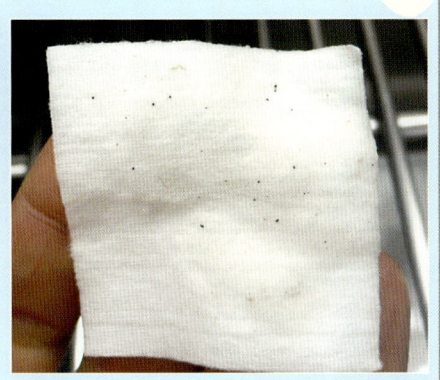

写真32-1　　　　　　　　　　　　　写真32-2

解答

(a) 猫の痤瘡

(b) 皮膚糸状菌症，毛包虫症，マラセチア皮膚炎，疥癬，アレルギー性皮膚炎，歯根膿瘍からの皮膚潰瘍など。

(c) 皮膚掻爬検査，被毛検査，押捺塗抹検査，口腔内視診を行う必要がある。病原体が検出されなかった場合でも，感受性があると考えられる抗菌剤の投与を検討する。これに反応がなく，下顎以外にも病変があり自覚症状を伴う場合は，アレルギーの調査として除去食試験，ノミ駆除試験，アレルギー検査などを検討する。

(d) 猫の痤瘡が疑われる場合は，患部の洗浄，消毒，続発性感染症の管理が治療基本である。猫の被毛が長い場合は，患部の毛刈りも検討する。患部の洗浄には角質溶解性シャンプー（過酸化ベンゾイル，イオウ，サリチル酸，乳酸エチルなどを配合したもの）を使用し，週2回〜1日おきの洗浄を行う。さらに日常的にはクロルヘキシジン消毒や抗生物質含有軟膏（例：ゲンタマイシン軟膏，ムピロシン軟膏）を外用する。押捺塗抹検査にて細菌が検出された場合や大型丘疹を生じている場合は，抗菌剤（例：アモキシシリン・クラブラン酸 10〜20mg/kg，q12h，エンロフロキサシン 5mg/kg，q24h〜q12h，オルビフロキサシン 5mg/kg，q24h，セフォベジン 8mg/kg，SC）の全身投与（数週間継続）を検討する。

●Key Point

- 猫の痤瘡の多くは1歳以下で発症し，大型脂腺の分布する下顎に好発する無症候性の難治性疾患である。
- 猫の痤瘡の病因は不明であるが，グルーミング習慣に乏しいことや，下顎の毛包から押し出されるべき角質と皮脂による面皰がきっかけとなることが示唆されている。時間の経過とともに細菌（特にブドウ球菌）やマラセチアの感染が続発し，重度の毛包炎から毛包破綻を起こし，臨床的には大型丘疹を呈する痤瘡になると考えられる。
- 猫の痤瘡は，ほぼ下顎に限局して発症する。下顎以外にも病変を伴う場合は，感染症やアレルギーを含む疾患を広く視野に入れて鑑別する必要がある。

●オーナーへの伝え方

- 一般的に猫の痤瘡は再発性で完治が難しく，管理と治療は長期にわたる可能性がある（生涯に及ぶ場合もある）ことを伝える。
- 治療の基本は，患部の洗浄，消毒，続発性感染症の管理であり，集中的な治療により数週間〜1ヵ月以内に効果が期待できることを伝える。
- 症状が改善した後も，日常的なグルーミングや定期的な薬用シャンプーを行う必要があることを伝える。

体幹

症例.33 犬，避妊雌，体の鱗屑と鼻鏡の色素脱失

主訴・所見

シー・ズー，7歳，避妊雌，体重5.6kg。約半年前からはじまった体のかゆみを主訴に来院。若い頃は皮膚疾患にかかったことがなかった。体幹背側を中心に鱗屑が多く認められた（写真33-1）。また鼻鏡の色素脱失も認められた（写真33-2）。

問題

(a) 鑑別診断は何か？
(b) 診断の組み立てはどうすればよいか？
(c) 鑑別疾患として挙げられる疾患のうち，腫瘍性の疾患であった場合の治療はどうしたらよいか？

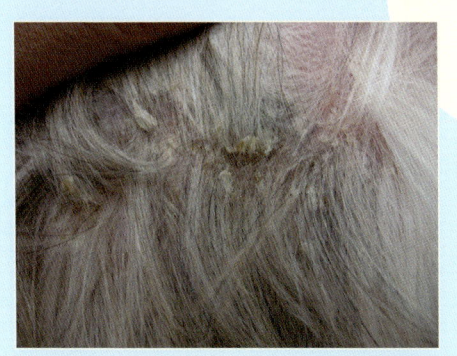

写真33-1

写真33-2

解答

(a) 犬疥癬，犬毛包虫症，表在性膿皮症，アレルギー性皮膚炎（アトピー性皮膚炎，食物アレルギー），皮膚糸状菌症などが疑われるが，初発年齢と鼻鏡の症状から上皮向性リンパ腫（皮膚型リンパ腫）も鑑別診断に入れなければならない。

(b) 1. 皮膚糸状菌症および犬毛包虫症を皮膚掻爬検査や被毛検査により診断・除外する。
2. 犬疥癬およびノミアレルギー性皮膚炎は診断的治療により診断・除外する。
3. 表在性膿皮症は細菌培養検査や抗菌剤投与への反応などから診断・除外する。
4. 上皮向性リンパ腫が鑑別診断リストに入る場合，皮膚生検を行い，病理組織学検査を実施する。
   本症例では病理組織学検査の結果，上皮向性リンパ腫であった（写真33-3）。

(c) 上皮向性リンパ腫の多くはT細胞型で，一般的にコントロールが難しい。近年はロムスチンの有効性が示唆されているが，強い骨髄抑制に注意が必要である。上皮向性リンパ腫のうちの少数に，多中心型リンパ腫で用いられるCOAP療法やインターフェロンγ療法での効果が報告されている。

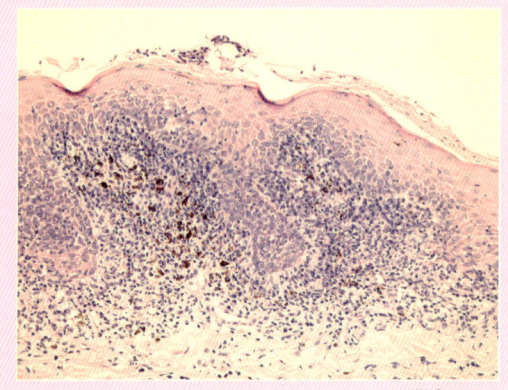

写真33-3

● Key Point

- 上皮向性リンパ腫は，肉眼的所見や臨床症状ではアレルギー疾患や表在性膿皮症との鑑別が難しい場合があるので注意が必要である。
- 高齢で初発するかゆみがみられる場合で，感染性皮膚疾患が除外された場合は，必ず鑑別診断に入れる。

● オーナーへの伝え方

- 犬猫の上皮向性リンパ腫はコントロールが難しく，予後は良くないことを伝えた上で，治療法を相談する。

体 幹

症例.34 犬，未避妊雌，側背部の脱毛と色素沈着

主訴・所見

シー・ズー，3歳，未避妊雌が，前年11月頃より体にかゆみがあり，背中の脱毛が広がってきたとの主訴で3月に来院した。近医にて抗菌剤，副腎皮質ホルモン剤の投薬を行い，かゆみは改善したが脱毛は進行したため，当院を紹介され受診した。臨床所見では腰背部に境界明瞭な対称性脱毛が認められ，脱毛部は色素沈着し皮膚は乾燥していた（写真34-1，34-2）。皮膚細胞診および皮膚掻爬検査の結果は陰性であった。

問題

(a) 考えられる鑑別疾患は何か？
(b) 確定診断のために必要な検査を挙げよ。
(c) 脱毛パターンから考えて，もっとも可能性が高い診断名は何か？

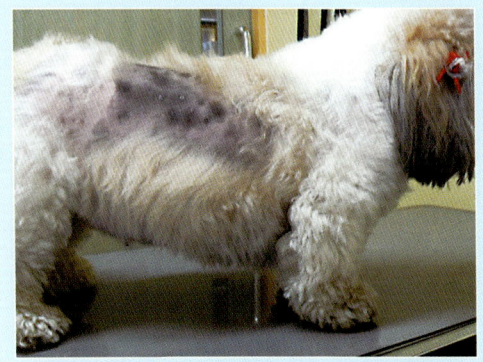

写真34-1

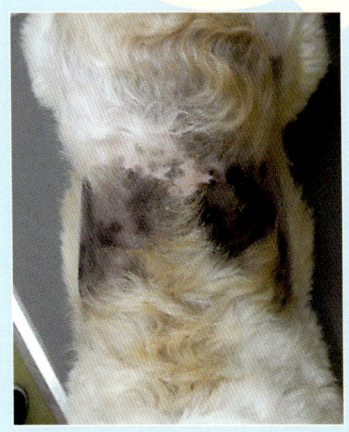

写真34-2

解答

(a) 非炎症脱毛症の鑑別診断として，内分泌性疾患の甲状腺機能低下症，副腎皮質機能亢進症，エストロジェン過剰症が挙げられる。遺伝性疾患としては，脱毛症X（アロペシアX），再発性臀部脱毛（recurrent flank alopecia），が挙げられる。

(b) 被毛検査，甲状腺ホルモン，副腎皮質ホルモンの評価，病理組織学検査を行う。被毛検査では，毛根を観察するとほぼすべての毛根が休止期を示していることが観察される。甲状腺，副腎機能に異常がなければ皮膚病理学検査を行う。

(c) 再発性臀部脱毛症。左右の腹側部に両側性非炎症性脱毛，境界明瞭な脱毛と色素沈着が認められる（写真34-3）。

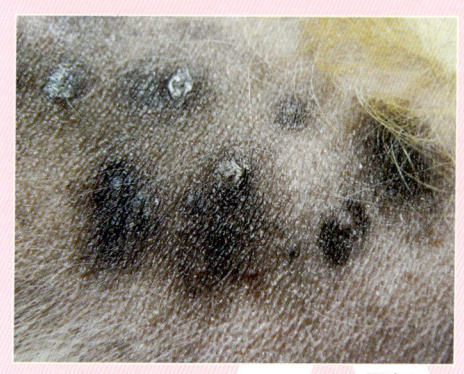

写真34-3

● Key Point

- 再発性臀部脱毛症はどの犬種でも発症するが，ボクサー，イングリッシュ・ブルドッグ，フレンチ・ブルドック，ミニチュア・シュナウザー，エアデール・テリアが好発品種である。光周期と気候の変動が発症に強く影響していると考えられ，脱毛は通常晩秋から早春にかけてはじまり，晩春には一部または完全に被毛が回復する。そのため季節性臀部脱毛（seasonal flank alopecia）という名称もある。
- 治療法として，徐放性メラトニン12 mgインプラント/頭を単回皮下投与や，メラトニン3〜12 mg/頭をq6h〜q24h，3〜4ヵ月間POなどがあり，再発の防止，脱毛期間の短縮が期待できる。本症例ではメラトニン3 mg，q24hで投与後，2週間で発毛が認められた。

● オーナーへの伝え方

- 脱毛が比較的広範囲にわたることから，脱毛部への紫外線の曝露や乾燥に注意する。外出時は服を着せる，乾燥時には保湿剤を塗布するなどのスキンケアを行う必要がある。
- 他の臓器には異常がないことから，健康を心配する必要はないと伝える。

体幹

症例.35 犬，雌，皮膚の菲薄化，脱毛と鱗屑

主訴・所見

トイ・プードル，4歳，雌，体重4.0kg。当初は体幹の左側に発生したかゆみ，紅斑および軽度の脱毛を伴う直径2cm程度の皮膚炎がみられ，その治療のために，他院にて処方されたトリアムシノロンと抗菌剤および抗真菌剤の合剤を外用していた。すぐにかゆみは消失したが，脱毛がなかなか改善しないため1日2回の塗布を継続していたところ，脱毛の拡大と鱗屑の増加がみられたため塗布範囲を広げて半年間外用薬の塗布を継続。その結果，さらに脱毛と鱗屑が拡大したとのことで来院した（写真35-1）。来院時はかゆみはなく，体幹左側のみに脱毛，過剰な鱗屑と落屑および皮膚の菲薄化が広範囲に認められた。最初に皮膚炎を発症した部位には色素沈着が認められた。他の部位に皮膚症状はみられなかった。

問題

(a) 疑われる疾患名は何か？
(b) 治療はどうしたらよいか？

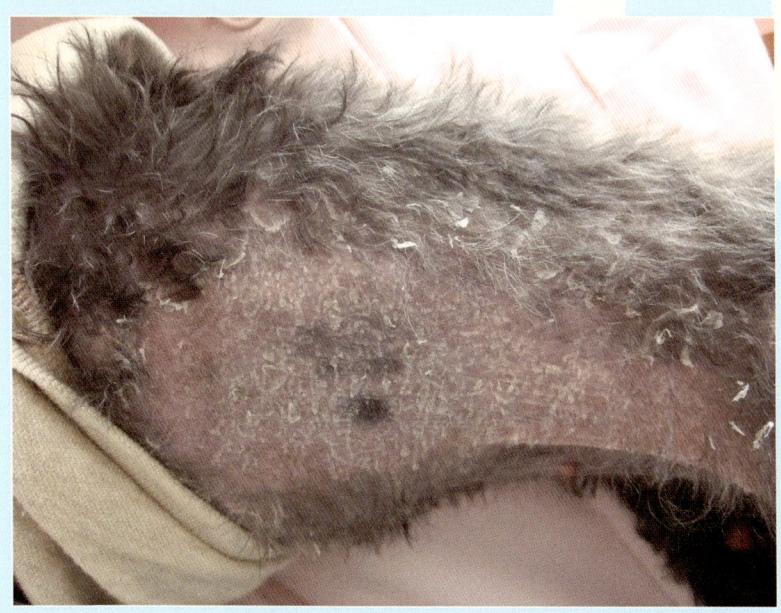

写真35-1

解答

(a) 皮膚糸状菌症，毛包虫症などの感染性皮膚疾患を最初に除外する。長期にわたって副腎皮質ホルモン剤を含有する外用の合剤を使用していたこと，かゆみがないこと，皮膚の萎縮という症状から，ステロイド皮膚症を疑う。必要に応じて病理組織学検査を行うと診断が確実になる。
　副腎皮質ホルモン剤を含有する外用薬によるステロイド皮膚症であれば，一般的には局所的な影響だけであるが，使用が長期間にわたる場合，塗布範囲が広範囲の場合または使用した副腎皮質ホルモン剤の作用が強力な種類の場合などは副腎抑制が起こる可能性があるので注意が必要である。

(b) 外用薬の使用を中止し，経過観察する。

● Key Point

- ステロイド皮膚症であれば，一般に瘙痒などの動物のQOLを低下させる症状はないため，治療は行わない。乾燥が著しい場合は保湿剤の使用を検討する。
- 上記の症状のほか，面皰がみられることもある。
- 病理組織学検査を行うことで，診断がより確実になる。

● オーナーへの伝え方

- 転院症例の場合は，当初外用薬を使用したきっかけが不明であることが多いため，むやみに外用薬のせいにすることなく，まず薬を止めて様子を見る旨を伝える。
- 一般に2〜3ヵ月で皮膚症状の改善が認められる。

体 幹

症例.36 犬，雄，高齢発症の脱毛

主訴・所見

　柴犬，12歳，雄が5～6年前よりかゆみを呈しており，2年前から背中の一部が脱毛したままであるとの主訴で来院した（写真36-1）。これまで通院していた病院では，皮膚の検査で細菌や外部寄生虫は認められず，アトピー性皮膚炎と診断されていた。かゆみがひどくなるたびに，"かゆみ止めの注射"をされ，「最近はあまり活動的ではなく，寝てばかりいる」と訴えたところ，背部痛が疑われ，NSAIDsの注射も定期的に行われていた。身体検査では，右背側が脱毛（写真36-2）しており，脱毛部には脂漏と毛包一致性の丘疹が認められた。鼠径部は慢性的なかゆみのため苔癬化していた。一般血液検査，血液生化学検査では，異常はみられなかった。

問題

(a) 問診および視診から考えられる鑑別診断は何か？
(b) 毛包一致性の丘疹が認められた場合の鑑別診断は何か？
(c) どのような検査，治療を進めるべきか？

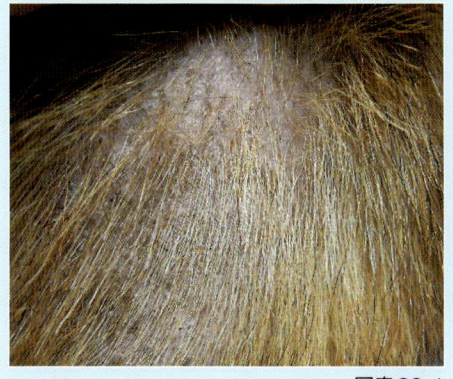

写真36-1

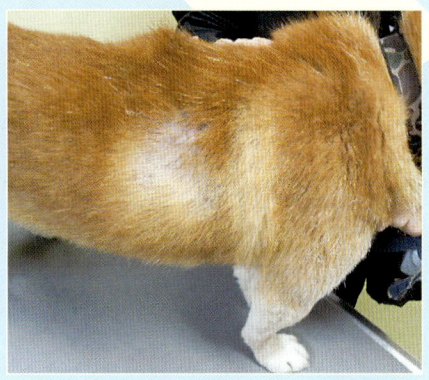

写真36-2

解答

(a) かゆみの初発年齢が，7〜8歳とのことで，アトピー性皮膚炎の可能性は低いため，他のかゆみを伴う疾患である膿皮症，疥癬，毛包虫症などの感染症を疑う。また，活動的ではないとの訴えも重要と考えられる。本症例では鼻梁が脱毛し，色素沈着が認められた（写真36-3）。これらのことから，甲状腺機能低下症も疑う必要がある。

(b) （細菌感染による）毛包炎，毛包虫症が鑑別診断として挙げられる。

写真36-3

(c) 再度，押捺塗抹検査による細菌感染症の有無，ノミ取り櫛検査，皮膚掻爬検査を行い，毛包虫などの感染症の有無を調べ，かゆみの原因を再考する。本症例では球菌および毛包虫が検出され，セファレキシン 25〜30 mg/kg，q12h，などの抗菌剤とイベルメクチン 300 μg/kg，q24hの投与を開始し，脂漏をコントロールするためのシャンプーを積極的に行ったところ，約1ヵ月で脂漏およびかゆみは改善した。しかし脱毛の改善が認められなかった。そこで甲状腺機能低下症を疑い，基礎T_4値を測定したところ，基礎T_4値は 0.8 μg/dL（参考基準値：1.1〜3.6）と低値を示したため，甲状腺ホルモン補充療法を行ったところ，脱毛部の発毛および活動性の向上が認められた。診断名として甲状腺機能低下症に起因する膿皮症，毛包虫症と診断した。

● Key Point

- アトピー性皮膚炎のほとんどの症例は6ヵ月齢から3歳までに発症し，顔面あるいは四肢の足趾間，屈曲部，腋窩，鼠径部などが好発部位である。本症例のかゆみの初発年齢は，6歳と遅く，かゆみの強い場所は背部であり，アトピー性皮膚炎の臨床症状とは一致しない。
- 病変に毛包一致性の丘疹が認められる場合は，細菌性の毛包炎と毛包虫症が強く疑われる。毛包虫の検出率を上げるため，掻爬検査は皮膚を軽くつまんで，毛包から虫体を押し出すように検査する。
- 甲状腺機能低下症の80％の症例で皮膚の異常が報告されている。過剰な落屑と毛の乾燥，脂漏は皮膚の異常の中で一般的である。
- 甲状腺機能低下症の犬のオーナーは，自分の犬が無気力になったことを老化と考え，病気と思わないケースが多い。また，対称的な脱毛やラットテイル，運動不耐性，肥満，貧血，徐脈などの症状はすべての症例に起きるわけではない。

● オーナーへの伝え方

- 甲状腺機能低下症は通常，中〜高齢の大型犬に多いとされているが，どのような犬種や年齢でも起きる。治療には生涯のホルモン補充療法が必要であることを伝える。
- 通常，投薬後1〜2週間で活動性が増し，体重が徐々に減少するが，毛並みが元に戻るまでは2〜3ヵ月かかる。

> 体 幹

症例.37　うさぎ，脱毛，フケ

主訴・所見

　5歳10ヵ月齢のうさぎが，胸背部に脱毛と激しいフケが認められるとの主訴で来院した（写真37-1）。全身状態は良好で，かゆがる様子はないとのことであった。被毛をかき分けると脱毛部の最外側には著しい鱗屑が認められ，被毛は容易に抜けた。脱毛部の中央には短い毛が生えており病変の形状はリングワーム（輪癬）様であった。

問題

(a) もっとも可能性の高い診断名は何か？
(b) 診断を進めるために行うべきことは何か？

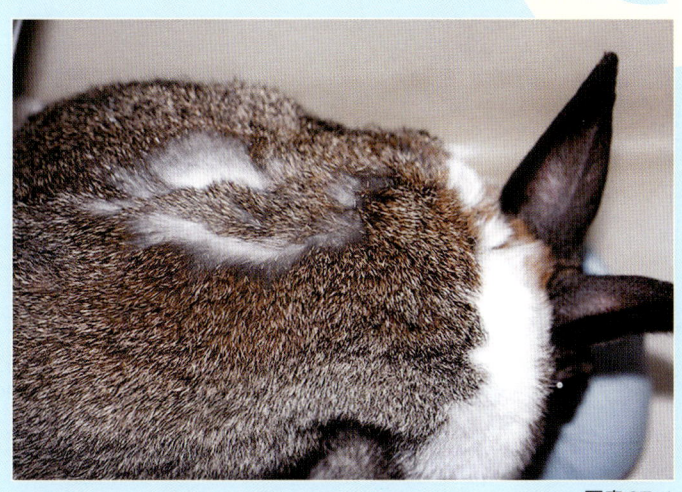

写真37-1

解答

(a) 症状と病変からは皮膚糸状菌症がもっとも疑われる。ツメダニ症もこれと同じ部位に多量の鱗屑を伴う脱毛病変を形成することがあるので、鑑別診断に含めなくてはならない。また、これらの混合感染もある。

(b)
1. テープストリッピング法でツメダニの有無を確認する。本症例ではツメダニは陰性であった。
2. KOH法により糸状菌の有無を調べる。本症例では糸状菌は陽性であった。
3. 真菌培養を行うのも有用である。ただし、うさぎの皮膚糸状菌症は、菌要素が存在しているにもかかわらず、培養で陰性結果が得られることも多い。

●Key Point

- うさぎの皮膚糸状菌症の原因菌は多くが *Trichophyton mentagrophytes* であり、*Microsporum* がごくまれにみられる。
- うさぎの皮膚糸状菌症の症状はリングワーム様の脱毛と落屑・鱗屑であり、瘙痒はあまり認められない。
- うさぎの皮膚糸状菌症はストレスによる免疫低下や他の皮膚疾患に随伴してみられることがある。通常は感染していても症状を発現しないが、何らかの引き金（誘因）があって発症するものと考えられる。併発疾患を治療することで糸状菌症が自然治癒することもある。
- うさぎの皮膚糸状菌症にはイトラコナゾールの内服（5～10mg/kg, q24h）などが有効であるが、治療は長期間を要することがあり、また再発もしばしばみられることから、症状が完全に消失するまで根気よく治療を継続しなくてはならない。

●オーナーへの伝え方

- 皮膚糸状菌症は人獣共通感染症なので、家族に皮膚病変を生じる可能性があることを伝える。通常はうさぎを治療すればヒトの症状も消えるが、もしも家族の症状が重い場合にはヒトの医療機関を受診し、うさぎが皮膚糸状菌症であることを医師に必ず伝えるよう勧める。
- 皮膚糸状菌症の治療は長期間を要することが多い旨をあらかじめ伝える。
- 角質溶解シャンプーは有効であるが、シャンプー慣れしていないうさぎには推奨できない。
- 再発率が高いので、誘因（ストレス、高湿度、体力の低下など）を除去し、再発を予防するよう助言する。

体幹

症例.38　犬，雄，体幹の脱毛

主訴・所見

ポメラニアン，4歳，雄，体重1.6kg。1歳ごろから徐々に体幹部の脱毛が進行した（写真38-1）。食欲，飲水量，活動性および全身の筋肉量などに異常はない。脱毛部は軽度の色素沈着が認められるが，かゆみ，鱗屑および皮膚の菲薄化などの異常は認められない。頚部や四肢端は肉眼上は正常な被毛であった。皮膚掻爬検査では異常を認めず，脱毛部の被毛検査では休止期毛のみが認められた。

問題

(a) 疑われる疾患名は何か？
(b) 治療はどうしたらよいか？

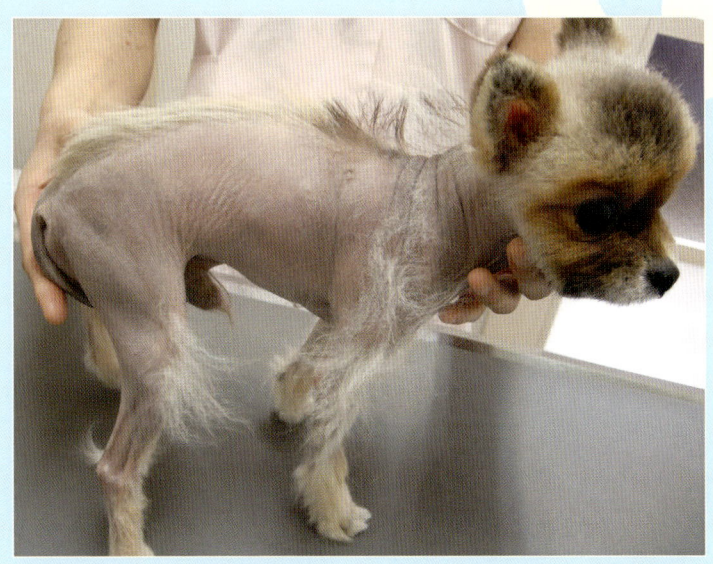

写真38-1

> **解答**

(a) 鑑別診断として，脱毛症X（アロペシアX），甲状腺機能低下症および副腎皮質機能亢進症などの内分泌疾患，毛包形成異常，脂腺炎などを考慮する。本症例では発症年齢と脱毛の進行経過，全身状態に変化がないことおよび犬種がポメラニアンということから脱毛症Xと考えられる。

(b) 脱毛症Xは審美上の問題はあるが，健康に影響はないので，治療をしないという選択肢も考慮する。治療する場合は，一般的に以下の順番で検討することが多い。どの治療にも反応しない個体もいる。
①去勢手術：未去勢の雄の場合，去勢手術により発毛が認められることがある。
②メラトニンの投与：メラトニン3～6mg/kg，q12h～q8hで3ヵ月間経口投与すると30～40％の症例で有効性が報告されている。
③トリロスタンの投与：適切な投与量は不明である。10.85mg/kg，q24h～q12hで投与した場合，85％に効果があったとの報告があるが，副作用の点を考慮すると低用量（1～3mg/kg）から開始するのが安全であろう。副腎皮質機能低下症に注意が必要である。
④その他の治療：ミトタン，酢酸オサテロンなども効果が報告されているが，エビデンスに乏しく適切な投与量が不明であるため，副作用に注意する。

本症例では去勢手術を実施したところ，3ヵ月後には一部発毛を認め，色素沈着が改善した（写真38-2）。

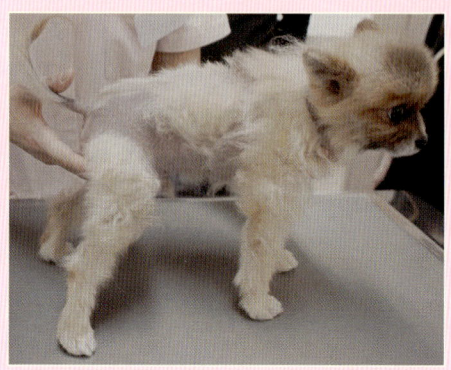

写真38-2

● Key Point

- 日本ではポメラニアンでの発生が圧倒的に多い。
- 若い時期に発症，徐々に脱毛が進行する。
- 毛包形成異常や脂腺炎などの除外に皮膚病理組織学検査が必要となることがある。

● オーナーへの伝え方

- この疾患はあくまで審美上の問題のみであることを伝える。また，被毛が再生しても，しばしば脱毛が再発することも伝えておく。

体幹

症例.39　猫，避妊雌，鼻と耳介の痂皮

主訴・所見

　雑種猫，10歳，避妊雌，体重4.7kg。2ヵ月前から顔面や耳介，体幹に皮膚炎があり，他院で抗菌剤で治療したが改善がないとのことで来院した。病変部のかゆみは強い。鼻梁は厚い痂皮で覆われ，耳介に丘疹や痂皮が認められた（写真39-1，39-2）。頚部，体幹および四肢端にびらんや痂皮が認められ，爪周囲の腫脹も認められた。以前に皮膚疾患に罹患したことはなかった。

問題

(a) 疑われる疾患名は何か？
(b) 必要な検査は何か？
(c) 治療はどうしたらよいか？

写真39-1

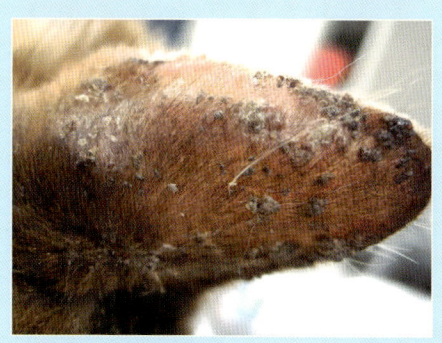

写真39-2

解答

(a) 落葉状天疱瘡。鑑別診断として，細菌感染，アレルギー性皮膚炎，疥癬，猫のヘルペスウイルス性潰瘍性皮膚炎および扁平上皮癌などを考慮する。

(b) 自壊していない膿疱や痂皮下のびらん部の細胞診から，ある程度診断名を推測できる。細菌感染であれば変性好中球や細菌などが認められ，落葉状天疱瘡であれば多数の棘融解細胞や未変性の好中球が認められることがある。確定診断には皮膚の病理組織学検査が必要である。本症例で生検を実施したところ，膿疱や痂皮の中に未変性の好中球と棘融解細胞が認められたため，落葉状天疱瘡と診断した（写真39-3）。

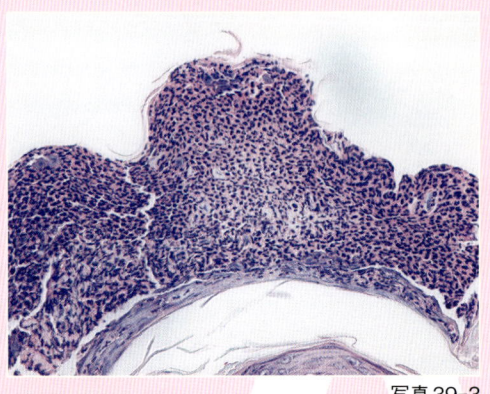

写真39-3

(c) 免疫抑制量のプレドニゾロン2〜4 mg/kg，q24hの投与を行う。

● Key Point

・落葉状天疱瘡は犬猫における免疫介在性皮膚疾患の中では，比較的遭遇する機会の多い疾患である。
・高齢動物で初発のかゆみがある場合，アレルギー性疾患以外の皮膚疾患の可能性が高くなることを念頭に置いて診断を進める。
・より確定的な診断には表皮細胞間への抗体沈着を証明する蛍光抗体直接法を行う。

● オーナーへの伝え方

・免疫介在性疾患の場合，治療が長期にわたり，再発する場合も多いことを伝える。

体幹

症例.40　犬，雄，マダニの付着

主訴・所見

　シェットランド・シープドッグ，6歳，雄，体重10.2kg，室内飼育，ワクチン接種済み。2ヵ月に一度，動物病院にてトリミングを行っている。事前のブラッシング時に，右腋窩にマダニの吸着とその周囲に紅斑を認めた（写真40-1，40-2）。

問題

(a) 治療法を挙げよ。
(b) マダニによる病害はどのようなものか？
(c) オーナーが本疾患に罹患する可能性はあるか？

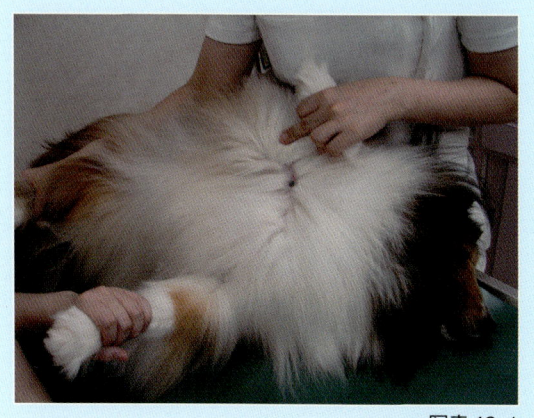

写真40-1

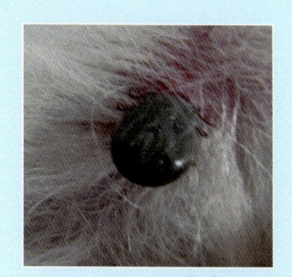

写真40-2

> **解答**
>
> (a) フィプロニル，ペルメトリン，ピリプロール，セラメクチンをスプレーもしくは滴下し，マダニを殺滅することにより駆除する。マダニは金属製のマダニ除去器具やピンセットを用いて除去できるが，不完全に除去するとマダニ頭部（口器）が皮膚内に残存し，肉芽腫を形成する可能性がある。またマダニ媒介性疾患に感染する可能性や，犬の皮膚への損傷につながるため，強制的な虫体の抜去はできる限り避ける。
>
> (b) マダニの寄生部位には紅斑が出現することがある。皮膚病変は駆虫により自然治癒することが多いが，重大な人獣共通感染症を多数媒介する。その感染症には，ロッキー山紅斑熱，バベシア症，エールリッヒ症，Q熱，ライム病，猫ひっかき病などが挙げられる。
>
> (c) 吸着したマダニがヒトを直接吸血することにより疾病を伝播させる直接曝露の他，犬猫についたマダニをオーナーが手で除去する時に，マダニの血液リンパ液が手に付着することにより病原体が伝播することがある。

● Key Point

- マダニは人獣共通感染症を媒介する危険性があるため，駆除する際にはオーナーのみならず，獣医師，スタッフともに感染しないよう注意する。
- 適切な駆除をしたあとも，犬が跛行や疼痛，発熱を示す場合は，マダニ媒介性感染症の可能性を慎重に考慮する。疑われる疾患の血清抗体価の測定が望ましいが，1回の抗体価だけでの診断は難しく，抗生剤の投与で改善する場合が多い。

● オーナーへの伝え方

- マダニは重大な人獣共通感染症の原因となることがある。飽血したマダニが犬から離れて室内や庭先，犬の体表，同居犬の体表に生息していることがあるので，再寄生に注意するよう伝える。また年間を通して，予防を継続することが推奨される。

体 幹

症例.41　猫，去勢雄，背部の皮膚炎と瘢痕

主訴・所見

　ノルウェージャンフォレストキャット，4歳，去勢雄，体重9.7kg（BCS 4）。3ヵ月前にオーナーが背部の皮膚炎に気付き，猫は近医で外用療法を受け改善した。しかしその後も同様の皮膚炎が背部に再発するために来院した。
　猫は室内で飼育され，冬季であったためホットカーペットで仰向きに寝ていることが多かった。来院時背部のほぼ中心線上に沿って脱毛，痂皮，一部発赤とびらん，色素沈着，瘢痕形成がみられた（写真41-1，41-2）。

問題

(a) どのような診断名を考えるか？
(b) 原因として疑われるものは何か？
(c) どのように診断を行うか？
(d) どのような治療を行うか？

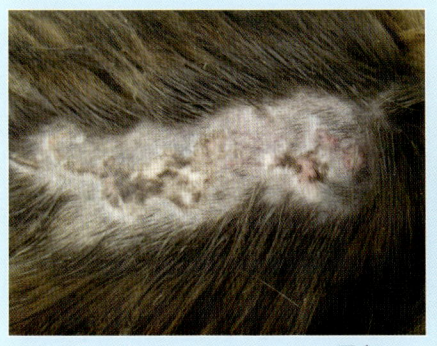

写真41-1

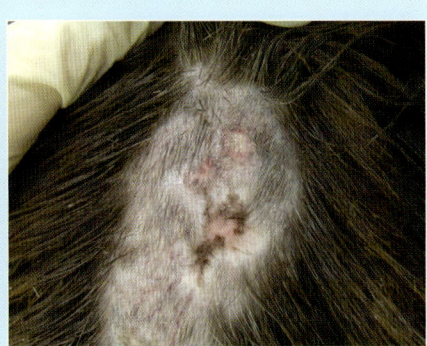

写真41-2

解答

(a) 熱傷

(b) この猫の生活習慣と病変の発症部位より，ホットカーペットが熱傷の原因として疑われた。小動物が遭遇する熱傷の原因としては火事や電気毛布，電気温熱パッド，ドライヤー，発熱した金属，沸騰した液体，化学物質などが一般的であるが，現場を目撃していない場合は，原因を特定し診断を行うのが困難なこともある。

(c) 病歴の聴取と病理組織学検査。潰瘍を形成していない紅斑部位を生検する。病変が重度で時間が経過した潰瘍や壊死組織，二次感染や瘢痕が形成された部位の組織では確定診断が困難なこともある。

(d) 脱落した皮膚や，壊死組織は外科的あるいは化学的に除去し，生理食塩水などで洗浄する。細菌の二次感染を発症しやすいため適切な抗菌剤を投与し，細菌の増殖による治癒遅延が起きないように注意する。熱傷が広域で全身症状を伴う場合には全身状態の安定化をはかる。原因が化学物質で，洗い流すことが可能であれば洗浄する。原因を特定し，再発を防ぐように生活環境を整える。

● Key Point

- 動物は皮膚が被毛で覆われており，また電気温熱パッドやドライヤーなどによる熱傷では病変が潜在的に進行するため，いたみなどの症状を示すまで，数日間オーナーが病変に気付かないこともある。
- 熱傷の重症度は温度と曝露時間に依存する。
- 熱傷が体の25％以上に及ぶ場合には，敗血症やショック，貧血，腎不全等の全身症状を起こし，生命的な危機に至ることもある。また組織壊死と皮膚の防御機構の傷害による，二次的な細菌感染が起きやすい。
- 傷害が表皮や真皮浅層部のみであれば，上皮の再形成により病変はわずかに瘢痕を残すのみあるいは完治するが，熱傷が全層に及ぶ場合は虚血性壊死により皮膚が脱落し，脱毛や瘢痕形成が残ることもある。

● オーナーへの伝え方

- 熱傷は犬や猫において比較的一般的な傷害である。
- 好発品種，好発年齢，性差はない。
- 熱傷が治癒するには時間がかかり，数週間から数ヵ月に及ぶこともある。

体幹

症例.42 若齢犬，雄，脱毛，発赤

主訴・所見

パグ，6ヵ月齢，雄。2ヵ月齢にペットショップで購入した。約1ヵ月前に頚部に脱毛斑がみられ徐々に拡大し（写真42-1），他にも小型の脱毛斑が2ヵ所出現したため来院した。脱毛斑には毛穴に一致した角栓が認められ，残存する毛の基部には鱗屑が付着していた（写真42-2）。罹患犬に自覚症状はなく，元気食欲に問題はない。同居動物はおらず，オーナーに皮膚症状はない。ほぼ室内飼育で，1日2回散歩に行っている。定期的なノミ予防（フィプロニル外用）は行っており，食事は市販のドライフードが与えられている。

問題

(a) 鑑別すべき診断は何か？
(b) どのような検査や調査が必要か？
(c) 外部寄生虫の検出を目的として皮膚掻爬検査を行う場合，脱毛斑のどのような部位をどのように掻爬するとよいか？

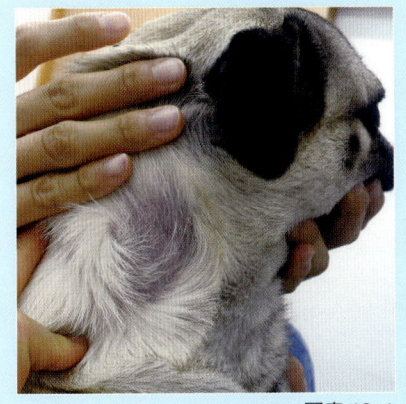

写真42-1

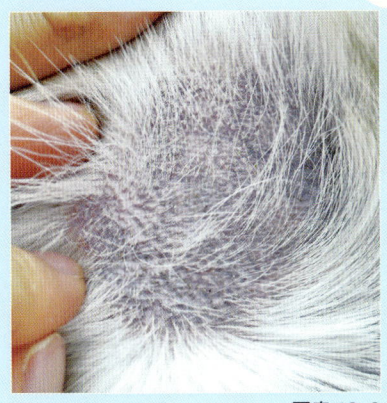

写真42-2

解答

(a) 毛包虫症，皮膚糸状菌症，表在性膿皮症，疥癬，円形脱毛症など．

(b) 皮膚掻爬検査，被毛検査，押捺塗抹検査を丁寧に行う必要がある．まだ若齢であることから，一般的な皮膚感染症を優先的に疑い，発症時期，かゆみの程度，感染動物や汚染環境と接触した可能性について詳細に問診を聴取する．

(c) 毛包虫の検出を目的とした場合，脱毛斑のなかで角栓を伴う面皰に焦点を絞り，皮膚掻爬検査を行うとよい．この時，標的とする面皰が頂点となるように皮膚をつまみ上げて毛穴を広げ，角栓を押し出すようにして鋭匙で深めに掻爬する．ヒゼンダニの検出を目的とした場合は，鱗屑や痂皮の付着した紅斑性丘疹に焦点を絞り，この標的となる丘疹が頂点となるように皮膚をつまみ上げて，痂皮を削ぐようにできる限り多くの箇所の皮膚掻爬検査を行う．ヒゼンダニの検出を目的とする場合の掻爬は，浅めの掻爬で十分である．本症例は皮膚掻爬検査により毛包虫が検出されたことから，若年性毛包虫症と診断した．

● Key Point

- 若年性毛包虫症は，軽症の皮膚症状（紅斑，鱗屑，脱毛を特徴とする単発〜5ヵ所未満の限局性病変）が出現することが多く，一般的には自覚症状を伴わない．
- 若年性毛包虫症は，6ヵ月齢までに好発し，1歳〜1歳半までに自然寛解することが多い．
- 外部寄生虫を目的として脱毛斑の皮膚掻爬検査を行う場合，面皰や痂皮付着性丘疹などに焦点を当て，その標的が頂点になるよう皮膚をつまみ上げて掻爬する．

● オーナーへの伝え方

- 若年性毛包虫症は，若齢犬にみられる良性の皮膚感染症であり，多くは1歳〜1歳半までに自然寛解するものであると伝える．
- 若齢発症の毛包虫症であってもまれに難治性で重篤なものがあり，このような症例は遺伝の関与が考えられることを説明する．
- 毛包虫はすべての犬にみられる常在寄生虫であり，ヒトや同居動物に感染する可能性がないことを伝える．

体幹

症例.43　犬，雌，皮膚の菲薄化

主訴・所見

　フレンチ・ブルドッグ，3歳，雌。6ヵ月前より続く腹部の皮疹を主訴に来院した（写真43-1）。6ヵ月前に同部位に紅色小丘疹とかゆみが認められ，トリアムシノロン・アセトニドクリームを1日に2回塗布したところ，一時的に病変は消退した。しかし同様の塗布を6ヵ月間継続したところ，塗布部位に皮膚の菲薄化，面皰および紅斑が認められるようになった。

問題

(a) もっとも疑わしい診断名は何か？
(b) 鑑別すべき疾患は何か？
(c) 治療計画をどのように立てるべきか？

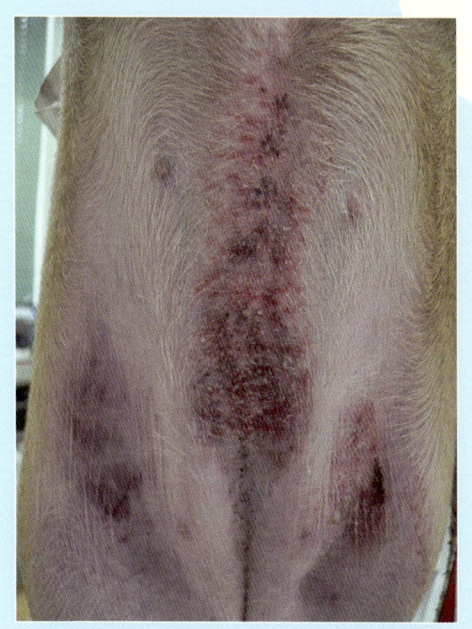

写真43-1

解答

(a) ステロイド皮膚症

(b) 医原性クッシング症候群，副腎皮質機能亢進症を鑑別する。

(c) 副腎皮質ホルモン剤の塗布を中止して経過を観察する。本症は投薬中止後2〜3ヵ月で症状が消退することが多い。

●Key Point
・ステロイド皮膚症は，力価の高い副腎皮質ホルモン剤を長期にわたり連続塗布した場合に生じる。本症では塗布部位における皮膚の菲薄化，鱗屑，紅斑，紫斑，潰瘍などが認められる。
・本症が生じるのを避けるためには，副腎皮質ホルモン剤の長期使用を避けるか，連用する場合には力価の低い薬剤に変更する必要がある。

●オーナーへの伝え方
・力価の高い副腎皮質ホルモン剤を処方するときは，長期連用によるリスクについて治療前にあらかじめ説明する必要がある。

体 幹

症例.44 犬，去勢雄，潰瘍，痂皮

主訴・所見

シー・ズー，9歳，去勢雄。下垂体性クッシング症候群と診断された。1ヵ月前より頚部，背部に淡紅色の硬い局面を認めたが，やがて潰瘍化して痂皮を付着したとのことであった（写真44-1）。

問題
(a) もっとも疑われる診断名は何か？
(b) 本症において潰瘍が認められる理由を説明せよ。

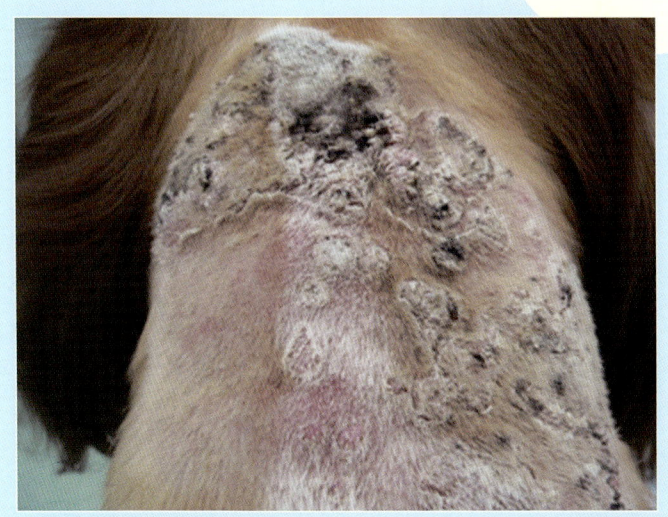

写真44-1

解答

(a) 皮膚石灰沈着症

(b) 真皮または皮膚付属器に沈着したカルシウム成分が，表皮や毛包上皮を破って経皮排泄されるために潰瘍が認められる。

●Key Point

- 皮膚石灰沈着症は，犬では副腎皮質機能亢進症，医原性クッシング症候群，慢性腎不全などに伴って発症する。
- 本症では境界明瞭な淡紅色の局面にはじまり，やがてカルシウム成分の経皮排泄に伴い，同部位に潰瘍や痂皮が認められる。

●オーナーへの伝え方

- 本症を適切に管理するためには，皮膚生検による確定診断とともに，本症の基礎疾患となる内科疾患の診断・管理が必要であることを説明する。

体 幹

症例.45 猫，鱗屑，寄生虫

主訴・所見

4ヵ月齢の仔猫の腰部を中心に，粉のような白いフケがみられるとの主訴で来院。日を追うごとにフケの量が多くなっているとのことだった。フケと被毛を採取し顕微鏡下で観察したところ，淡黄色の寄生虫と被毛に付着する透明の虫卵が見つかった（写真45-1，45-2）。

問題

(a) この寄生虫は何か？
(b) もっとも適切な治療計画はどのようなものか？

写真45-1

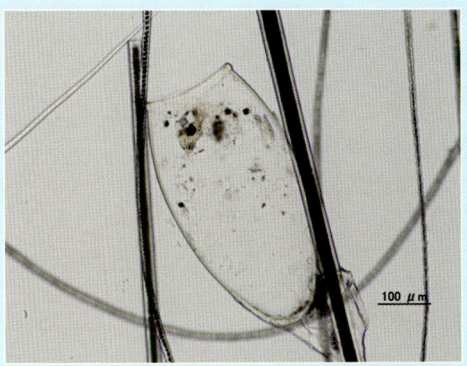

写真45-2

解答

(a) ネコハジラミである。体長は1.2mm前後，頭部は五角形で淡黄色を呈し，前端に小さな弯入部をもつ。腹部は白く，両側部に濃色の斑紋がある。

(b) 感染した猫および接触した猫はすべて治療する。感染の拡大を防ぐために，寄生猫は治療が終了するまで隔離して管理した方がよい。治療は寄生猫にセラメクチンのスポットオン製剤を2週間隔で，2～3回塗布する。またはイベルメクチン（0.2mg/kg）の経口または皮下投与を2週間隔で2～3回行うとよい。

ただし，虫卵に対しては駆虫薬の効果が低いため，孵化を待って繰り返し塗布・投与が必要な場合もある。また，毛刈りにより被毛に付着した虫卵や虫体を物理的に除去することで，治療期間を短縮できる。

●Key Point

- ハジラミの卵は1週間前後で孵化し若虫になる。若虫は脱皮を繰り返しながら発育し，2～3週間後に成虫となる。雌は卵を宿主の被毛に産みつける。全生涯寄生生活を行い，若虫，成虫ともに被毛や皮膚の間を活発に動き回る。
- ハジラミはシラミと類似した形態をもつ昆虫であるが，シラミのように吸血することはなく（外傷部位から滲出する血液を採取することはある），宿主の角質や皮脂などを餌にして成長する。

●オーナーへの伝え方

- ハジラミは伝染性が強いため，他の猫と接触させないようにオーナーに伝える。
- 宿主特異性が強いため，ヒトへの感染は通常起きないと伝える。
- 感染猫が使用したタオル類等は，十分に洗濯する（できれば熱湯または塩素消毒）か破棄する。

体幹

症例.46　うさぎ，雌，腫瘤

主訴・所見

　8歳の雌うさぎの前胸部にあるしこりに，2ヵ月前にオーナーが気付いた。その時点でウズラの卵大であった腫瘤が3×4cmほどの大きさになり，うさぎが舐めて気にするようになったとのことで来院した。腫瘤は充実性で下部組織との固着はなく，皮膚起源であると思われた（写真46-1）。

問題

(a) うさぎの体表腫瘍でもっとも発生の多いものは何か？
(b) 診断を進めるために行うべきことは何か？
(c) 高齢のうさぎに全身麻酔を施すにあたって考慮すべきことは何か？

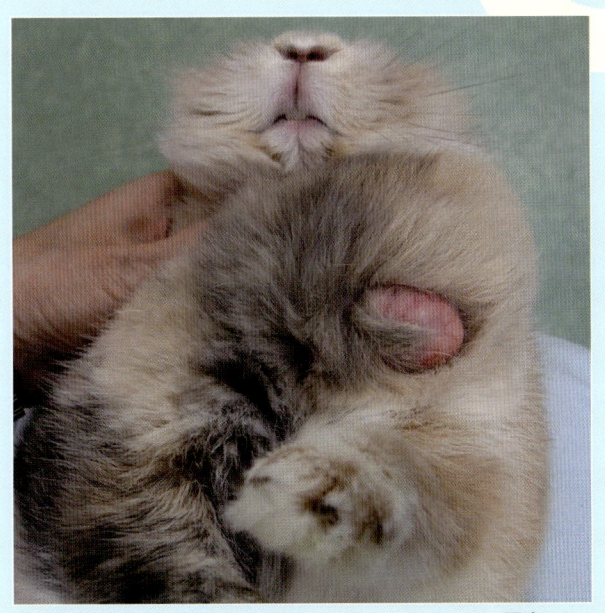

写真46-1

> **解答**

(a) 基底細胞腫である。
　　監修者注：犬と猫の基底細胞腫（癌）は近年の免疫組織科学的な解析により，毛芽腫に分類されることが多い。うさぎにおいても同様と考えられる。

(b) 鑑別診断にはFNAが有用である。これにより，腫瘍と膿瘍とを鑑別し，腫瘍であればその種類を特定する。
　治療法の選択肢は摘出手術のみである。基底細胞腫の可能性が高ければ，FNAを行わず，摘出後に病理検査をしてもよい。本症例は摘出後の病理検査にて基底細胞腫であることが確認された。

(c) 1. 全身状態の評価は重要である。一般身体検査を行い，血液検査および胸部X線検査を行う。高齢の個体では腎機能や肝機能の低下，心肥大など，全身麻酔のリスクファクターが存在する場合が少なくない。
　2. 食欲低下がみられる場合は，他に合併症がないか精査し対処する必要がある。
　3. 麻酔薬の用量は高齢であるほど少なめにするのが望ましいが，十分な麻酔深度を得ることも重要である。

●Key Point

- うさぎの体表腫瘍は基底細胞腫の他に雌では乳腺癌と乳腺腫が多くみられる。他に，脂肪腫，扁平上皮癌，リンパ腫，線維腫症，粘液腫症，毛包上皮腫，脂腺癌などが挙げられる。
- 基底細胞腫は中高齢に多い。
- 術前検査により全身麻酔のリスクが高いと判断された場合や，より高齢の場合などには，局所麻酔により摘出することもできる。この時には，熟練した保定者が保定を行うのが望ましい。
- 基底細胞腫は血管分布が比較的乏しい腫瘍なので，他の皮膚腫瘍や皮下腫瘍よりも出血は少ないが，自潰創が形成されると血管がやや豊富になる。

●オーナーへの伝え方

- 全身麻酔のリスクについてできるだけ具体的に説明する。
- 腫瘍を温存した場合のリスクと全身麻酔のリスクとを具体的に示して，決断をしてもらうのがよい。
- 基底細胞腫を温存すると，やがて自潰して分泌物が出たり，疼痛が生じたりして，うさぎのQOLを低下させる可能性がある。自潰しないまま腫瘍が巨大になると，運動機能に障害が出る可能性がある。
- 家族が手術を決断できない場合は，自潰や巨大化などでうさぎに実害がみられるようになってから手術をすることも，次善の策として考えられる。ただし，腫瘍が大きくなればなるほど，リスクも高くなることを伝える。

体 幹

症例.47　犬，雄，脱毛，かゆみ

主訴・所見

　チワワ，4歳，雄。2週間ほど前から，背部に虫食い状の脱毛がみられるようになり，患部をかゆがるとの主訴で来院。脱毛部には膿疱と表皮小環が形成されていた。膿疱の内容物の細胞診を行ったところ写真47-1，47-2のような細胞を多数検出した。

問題

(a) もっとも可能性の高い診断は何か？
(b) 写真47-1の線状の成分は何を意味するか？
(c) 本疾患と関連するもっとも一般的な細菌は何か？
(d) どのような治療をするか？

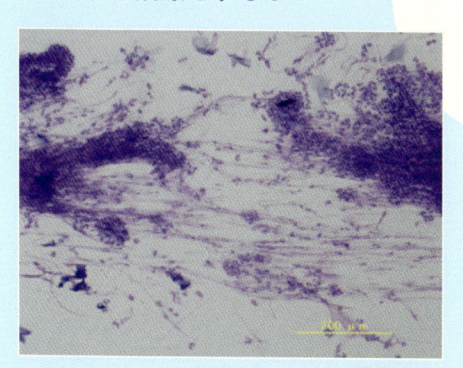

写真47-1

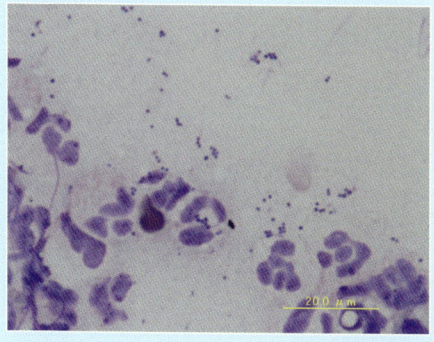

写真47-2

解答

(a) 表在性膿皮症

(b) 細菌を貪食した好中球の残骸。

(c) ブドウ球菌（*Staphylococcus pseudintermedius*）である。以前は、*S. intermedius*に分類されていたが分類が変更された。

(d) 膿皮症の治療は、原因である細菌の株に合わせた抗生剤の投与、および抗菌性シャンプーによる洗浄が中心である。アレルギーや内分泌疾患などの基礎疾患がある場合は、これを治療する。基礎疾患が十分コントロールできない場合には膿皮症が再発する可能性があるので、症状がみられなくても、抗菌性シャンプーによる定期的な皮膚の洗浄により再発を予防する。

● Key Point

- 膿皮症は細菌による化膿性皮膚炎である。多くの場合、皮膚に常在するブドウ球菌などが過剰に増殖することによって発症する。感染が起きる皮膚の深さにより、表面性、表在性、深在性の3つに大きく区分される。
- 一般的に丘疹、痂皮、鱗屑、膿疱および表皮小環がみられるのが特徴である。
- 近年、複数の抗菌剤に耐性を示す多剤耐性菌が増加傾向にあることが報告され、治療上の大きな問題となっている。したがって、治療に苦慮した場合は積極的に細菌培養検査を実施し、細菌の同定および薬剤感受性試験の結果にしたがって、抗生剤を選択することが必要である。

● オーナーへの伝え方

- 犬の膿皮症がヒトに感染することはない。
- 症状がみられなくなっても、自己判断で薬の投与を中止しないように伝える。

体 幹

症例.48 犬,雄,湿疹,嘔吐

主訴・所見

　ミニチュア・ダックスフント,3歳,雄,体重8.2kgである。体幹部に湿疹がみられたということで,近医でセファレキシンが処方されていた。セファレキシンによる治療開始10日目に皮膚の発赤が増悪し,同時に,嘔吐および食欲が廃絶し,活動性が低下した。全身状態が悪化する1日前にはノミ予防のスポット製剤が塗布されていた。
　来院時には耳介,頸部,前胸〜鼠径部までの腹側面に中等度のかゆみを伴う発赤と境界明瞭な紅斑が認められた(写真48-1〜48-3)。

問題

(a) 鑑別疾患は何が挙げられるか?
(b) どのように診断をするのか?
(c) どのように治療をするのか?

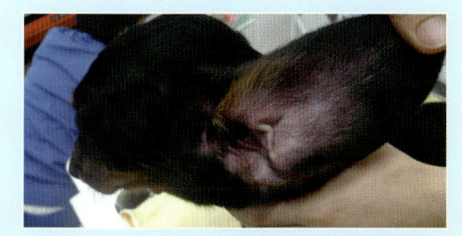

写真48-1

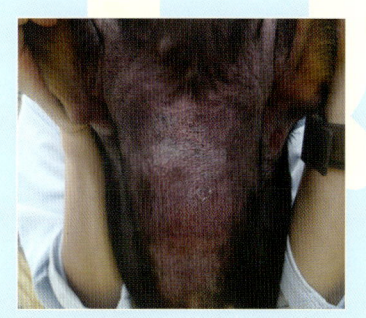

写真48-2

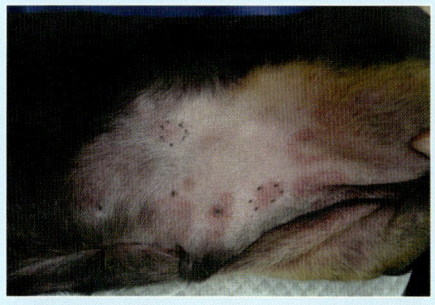

写真48-3

解答

(a) 本症例は境界明瞭な紅斑性病変を示しており，マラセチア性皮膚炎，接触皮膚炎，血管炎，薬疹，多形紅斑などが疑われる。

(b) 感染性疾患と非感染性疾患の鑑別のために皮膚掻爬検査，押捺塗抹検査を行う。感染性疾患を除外し，投薬歴などの詳しい病歴聴取により免疫介在性皮膚疾患が強く疑われるときには皮膚生検を実施する。
本症例は，皮膚生検の結果と投薬歴の聴取により，セファレキシンまたはノミ予防のスポット製剤に対する薬疹である可能性が高いと考えられた。

(c) まず原因として疑われる薬物の投与を中止する。副腎皮質ホルモンが症状の緩和に役立つ事があるため，プレドニゾロン1～2 mg/kg（犬）または2～4 mg/kg（猫）をq24h，POで投与する。その後2～3週間かけて投薬量を漸減する。

●Key Point
・薬疹はあらゆる皮膚病変を示すため，皮膚疾患の鑑別を行う際に必ず考慮に入れる必要がある。
・有害な薬物反応は1回の投薬でも起きることがあり，また投薬の数年後に起きることもある。
・原因薬物の使用を中止することで多くの病変は2～4週間で消失するが，時に数週間継続することもある。
・確定診断は薬物の試験的曝露によって行うが，再投与により全身性の症状が起きることがあるため，オーナーと相談のうえ，慎重に行う。

●オーナーへの伝え方
・今後，原因として疑われる薬物や関連のある薬物を再度使用しないように，注意する必要があることを伝える。
・腹腔内臓器への影響や広範囲での表皮壊死がない場合は，予後良好である。

体 幹

症例.49　猫，避妊雌，被毛菲薄

主訴・所見

日本猫，17歳，避妊雌，体重は3.5kgである。慢性の歯肉炎（写真49-1，49-2）のため，約5年にわたり，副腎皮質ホルモンを繰り返し投与されていた。腹囲膨満，皮膚の菲薄化および脱毛が認められた（写真49-3，49-4）。

問題

(a) どのような診断名が考えられるか？
(b) どのような診断方法があるか？
(c) どのような治療方法があるか？

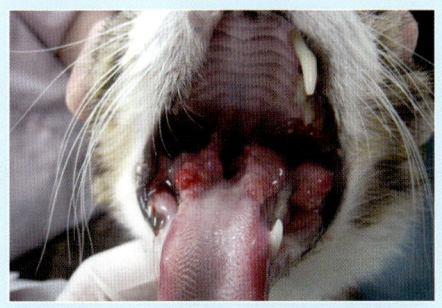

写真49-1

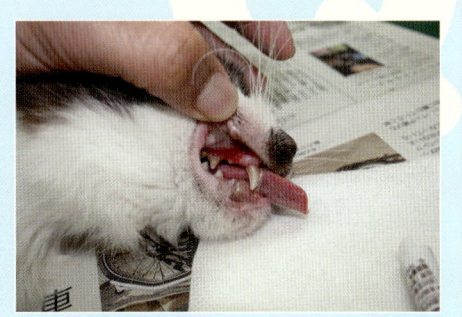

写真49-2

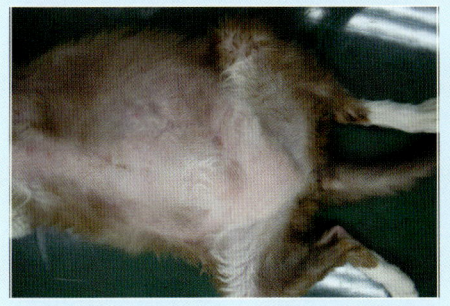

写真49-3

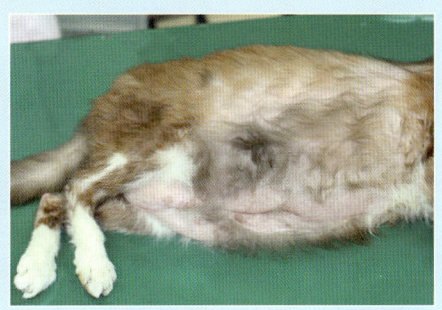

写真49-4

解答

(a) 長期間の副腎皮質ホルモン投与による，医原性クッシング症候群が考えられる。また，多飲多尿は認められなかったものの，糖尿病併発も示唆される。

(b) 血液生化学検査および医原性クッシング症候群を確認するため，ACTH刺激試験を実施する。猫の副腎皮質機能亢進症の診断には，デキサメサゾン抑制試験（デキサメサゾン0.1 mg/kgを静脈内投与し，投与前，投与後，投与後4時間，8時間で採血してコルチゾールを測定し，1.5μg/dLを超えていれば副腎皮質機能亢進症と診断する）を用いた方がよいが，本症例の場合は医原性のクッシング症候群を疑ったため，ACTH刺激試験を実施した。血糖値は375 mg/dL，糖化アルブミン22.3%，ACTH刺激試験では刺激前コルチゾール値は0.1μg/dL，刺激後は0.1g/dLと刺激に対して反応しなかった。この結果から，副腎皮質ホルモン剤の長期投与による，糖尿病を伴った，医原性クッシング症候群が疑われた。

(c) 副腎皮質ホルモン剤の投与中止により，約5ヵ月でクッシング症候群の臨床徴候が回復するという報告もあり，クッシング症候群であっても抜歯などの治療も選択肢に入れた方が良いかもしれない。

● Key Point

・猫の歯肉炎-口内炎-咽頭炎症候群は，口腔の軟部組織の炎症，潰瘍化および増殖をもたらす，一般的な疾患である。病理組織学的には，口腔粘膜と粘膜下組織にリンパ球と形質細胞が密に浸潤している。原因は不明であり，症状として流涎，口臭，開口時のいたみ，食欲不振などがある。
・治療方法として，抗菌剤投与（アモキシシリン22 mg/kg，q12h，メトロニダゾール12.5 mg/kg，q12hなどを数週間），副腎皮質ホルモン剤投与（プレドニゾロン1〜2 mg/kg，q12h，効果があれば漸減，酢酸メチルプレドニゾロン2〜5 mg/kg，4〜8週間ごとなど），全臼歯抜歯などがある。

● オーナーへの伝え方

・猫の歯肉炎-口内炎-咽頭炎症候群は原因不明で，どのような治療を行っても，難治性のことが多い。副腎皮質ホルモン剤は70〜80%の症例で有効であるが，治療が長期間にわたることで副作用として糖尿病が発現し，まれではあるが医原性クッシング症候群も併発することがある。
・複数もしくはすべての歯を抜去しても，治癒率は，70%くらいであろうと考えられる。

体 幹

症例.50 犬，消毒後のかぶれ

主訴・所見

　5歳のミニチュア・プードル。腹部を舐めるとの主訴で近医を受診。腹部皮膚に少数の丘疹が散在していたが，皮膚検査では外部寄生虫や微生物は検出されなかった。そこで，患部を消毒する目的で希釈したクロルヘキシジングルコン酸塩含有の消毒剤（0.1％水溶液）を処方し，しばらく様子をみることにした。しかし数日後，オーナーが腹部の皮膚が赤くかぶれたと訴え再来院した（写真50-1）。

問題
(a) 消毒後に起きた皮膚病は何か？
(b) どのように対処すればよいか？

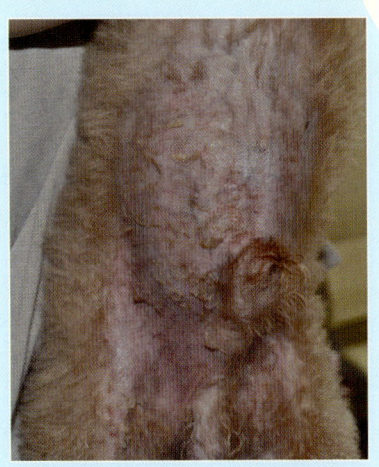

写真50-1

解答

(a) 本症例ではクロルヘキシジングルコン酸塩含有の消毒剤（0.1％水溶液）を塗布した部位に一致して，皮膚に紅斑，表皮剥離，びらんなどがみられた。また，処置後すぐに皮膚の状態が悪化していたことから，塗布した消毒剤による接触皮膚炎の可能性がもっとも疑われた。クロルヘキシジン製剤は皮膚の消毒によく用いられる消毒剤の1つで，通常，市販品を0.1〜0.5％水溶液（10〜50倍希釈）にして使用される，比較的安全な消毒剤である。しかし，皮膚バリア機能の低下を背景として，毒性の低い物質でも皮膚炎を起こす個体もいるため使用する際は注意が必要である。

(b) 本疾患の治療は接触源を断つことが基本である。本症例では1日2回，患部を温湯で洗浄した後，ワセリンを塗布するように指示したところ，数日後に症状が落ちついた。患者が患部を舐めたり掻いたりするなど明らかに不快感を示している場合には，副腎皮質ホルモン含有の外用薬塗布（1日2回）やプレドニゾロンの内服（1 mg/kg, q24h），あるいは抗ヒスタミン薬の投与を1週間程度行うと有効な場合がある。また，皮膚バリア機能の改善を目的に保湿剤を使用することも症状緩和の一助となる。

● Key Point
- 接触皮膚炎では原因物質が接触した部位に一致して，紅斑や丘疹，びらん，痂皮などが認められる。
- 一定の閾値以上の刺激により，初回接触でも発症しうる可能性がある。
- 皮膚バリア機能の低下を背景として，毒性の低い物質でも発症する場合がある。

● オーナーへの伝え方
- 接触源をしっかりと洗い流すことが必要である。
- 皮膚バリア機能の低下が発症の一因となる場合もあるため，保湿剤を使用するなどスキンケアを心掛けるようにするとよい。

体幹

症例.51 猫，雄，膿瘍

主訴・所見

　日本猫，16歳，雄。1年前から，慢性腎不全の治療として，皮下点滴を実施するために通院していた。1ヵ月前から食欲の低下および腎不全の悪化を認めていたが，皮膚に膿瘍が2ヵ所出現した（写真51-1）。患者はFIV陽性である。毎日，数時間の間，外に出て歩き回る生活をしている。

問題

(a) 写真51-2は，ライトギムザ染色を施した，患者の膿瘍由来の膿性滲出液である。染色された構造物は何か？

(b) 猫のクリプトコッカス症は，この猫のような膿瘍を形成する以外にも好発部位がある。その好発部位はどこか？　また，菌体数が少ない場合は，診断に苦慮する場合があるが，追加検査として何を行えばよいか？

(c) 本症の治療は外科的切除と内科的療法がある。内科的療法に使用する抗真菌剤は何か？　また，治療期間および予後はどうか？

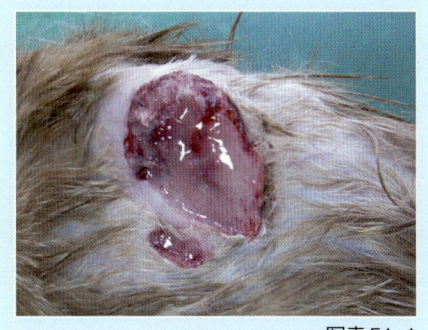

写真51-1

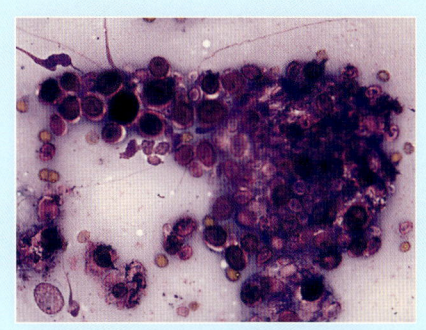

写真51-2

解答

(a) 構造物は円形で辺縁が無染色性の膜状構造を有し、酵母菌であるクリプトコッカスの特徴に一致する。膿性滲出液を生理食塩水で希釈したもの1滴と、市販の墨汁1滴をスライドガラスに落とし、カバーガラスをかけて顕微鏡で観察する（墨汁染色）と写真51-3のように透明の構造体が観察できる。クリプトコッカスはこのような特徴的な染色性をもつ。クリプトコッカス症は深在性真菌症に分類され、皮膚の深部に感染、増殖する。したがって、皮膚の表層や被毛に感染する皮膚糸状菌症とは、症状が全く異なる。猫でFIV陽性、高齢または副腎皮質ホルモンの長期投与など、免疫が抑制される状態で膿瘍を形成する時は、細菌感染と決めつけずに膿性滲出液を染色し、注意深く観察を行う。

写真51-3

(b) 猫のクリプトコッカス症は鼻部に好発する。鼻部の結節や膿瘍が認められた場合は、本症を鑑別疾患に入れる。滲出液の塗抹標本で菌体が検出できない場合は生検が必要である。多くは真皮や皮下組織に肉芽腫を形成している。したがって、肉芽腫の病理組織学検査で、PAS染色を行うと菌体が検出され、深在性真菌症と診断される。クリプトコッカス症と類似する真菌症として、スポロトリクス症があり、菌種を同定するには真菌培養が必要である。これは、ヒトあるいは動物用検査会社にて実施可能である。その場合、「深在性真菌症疑い」とコメントする。

(c) 本症の治療は可能であれば外科的切除を実施するが、病変が広範囲な場合や多発する場合、切除困難な部位の場合は抗真菌剤による内科的療法が必要である。獣医領域で使用しやすい薬物としてイトラコナゾールがある。用量は5～10mg/kg、q24hである。他の抗真菌剤としてフルコナゾール、ケトコナゾール（猫では禁忌）、アムフォテリシンB（IV）がある。治療は最低でも1ヵ月間続け、多くの場合はさらに数ヵ月の治療期間が必要である。本症は、進行した場合に神経症状を示すことがあり、その場合は予後が悪いとされる。病変が皮膚に限局しており、患者の一般状態が良好であれば、時間はかかるが予後は良いことが多い。

● Key Point

・クリプトコッカス症はまれな疾患であるが、膿瘍や抗生剤に反応しない病変の場合は本症を疑う必要がある。菌体の顕微鏡所見は特徴的であるため、滲出液の塗抹標本を観察することで、見逃しは減ると思われる。

● オーナーへの伝え方

・本症はヒトへも感染する人獣共通感染症である。特に免疫力の低い乳幼児や高齢者と、動物が接触することのないように気をつけることが必要である。治療には時間が必要であり、そのために治療費がかかることを説明する。

体幹

症例.52 猫，雄，腰背部脱毛

主訴・所見

　日本猫，11歳，雄，完全屋内飼育。前日に腰背部の脱毛および皮膚の炎症に気付いたことを主訴に来院。数日前より鱗屑および瘙痒は認められていた。同居の猫が他に2頭いるが，特にかゆみを示す動作はみられないとのことであった。

　病変部は背側腰仙部に限局しており，発赤し痂皮を伴う丘疹が認められた（写真52-1，52-2）。また，小さな黒色の汚れが多くみられ，その汚れを濡れたガーゼの上に置くと赤くにじんだ（写真52-3）。

問題
(a) オーナーからさらに聴取すべき事項は何か？
(b) この病変の別の名称は何か？
(c) 治療はどのように行うとよいか？

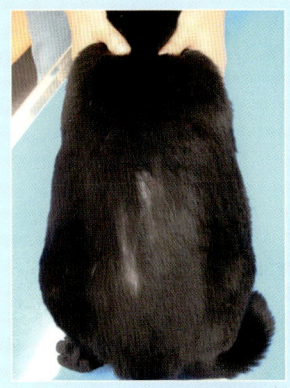

写真52-1

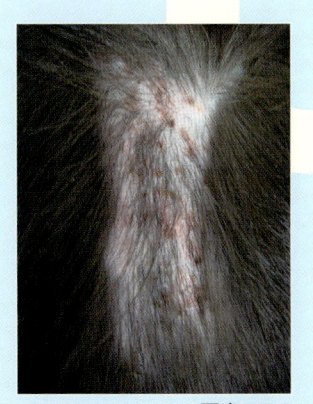

写真52-2

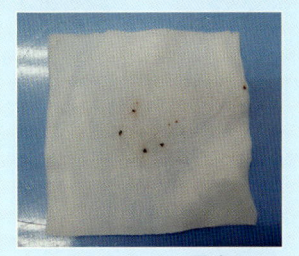

写真52-3

解答

(a) 同居の猫は完全室内飼育であるか，また，同居の猫を含め全頭がノミ予防を行っているかどうかを聞く必要がある。
本症例は，同居の猫2頭のうち1頭は屋内外の出入りが自由であること，全頭ノミ予防を行っていなかったこと，また体表からノミの成虫およびノミの糞が確認されたことなどから，ノミアレルギーと診断された。

(b) 粟粒性皮膚炎である。猫にみられる，瘙痒性の痂皮を伴う丘疹を示す粟粒性皮膚炎は，ノミアレルギーやアトピー性皮膚炎，食物アレルギー，薬疹などのアレルギーが原因で起きる症候である。

(c) 本症例および同居している2頭の猫にノミ駆除噴霧剤や滴下液を能書の指示通りに使用する。瘙痒が強い場合は，プレドニゾロン1 mg/kgをq24h～q12hで3～7日間投与する。また，二次性膿皮症を併発している場合は，3～4週間，適切な抗菌剤を全身投与する。

●Key Point

- ノミアレルギーは，ノミの唾液中の蛋白質に対する過敏症であり，ノミの咬傷自体によって起きるものではない。
- 罹患した猫は通常，頚部，背側腰仙部，尾根部に粟粒性皮膚炎，過度のグルーミングによる脱毛あるいは好酸球性肉芽腫群などを示す。

●オーナーへの伝え方

- 同居動物がいる場合，それらの個体にもノミが感染している可能性が高いため，飼育している動物すべてにノミの駆除を行う。
- ペットが長い時間を過ごす場所は，ノミの卵，孵化した幼虫およびさなぎが存在する可能性がある。一度の駆除では環境を浄化するのが難しいため，動物に安全な殺虫スプレーを定期的に散布することや，頻繁に掃除するなど環境対策を行うように伝える。

体幹

症例.53　犬，紅斑，脂漏，鱗屑

主訴・所見

シー・ズー，10歳，避妊雌。腹部，鼠径部，腋窩部，趾間部を中心に紅斑，脂漏，鱗屑，色素沈着を認め，強い瘙痒がみられた。オーナーの話では毎年夏になると，皮膚症状が重篤になるとのことであった（写真53-1，53-2）。なお抗生剤の内服では奏効しなかった。

問題

(a) 可能性の高い病態を2つ挙げよ。
(b) シャンプー療法を行う場合，有効と思われる成分を挙げよ。
(c) 脂漏になりやすい犬種を3つ挙げよ。

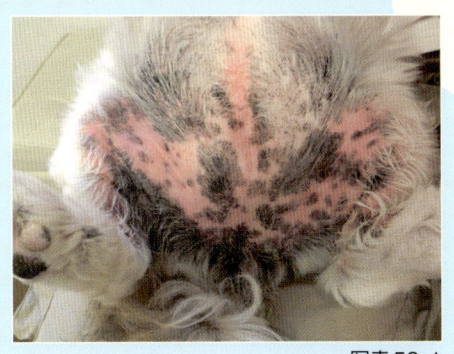

写真53-1

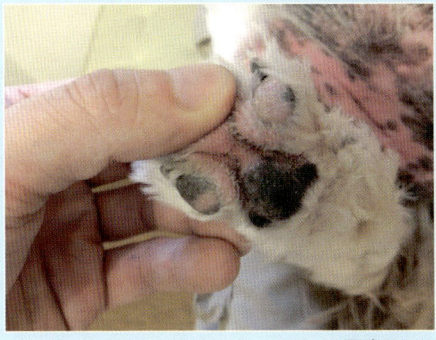

写真53-2

解答

(a) マラセチア皮膚炎，脂漏症。本症例では，押捺塗抹検査を実施したところ，対物レンズ40倍にて10個以上のマラセチアが観察された。

(b) マラセチアに対しては，抗真菌剤の硝酸ミコナゾールあるいはケトコナゾールを含有するシャンプーが有効である。また，脂漏や鱗屑を改善したい場合には，硫黄，サリチル酸，コールタール，二硫化セレン，過酸化ベンゾイル，乳酸エチルを含む角質溶解性（脂漏溶解性）シャンプーを使用すると効果がある。シャンプー療法によって皮膚症状を改善する際には当初週2回の洗浄が推奨され，後に症状に合わせて調節する。

(c) シー・ズー，アメリカン・コッカー・スパニエル，イングリッシュ・コッカー・スパニエル，ウエスト・ハイランド・ホワイト・テリア，ゴールデン・レトリーバー，バセット・ハウンドなどが好発犬種として挙げられる。

● Key Point

- マラセチア皮膚炎は，皮膚の常在菌であるマラセチア（*Malassezia pachydermatis*）の増殖によって発症する。マラセチアは，犬の外耳道や口唇部などに多く存在しており，脂性の環境を好む。マラセチアによりアレルギー性反応が起きるという報告もある。
- マラセチアの過剰な増殖には，食物アレルギー，アトピー性皮膚炎，内分泌疾患，角化異常症，代謝疾患などの基礎疾患が関与していることが多い。

● オーナーへの伝え方

- マラセチアが好む，脂性の環境を改善する必要があることを伝える。
- マラセチア皮膚炎は脂漏症やアトピー性皮膚炎などの，皮膚バリア機能が異常になるような皮膚疾患で併発することが多いので，これらの基礎となる疾患を治療することは非常に重要であることを説明する。

体幹

症例.54 うさぎ，被毛が青緑色に染色

主訴・所見

4歳3ヵ月齢のうさぎが他院からの紹介で来院した。1週間前から食欲が低下しているが，比較的活動性は良いとのことであった。普段の食事は，ラビットフード，野菜，うさぎ用トリーツ（乾燥フルーツおよびクッキー）であるとのこと。下顎から胸腹部，前肢内面の皮膚が湿潤，発赤し，被毛が青緑色に染まり，悪臭がしていた（写真54-1）。紹介元の病院で行われた検査では細菌，真菌ともに培養結果は陰性で，CBCならびに生化学検査に著変は認められなかったとのことであった。

問題

(a) もっとも可能性の高い診断名は何か？
(b) 診断を進めるために行うべきことは何か？

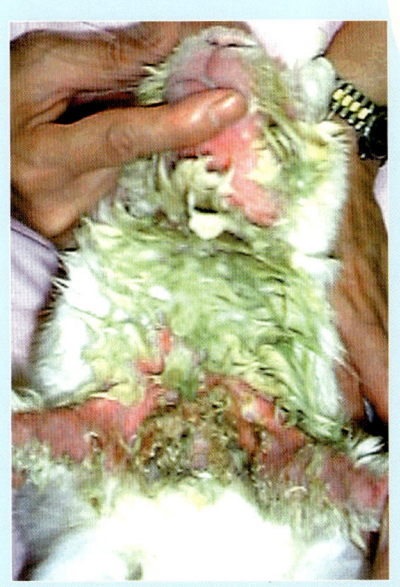

写真54-1

解答

(a) 口腔内疾患に起因する流涎による湿性皮膚炎（膿皮症）であり，おそらく緑膿菌が繁殖している（うさぎのブルーファー病）。この写真と情報から口腔内疾患を強く疑う理由は①食欲が低下していること，②比較的活動性が良いこと，③乾草が給餌されていないことの3点である。またブルーファー病を疑う理由は①特徴的な被毛の色調，および②特徴的な悪臭の2点である。紹介元の病院での細菌培養が陰性であった理由は不明であるが，検体の採取が不適切であった可能性もある。

(b) 1. まず，口腔内を検査する。本症例は口腔内の唾液量が異常に多かった。臼歯の不正咬合により左右の下顎臼歯が舌側に尖り，舌の左右に大きな傷をつくり，傷はさらに潰瘍化していた。
2. 再度培養検査と感受性試験を行う。ただし起因菌はほぼ緑膿菌であると考えられるので，培養結果を待たずに皮膚炎に対する治療を開始する。

●Key Point

- うさぎの皮膚は湿潤すると膿皮症（湿性皮膚炎）になりやすい。
- 下顎から前胸部に向かって広がる湿性皮膚炎の原因の大半は，口腔内疾患による流涎である。
- うさぎの細菌性皮膚炎の起因菌はブドウ球菌やレンサ球菌であることが多いが，緑膿菌が関連することも少なからずあり，被毛が青緑色に染まることからブルーファー病とも呼ばれる。
- 皮膚炎が軽症であれば歯を処置すれば自然治癒するが，本症例のように重度のものは抗生剤の継続投与が必要である。また食欲の低下がすでに長期化している場合には，消化管うっ滞がすでに起こっていると考えられるので，その治療も並行して行う。
- 全身状態が悪くなく，血液検査に大きな異常がなければ，全身麻酔下で歯の処置を行ってもよい。全身状態が著しく悪い場合は，補液や強制給餌などの支持療法を行い，改善がみられてから全身麻酔を行うか，または無麻酔で処置する。
- いずれにしても，口腔内を治療しなければ本症は治らない。流涎を呈する疾患は他に，切歯の不正咬合，口腔内腫瘍，歯根炎などが挙げられる。

●オーナーへの伝え方

- 全身麻酔のリスクについてできるだけ具体的に説明する。
- 臼歯の不正咬合は一度処置しても，歯が伸びれば再発する可能性が高いので，口を気にする様子がある，食べにくそう，食べたいけれど食べられないなどの徴候があったら，早めに受診することを勧める。
- 食生活を改善し，なるべく乾草を多食させ，硬いラビットフードなどは避けるように指導する。
- うさぎに使用できる抗菌剤が少なく，緑膿菌は有効な抗菌剤が少ないため，耐性菌がつくられないよう，適切な量を適切に投薬し，完治を確認するまで必ず継続するよう伝える。

体幹

症例.55 犬，雌，紅斑，鱗屑

主訴・所見

シー・ズー，10歳，雌，体重5.9kg。6歳時より，毎年5月頃から背中に丘疹がみられ，次第に脱毛に変化した。最初の年は，近医にて抗菌剤とクロルヘキシジンシャンプーが処方され皮疹は改善した。翌年より，自宅でのクロルヘキシジンシャンプーによる薬浴のみで改善していた。

来院時は体幹全体に，中心部に色素沈着を認める環状の紅斑がみられ，辺縁の紅斑部位には鱗屑あるいは痂皮が付着していた。趾間の発赤と外耳炎も認められた（写真55-1〜55-3）。中程度のかゆみを伴っていた。

本症例はアレルゲン特異的IgE検査でハウスダストマイトと各種カビ類に陽性反応を示した。

問題

(a) もっとも可能性の高い診断名は何か？
(b) 再発を繰り返す場合，皮膚検査以外にどのような検査を行うとよいか？
(c) どのように治療を行うか？

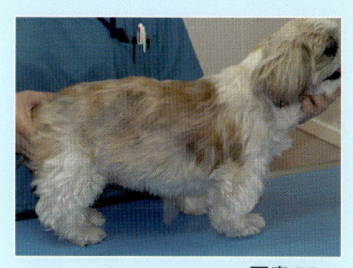

写真55-1

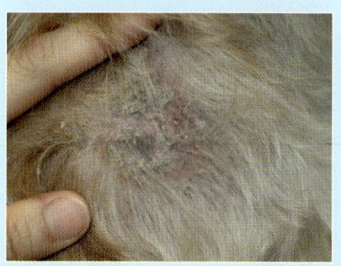

写真55-2

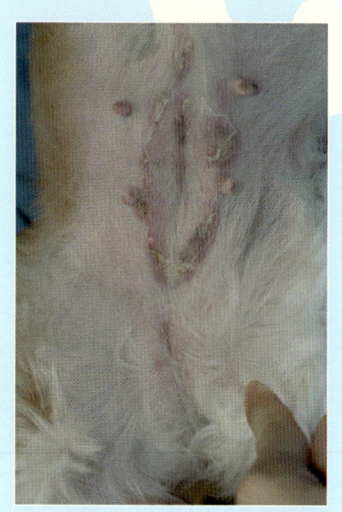

写真55-3

解答

(a) 表在性拡大性膿皮症。本疾患は毛包炎が徐々に拡大して環状の紅斑をつくり，中心部から治癒していくために，中心部には色素沈着を認める病変を示すことが多い。本症例では，表在性拡大性膿皮症でみられる典型的な皮疹を認めた。

(b) 表在性拡大性膿皮症が繰り返し起きる場合，基礎疾患の存在を考慮する必要がある。基礎疾患として甲状腺機能低下症や副腎皮質機能亢進症などの内分泌疾患やアトピー性皮膚炎，食物アレルギー，ノミアレルギーなどの過敏症が挙げられる。そのため，内分泌疾患の有無を明らかにするために一般血液検査を行い，必要に応じて内分泌機能の評価を行う。また，過敏症の診断は除去食試験の実施や臨床症状とシグナルメントの評価を行う。

(c) 抗菌剤を最低3～4週間，全身投与する。臨床的に治癒した後も最低1週間は投薬を継続する。近年，多剤耐性を示す細菌が増えていることから，抗菌剤の効果が不十分な場合，細菌培養および抗菌剤に対する感受性試験を行うことが望ましい。
また，クロルヘキシジンや過酸化ベンゾイル，乳酸エチルなどでシャンプーを2～7日ごとに行う。

● Key Point

- 犬の表在性拡大性膿皮症からもっとも多く分離される細菌は*Staphylococcus pseudintermedius*である。
- 病変が寛解しても瘙痒が続くような場合，次にアレルギーまたは外部寄生虫などの基礎疾患を評価する。

● オーナーへの伝え方

- 梅雨～夏期にかけての高温・多湿の時期に犬でよくみられる疾患であるため，この季節はシャンプーの回数を増やすと発症の予防になる。
- 犬の表在性拡大性膿皮症は，皮膚の常在菌が増殖して発症するため，ヒトや他の動物には感染しないことを伝える。

体幹

症例.56　犬，未去勢雄，脱毛

主訴・所見

トイ・プードル，8歳，未去勢雄，体重4.5kgでBCSは3/5。2歳時に体幹部より脱毛がはじまり，徐々に進行し，現在は頭部，四肢遠位および包皮先端を残してほぼ全身に脱毛が認められる（写真56-1～56-3）。皮膚は軽度に萎縮傾向にあり，頸部，腰部および大腿部には色素沈着が認められる。他院で甲状腺機能低下症の診断を受け，レボチロキシンナトリウムの投薬を受けている。投薬中のT$_4$の値は正常範囲の上限である。一般身体検査，CBC，血液生化学検査および尿検査では特筆すべき異常は認められない。また，他院でメラトニン3mg/頭，q12hの投与を3ヵ月間行ったが反応は部分的で，投薬中止後に脱毛は進行した。診断のための皮膚生検は行っていない。なお，本症例の犬は非常に攻撃性が強い。

問題

(a) 経過および臨床症状からどのような鑑別診断名が考えられるか？
(b) 今後，どのような診断プランを立てていくか？

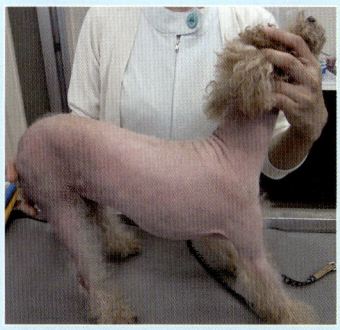

写真56-1

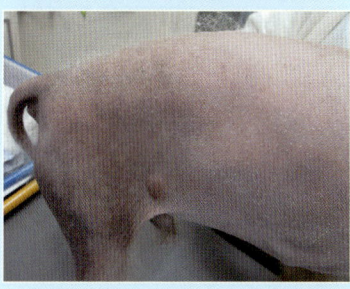

写真56-2

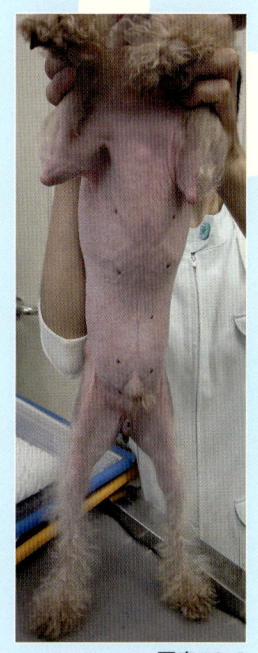

写真56-3

解答

(a) 脱毛症X（アロペシアX），毛包形成異常，セルトリ細胞腫，副腎皮質機能亢進症などが挙げられる。なお，同様の症状を示す症例で，甲状腺機能低下症に関する情報がなければ，甲状腺機能低下症も鑑別疾患に入れる。

(b) 一般身体検査，CBC，血液生化学検査および尿検査で異常がないことや発症年齢と経過から，セルトリ細胞腫および副腎皮質機能亢進症は可能性が低かった。脱毛症Xと毛包形成異常の鑑別のためには，皮膚生検が必要である。パンチ生検は局所麻酔下で実施することも可能だが，本患者は非常に攻撃性が強く保定下での処置は困難であった。そのため全身麻酔下での生検を実施し，同時に去勢手術を行った。本症例は生検の結果，毛包の著しい萎縮，外毛根鞘角化および休止期脱毛がみられたため，総合的に脱毛症Xと診断した。

● Key Point

- 脱毛症Xは色素沈着を伴う，進行性，左右対称性，非炎症性の脱毛を特徴とする疾患である。原因は諸説あるものの不明である。
- 発症年齢はおよそ9ヵ月齢〜2歳。脱毛は前頚部，大腿尾側や摩擦を受けやすい部位からはじまることが多い。徐々に進行し，脱毛に付随して色素沈着がみられる。最終的には頭部，四肢遠位および尾の遠位を残してほとんどの部位が脱毛する。
- 治療法には去勢手術，メラトニン（3mg/頭，q24h〜q12h）やトリロスタン（投薬量に関しては様々な報告があり，3〜10mg/kg/dayあるいはそれ以上である）の投与がある。トリロスタンがもっとも効果の高い治療法のようだが，費用がかかる，重大な副作用がある，また定期的にACTH刺激試験による副腎機能のモニタリングが必要となるなどのデメリットも多い。

● オーナーへの伝え方

- 基本的に審美上の問題で，脱毛以外の病態は起きないことを十分説明する。
- 去勢手術およびメラトニンによる治療を選択する場合，副反応は少ない反面，反応は部分的であったり，治療中に脱毛が進行する可能性があると伝える。
- トリロスタンによる治療は成績がよい（報告にもよるが8割以上は発毛がみられる）が，反応がみられるまでは4〜8週間を要する。投薬を中止すると再発することもあるため，生涯を通じて投薬が必要となる症例もある。そのため，費用や副作用ならびに定期的な副腎機能のモニタリングの必要性などについて十分理解を得られてから治療を開始する必要がある。

体幹

症例.57　猫，雄，脱毛

主訴・所見

チンチラゴールド，11ヵ月齢，雄。背部に1円玉大の脱毛を主訴に来院した。オーナーの話では患者は特に気にしている様子はなかったとのことである。脱毛部位には細かな鱗屑で覆われ，毛包に一致した軽度の色素沈着が認められた（写真57-1，57-2）。

猫はペットショップで購入されてから6ヵ月経っている。他に3頭の猫が同居しているが，同居猫に症状はない。しかし来院以前に，いつも接触していたオーナーに輪状の皮膚病変があり，自然治癒していた。

問題

(a) 症状と経過から，もっとも疑わしい皮膚疾患名は何か？また，その疾患を診断するために必要な検査は何か？

(b) この写真は被毛検査の顕微鏡写真である（写真57-3）。検査所見を挙げよ。また，考えられる診断名は何か？

(c) 治療には抗真菌剤が必要であるが，猫に使用できる主な治療薬は何か？　長期投与が必要な場合に治療費を抑える方法は何があるか？

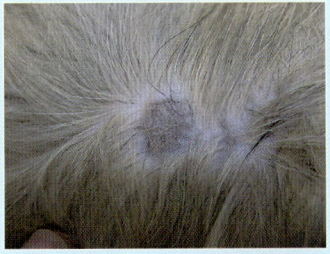

写真57-1

写真57-2

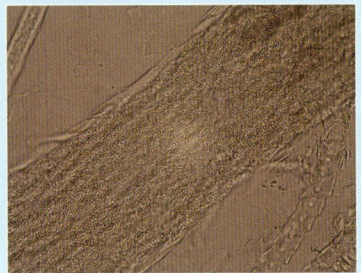

写真57-3

解答

(a) もっとも疑わしい疾患は皮膚糸状菌症である。その理由は動物が若齢であること、鱗屑を伴う円形の脱毛、毛包に一致する色素沈着の皮疹がこの症例の特徴であることによる。また、毛包に一致する色素沈着がみられる他の疾患として、毛包虫症も考えられる。これらの疾患の診断には被毛検査がもっとも簡易で重要な検査方法である。皮膚糸状菌症の場合はウッド灯検査が有効なことがあり、陽性の場合は被毛が緑色～青色の蛍光を発する。ウッド灯検査で陽性のときは、被毛検査および培養検査で皮膚糸状菌の検出率が非常に高い。ただし、ウッド灯の陽性率は感染菌が *Microsporum canis* の場合に約50％とされているので、陰性であることが感染を否定するわけではないことに注意が必要である。

(b) 検査に用いた被毛はウッド灯検査で光るものを採取し、KOH（苛性カリ）を用いて鏡検した。毛は変性し、毛髄から毛皮質に真菌の胞子が認められた。これは皮膚糸状菌症に特徴的な所見である。
真菌の胞子を探す際に、まず低倍で変性している毛を見つけてから、高倍で観察する。変性している毛は周りの正常なものよりも、皮質が不鮮明で太く崩壊しているようにみえる。

(c) 猫に使用される主な抗真菌剤としてイトラコナゾールがある。用量は5mg/kg、q24hで1～2ヵ月間の投与が必要な場合が多い。しかし、長期投与の場合にはパルス療法が治療費を抑える方法として有効である。方法はイトラコナゾールによる1ヵ月間の内服を毎日続けた後、週に2日のみ連日で内服する。治療を終了する基準は、臨床症状の消失と培養検査で陰性となることである。また、猫にはケトコナゾールの使用で肝毒性が生じる場合があるため、使用は控えた方がよい。

● Key Point

・皮疹をみて皮膚糸状菌症が疑わしい場合は、比較的診断が容易である。しかし、皮疹が特徴的でない場合や他の疾患を疑い、治療に反応しない場合などは皮膚糸状菌症を鑑別診断に挙げて、再検査することが重要である。特に、抗菌剤に反応しない、副腎皮質ホルモン剤で悪化する場合は皮膚糸状菌症を疑う。

● オーナーへの伝え方

・オーナーにも感染する場合があるということを伝え、皮膚病変がある場合は皮膚科への診察を勧める。猫の治療には長期的な内服が必要であり、症状が改善したからといって治療を中断しないように説明する。

体幹

症例.58 犬，雄，腫瘤

主訴・所見

ラブラドール・レトリーバー，13歳，雄。背部に腫瘤が出現したという主訴で来院した。腫瘤は直径5cmの半球状で，覆っている皮膚は肥厚し，他の箇所の被毛に比べ太い毛が認められた（写真58-1）。また，硬さはやや柔らかい程度で，皮下との可動性を有していた。細針吸引生検では赤血球と，少数の好中球のみが観察された。

問題

(a) この腫瘤の肉眼的所見はかなり特異的である。また，細針吸引生検では診断的な所見は得られなかった。腫瘤は，皮膚のどの構造由来の増殖性疾患で，どのような鑑別疾患が挙げられるか？

(b) 摘出した腫瘤の割面（写真58-2）と病理組織写真（写真58-3）の特徴的な所見は何か？また，そこから考えられる診断名は何か？

(c) この疾患の治療法および生物学的挙動はどのようなものか？

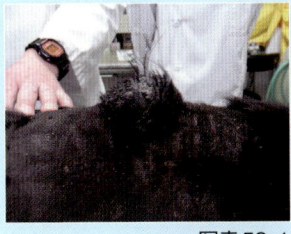

写真58-1

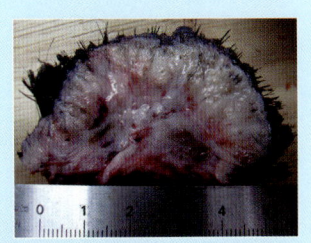

写真58-2

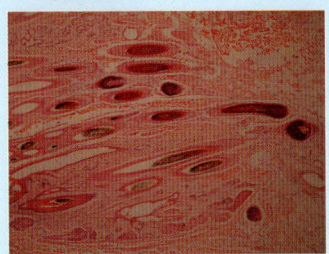

写真58-3

解答

(a) 毛包過誤腫，線維付属器過誤腫，毛包系腫瘍が考えられる。特に1つの毛包から複数の太い毛がブラシのように生えていることや，皮膚が著しく肥厚していることから毛包過誤腫の臨床的特徴と一致する。毛包系腫瘍の場合は細針吸引検査で上皮系の細胞集塊が検出されることが多いので，今回の検査結果からは否定的である。

(b) 割面の写真では黒色の表皮が肥厚し，小結節状に隆起していることがわかる。また，表皮の下側にある黄白色の部位は，増生した膠原線維でその中に黒色の毛が観察される。
真皮の病理組織学所見では大型で一次毛包の形態をとる毛包が多数認められ，そのうち5本は成長期毛であることが分かる。この毛包は真皮深層から皮下脂肪織にまで達し，周囲は増生した膠原線維に囲まれている。これらの所見は毛包過誤腫の特徴と一致することから，診断名は毛包過誤腫である。

(c) 毛包過誤腫は非腫瘍性病変であることから，外科的切除で治癒可能である。しかし，切除しないでいると病変は徐々に数cm以上に拡大，またさらに広範囲に拡がることがある。また，まれに病変が背部全域や肢全体に拡大することもあるため，拡大傾向にある病変では早期の切除が勧められる。

● Key Point
・毛包過誤腫はまれな疾患であるが，特徴的な病変を形成するため症状からも診断しやすい。したがって仮診断をもとに，早期に外科的切除を勧めることが可能である。

● オーナーへの伝え方
・非腫瘍性疾患なので転移などの悪性の挙動をとることはないが，徐々に拡大することが多いので手術が第一選択肢であると伝える。

体幹

症例.59 犬，避妊雌，腰背部の腫瘤

主訴・所見

　トイ・プードル，4歳，避妊雌。腰背部の体表腫瘤を主訴に来院した。オーナーが2ヵ月前に発見して以来，徐々に腫瘤の大きさは増大しているが，犬自身は全く気にする様子がないとのことであった。触診にて，深部固着のない，可動性のある直径1cm弱の小型の皮内腫瘤が触知された。腫瘤表面は軽度に発赤しているものの脱毛はなく，毛をかき分けてようやく発見できるものであった（写真59-1）。腫瘤のFNAを実施したところ，ペースト状の物質が少量採取された（写真59-2）。

問題

(a) 写真59-2に示される，腫瘤のFNAで採取された特徴的なペースト状物質は何であると考えられるか？
(b) 鑑別診断リストを挙げよ。
(c) どのような経過が予想されるか？

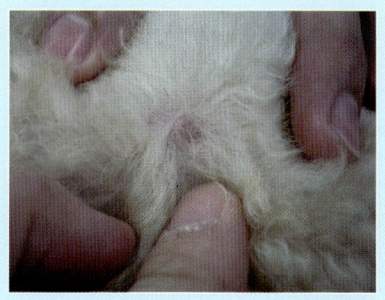

写真59-1

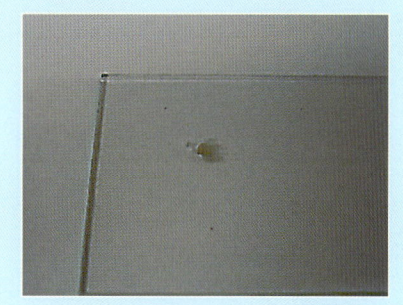

写真59-2

> **解答**

(a) 角質である可能性が高い。皮膚腫瘤を穿刺して，内部から黄褐色や灰色のペースト状または顆粒状の固形物が採取された場合，その多くは角質である。塗抹標本を作成すると，無数の角化上皮が観察される（写真59-3）。

(b) 毛包嚢腫，皮内角化上皮腫，毛包系腫瘍（毛包上皮腫，毛母腫，その他）などが鑑別診断として挙げられる。可能性は決して高くないものの，扁平上皮癌なども完全には除外できないため注意が必要であり，生検による確定診断を行うのがもっともよい。本症例では切除生検の結果，毛包嚢腫と診断された。

(c) 上記の鑑別診断は原則としてどれも良性病変で，適切な外科的切除により予後は良好であると考えられる。しかし，放置すれば腫瘤の大きさは拡大し，自潰を起こす可能性がある。また，表皮嚢腫などに蓄積された角質は，嚢腫状構造が維持されている間は症状を示さないが，嚢腫が破綻し皮膚組織に漏洩すると，異物反応を誘発する。

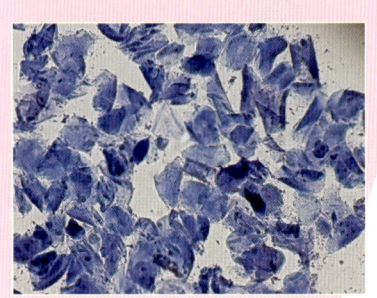

写真59-3

●Key Point

- 腫瘤のFNAにて，チーズ様または「おから」様の固形物が採取された場合，それは角質である場合が多く，良性病変の可能性が高い。
- 表皮嚢腫や毛包嚢腫は，扁平上皮で裏打ちされた嚢胞内に角質が充満した，良性の皮内腫瘤性病変である。
- 皮膚表面との連絡がないものを表皮嚢腫，あるものを毛包嚢腫と呼んで区別するが，細胞学的特徴や臨床的特徴に違いはない。

●オーナーへの伝え方

- 毛包嚢腫は非腫瘍性病変であり，予後は良好である。
- 皮膚組織内で嚢腫壁が破綻すると強い炎症が生じることから，嚢腫の内容物を搾り出そうとしてはならない。
- 理想的には外科的切除と病理組織学検査を実施すべきだが，原則として良性病変である可能性が高いため，経過観察が選択されることも多い。
- ときに多発傾向を示すため，外科的切除後も別の部位に新たな病変が生じる可能性がある。

体幹

症例.60 犬，去勢雄，かゆみ，脱毛

主訴・所見

ゴールデン・レトリーバー，11歳，去勢雄。かゆみを伴う体幹の脱毛を主訴に来院した。1年前から，体幹に紅斑を伴う脱毛が生じており（写真60-1），抗生剤による治療に反応せず，病変は拡大傾向にある。

問題

(a) 写真60-2に見られる異常は何か？ 鑑別診断としてどのような疾患が挙げられるか？

(b) どのような治療方法があるか？ 予後はどのように考えられるか？

写真60-1

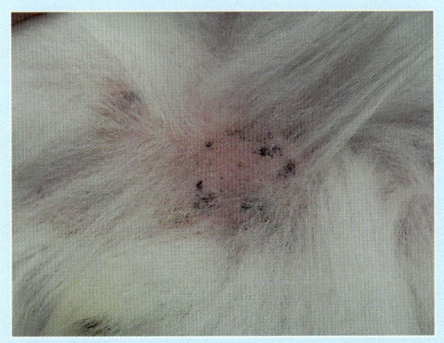

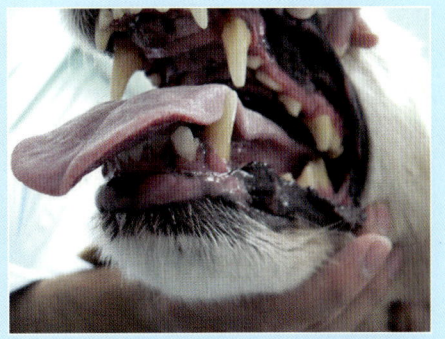

写真60-2

> **解答**

(a) 口唇部に色素脱失が認められる。色素脱失が起きる疾患として，白斑，上皮向性リンパ腫，ブドウ膜—皮膚症候群，自己免疫性皮膚疾患などが，鑑別診断として挙げられる。その中でも，背部にみられた紅斑，鱗屑を伴う脱毛を考えると，年齢と併せて上皮向性リンパ腫が疑われる。本症例は，皮膚生検の結果，表皮および毛包付属器内に多数のリンパ球の浸潤が認められ，上皮向性リンパ腫（菌状息肉症）と診断された（写真60-3，60-4）。

(b) 現在までに，十分なエビデンスのある治療方法は報告されていない。副腎皮質ホルモンやロムスチン（CCNU）などの使用が一過性の効果を示す場合もあるが，これらの薬剤が罹患犬の生存率を上げるという根拠はない。

予後は，診断されてから1年以内に死亡する症例が多いが，早期に診断されたものは2年生存するものもいる。瘙痒が非常に強い症例では，副腎皮質ホルモンやロムスチンの使用により瘙痒が軽減され，動物のQOLが上がることもある。

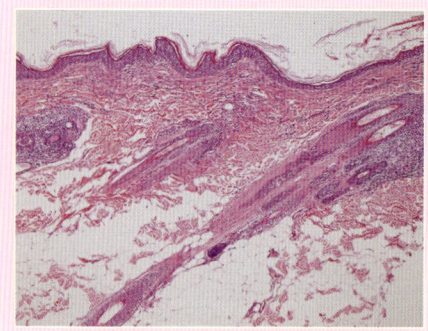

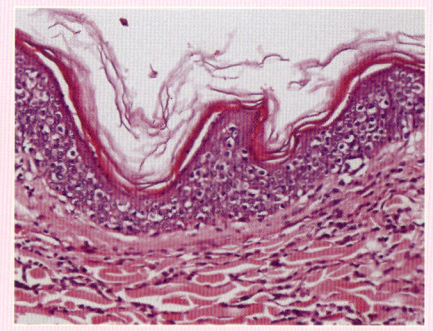

写真60-3　　　　　写真60-4

● Key Point

- 上皮向性リンパ腫は，Tリンパ球由来の悪性腫瘍であり，全身性に単発ないし多発性の紅斑，紅斑性局面，結節などを形成する。口唇部を中心に，口周囲にも鱗屑を伴う紅斑がしばしば認められる。鼻鏡や口唇などに病変が生じた場合は，色素脱失が起きることが多い。これは表皮に浸潤した腫瘍細胞が基底膜を破壊した結果，表皮内のメラニンが真皮に脱落するためである。
- 瘙痒を伴うことも多く，アトピー性皮膚炎と誤診され，副腎皮質ホルモンの投与が行われている症例も少なくない。皮膚生検により，リンパ球の表皮内浸潤を確認することで診断される。時に早期の病変や生検部位が適切でないと，他の炎症性皮膚疾患との鑑別が困難な場合もある。一度の生検で診断できない際は，再度生検を行う。まれに押捺塗抹検査によりリンパ球が検出されることもあり，そのような場合はリンパ腫を強く疑う。

● オーナーへの伝え方

- 本疾患は有効な治療法がなく，予後も悪いため，オーナーへの説明は慎重に行う。病変の拡大が徐々に進行し，全身性に病変が広がることもある。
- 重度の瘙痒によりQOLが著しく低下する可能性もあり，QOLを上げることを目的に薬物療法を行うかどうかを，オーナーと相談した上で決める必要がある。

体 幹

症例.61 猫，避妊雌，外傷からの排膿，悪臭

主訴・所見

雑種猫，15歳，避妊雌，体重4.0kg。背部の外傷からの排膿と悪臭にオーナーが気付いた。患部の毛を刈ったところ，大型の皮膚欠損ならびに皮膚欠損部に虫体が認められた（写真61-1）。

問題
(a) この虫体は何か？
(b) 治療はどうしたらよいか？

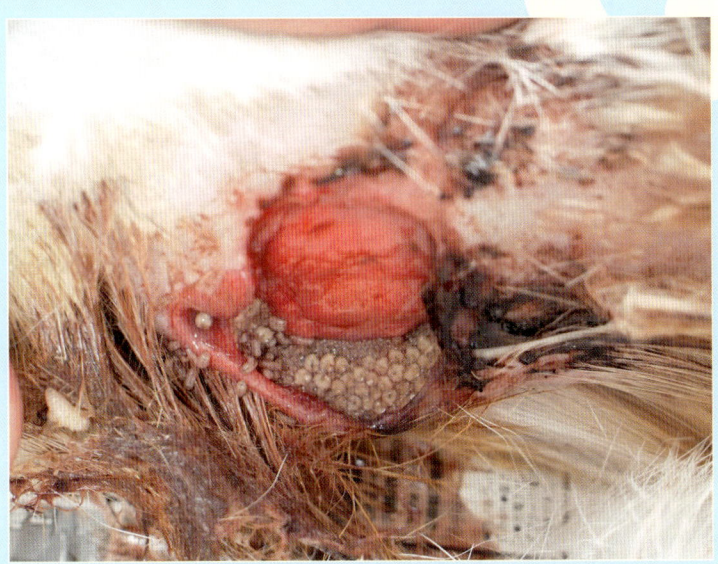

写真61-1

> **解答**

(a) ハエウジ。肉食性のハエウジによる害を蠅蛆症(ようそしょう)と呼ぶ。アフリカなどの一部のハエが真寄生性として脊椎動物の皮下に寄生することが知られており，これを真性蠅蛆症というが，日本には現在のところ真寄生性のハエはいない。通常はクロバエ科やニクバエ科など死肉や糞便でも発生する種類のハエウジが，外傷部などの壊死組織や滲出液を摂食する偶発性蠅蛆症である。

(b) 患部周囲の毛を刈り，患部から鉗子等を用いて物理的に幼虫を除去する。また患部は洗浄し，必要があれば壊死組織を除去する。また適切な抗菌剤の全身投与を行う。

※ハエウジそのものは有害であるといわれているが，以前から戦争の最前線や船上など，適切な医療環境がない場合に「傷口にウジがわいたほうが治りが早い」と経験的にいわれてきている。近年では糖尿病性壊疽や多剤耐性菌発現時の治療法として注目を浴び，ハエウジを用いた治療はマゴットセラピーと呼ばれ，2004年にはアメリカで無菌状態で繁殖されたハエウジがFDAにより医療器具として認可された。ただしマゴットセラピーに用いられるハエウジはあくまで専用に繁殖されたものを用いて，適切な管理下において寄生させるのであって，偶発性蠅蛆症ではきちんと除去し治療する必要がある。

●Key Point

・ハエウジは壊死組織や滲出液を摂食するが，生きている細胞は食べないため，患部自体の予後は一般的には良好である。
・ただし，ハエウジに寄生された動物は体力や免疫力の低下が認められる場合が多いため，基礎疾患を探索し治療する必要がある。特に全身状態が悪い場合は死亡することもある。

●オーナーへの伝え方

・処置後の再感染を防ぐため，飼育環境の清掃や屋内で管理するなどの指導が必要である。
・基礎疾患が重篤な場合，体力の低下が著しい場合等は死亡することがあることを伝える。

体 幹

症例.62 犬，未去勢雄，色素沈着，脱毛

主訴・所見

シェットランド・シープドッグ，7歳，未去勢雄，体重15.4kg。1年前から皮膚病変が出現し，他院に通院していたが，なかなか治らないとのことで当院を受診した。腹部は脱毛し，左の睾丸は触診により認められたが，右の睾丸は認められなかった。また，患者は雄であるにもかかわらず，雌のような乳房が認められた（写真62-1）。

問題

(a) 写真62-1の診断にとって重要と思われる臨床所見を述べよ。
(b) 鑑別疾患として何が挙げられるか？
(c) どのような治療が必要であるか？
(d) 治療前に，どのような検査が必要であると考えられるか？
(e) 予後はどのように考えられるか？

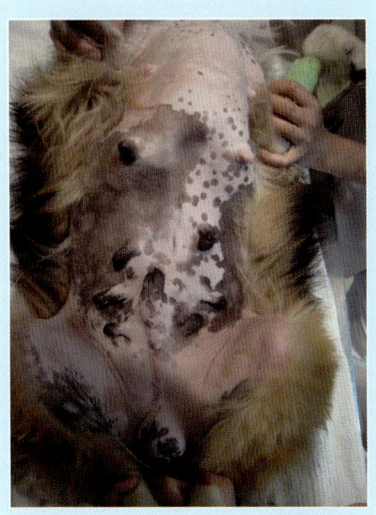

写真62-1

> **解答**

(a) 雌性化乳房，乳頭の腫大，脱毛部位の色素沈着，陰茎から睾丸にかけて線上の紅斑である。本症例では，触診，超音波画像検査によって，腹腔陰睾（右）が認められた。

(b) セルトリ細胞腫，精上皮腫，間質細胞腫などの精巣腫瘍。甲状腺機能低下症，副腎皮質機能亢進症，副腎性性ホルモン産生などの内分泌異常により脱毛が起こる疾患。この症例は，右の腹腔内陰睾があった。精巣摘出後に病理組織学検査を行ったところ，右の腹腔内陰睾は顆粒膜細胞腫を伴うセルトリ細胞腫，左は精巣の低形成と診断された。

(c) 治療方法は，去勢手術である（必ず両側行う）。写真62-2は腹腔内の睾丸である。

(d) 一般血液検査（CBC）を行う。特に血小板数，Ht値，白血球数に注意する。転移の有無を調べるため，腹部・胸部のレントゲン検査や超音波画像検査を行う。この症例の血小板数は，12.2万/μLと低値で，Ht値は38.0％，エストラジオール値は16 pg/mLで正常値よりやや高めであった。しかしながら，血中のエストラジオール値のみで本症を診断することは難しい。

(e) 手術時点で，血小板数減少，貧血ならびに転移などが認められなければ，予後は良好である。

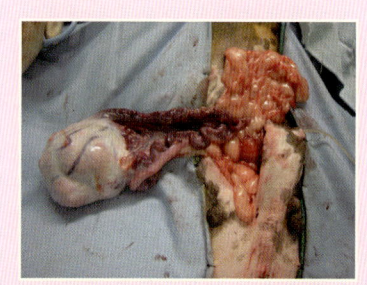

写真62-2

● Key Point

- 精巣腫瘍は，セルトリ細胞腫，精上皮腫，間質細胞腫などに分類され，それぞれ支持細胞，胚細胞，ライディッヒ細胞に起因する悪性腫瘍である。ホルモンが過剰に分泌されることが多く，間質細胞腫であれば，テストステロンにより前立腺肥大や肛門周囲腺腫の肥大が，アンドロゲンにより尾腺の過形成が認められることがある。
- 本症例のようなセルトリ細胞腫の場合には，エストロゲンを分泌し雌性化乳房，包皮の下垂，対称性の脱毛，色素沈着などが認められ，時に重度の骨髄抑制が起こり，不可逆的な場合がある。
- 治療方法は，去勢手術であり，雄犬では常に陰嚢を触診する必要がある。

● オーナーへの伝え方

- 精巣腫瘍が疑われるため，去勢（両側の精巣摘出）が必要である。セルトリ細胞腫は，転移（約10％）やエストロゲンによる骨髄機能不全が認められなければ，予後は良好である。
- 一般的に，去勢後3ヵ月以内で被毛が再生し，雌性化の特徴は，2〜6週間以内に消失する。
- 治癒，再発を繰り返す場合は，精巣腫瘍の転移の可能性があるため，再診と精査が必要であると伝える。

体 幹

症例.63　猫，未避妊雌，かゆみ，丘疹，脱毛

主訴・所見

　アビシニアン，1歳，未避妊雌が激しい全身の瘙痒を主訴に来院した。この猫は生後5ヵ月齢時にペットショップで購入され，しばらくしてから発症し，近医で副腎皮質ホルモンと抗生剤の内服，さらに数回の酢酸メチルプレドニゾロンの注射を受けていた。かゆみは，前腕から後頚部に広がり，丘疹および脱毛を呈していた（写真63-1）。
　特に，胸部はびらんを認めた（写真63-2）。前医ではマイクロチップが原因となっている可能性が高いと診断し，摘出手術が予定されていた。
　胸部の病変部の皮膚掻爬検査を行ったところ，寄生虫が検出された（写真63-3）。

問題

(a) このような瘙痒を呈する猫の場合，鑑別診断として何が挙げられるか？
(b) 写真の寄生虫の名前は何か？
(c) 治療方法は何か？

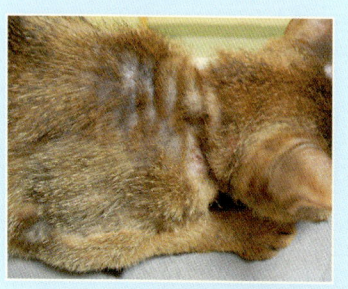

写真63-1

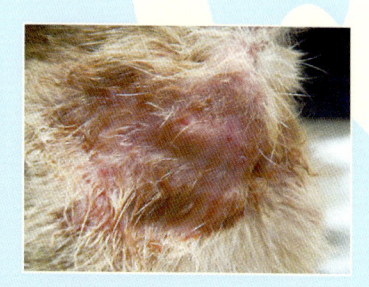

写真63-2

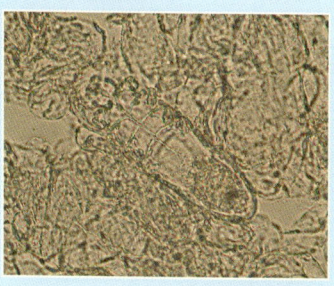

写真63-3

145

解答

(a) ノミアレルギー，疥癬，毛包虫症などの外部寄生虫寄生，心因性脱毛，ウイルス性疾患，好酸球性皮膚炎，食物アレルギー，猫アトピー性皮膚炎が挙げられる。

(b) *Demodex gatoi*．角質層で生息する非毛包性のニキビダニである。かなり体長が短く，主に角質層で生息する。*Demodex gatoi* に起因する猫の表在性膿皮症は，他の種類による毛包虫症とは明らかに異なり，接触感染し，伝播性で瘙痒を示す。臨床所見は，無症状で脱毛を示すだけのものから，瘙痒による自傷を伴う脱毛まで多様であり，なかでも，激しい瘙痒を示す猫は過敏症を示していると考えられている。

(c) 2%硫黄石灰合剤を週1回で6週間連続，セラメクチンを月1回で5ヵ月連続塗布，アミトラズ0.0125%を週1回，12週間塗布，イベルメクチン1mg/kgを2日に1回経口で10週間投与するなどの治療法が効果があったと報告されている。本症例では，フィプロニル製剤でノミ予防を行い，酢酸メチルプレドニゾロンの投与を中止し，ドラメクチン600μg/kg の週1回投与を行ったところ，8週後に毛包虫は検出されず，投与を終了した。その後，しばしばかゆみを呈するため，プレドニゾロン1mg/kgを頓服で投与中である。

● Key Point

- 猫の表在性毛包虫症は，*Demodex cati*，*Demodex gatoi* とまだ名前がついていない種類の毛包虫のいずれか1種が過剰増殖することによって引き起こされる。
- 瘙痒の有無により，臨床所見が異なる。瘙痒が認められない場合，罹患猫は鱗屑の有無にかかわらず，びまん性，両側対称性の脱毛が，体幹の腹側および外側，ならびに後肢で認められる。かゆみがある場合は，紅斑，痂皮，擦過傷が認められる。
- かゆみを示す猫の皮膚掻爬検査では，過度のグルーミングにより皮膚表面のダニや虫卵を検出することができないため，テープストリッピング検査や皮膚掻爬検査により診断がつかない場合は，診断に皮膚の病理組織学検査が必要である。
- アビシニアンは猫アレルギー性皮膚炎の好発種であるため，毛包虫が陰性となった後も，かゆみがないか経過観察を行う。

● オーナーへの伝え方

- 様々な治療方法が報告されているが，用法・用量が必ずしも確立されていないため，安全性の高いものから順に試す必要があることを伝える。
- 感染猫の多くは，ブリーダーやキャットショーなどの場所で，罹患猫と接触することにより感染すると考えられている。他の猫と接触した後にかゆみがはじまった場合，この疾患を疑う必要がある。

体 幹

症例.64 犬，去勢雄，皮膚の菲薄化

主訴・所見

イタリアン・グレーハウンド，1歳，去勢雄。数ヵ月前に頚部に軽度の発赤と少数の丘疹を認め他院を受診した。消炎効果のある外用剤（写真64-1）を処方され，1日2回で外用していた。発赤，丘疹は改善したものの，疎毛，鱗屑，菲薄化がみられるようになり（写真64-2），徐々に病変が拡大したためセカンド・オピニオンを目的に来院した。自覚症状はない。

問題
(a) もっとも可能性の高い診断名は何か？
(b) どのような管理や治療が必要か？

写真64-1

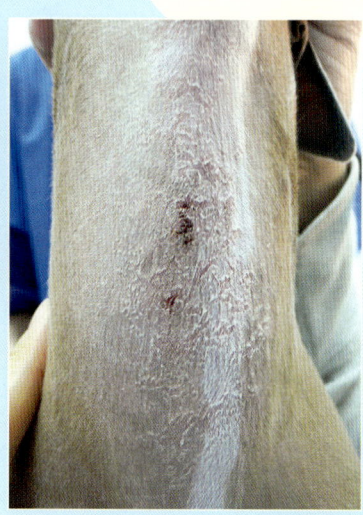

写真64-2

解答

(a) 副腎皮質ホルモン外用剤に対する反応（ステロイド皮膚症）

(b) 副腎皮質ホルモン外用剤に対する反応の場合，副腎皮質ホルモン外用剤の使用を中止することで症状の改善が期待できる。ただし，それまでの外用期間が長い場合には，改善にも時間がかかる可能性がある。対応としては，副腎皮質ホルモン配合外用剤を中止し，保湿性外用剤あるいは抗生物質含有軟膏の使用に変更し，経過観察とする。

● Key Point

- 副腎皮質ホルモン外用剤反応は，副腎皮質ホルモン配合の外用剤塗布により発症する。
- 臨床症状は様々だが，副腎皮質ホルモン外用剤を使用していた部位に限局した発赤，鱗屑，菲薄化，脱毛などが認められ，自覚症状はないことが多い。
- 副腎皮質ホルモン外用剤に対する反応は，副腎皮質ホルモン外用剤の使用を中止することにより改善が期待できる。

● オーナーへの伝え方

- 副腎皮質ホルモン配合外用剤の使用による副作用の可能性を伝える。副腎皮質ホルモン外用剤は，特に被毛の薄い部位（体幹腹側など）への連続使用により副作用が出やすいため，改善とともに保湿性外用剤への切り替えが必要である旨を説明する。
- 現在使用している副腎皮質ホルモン外用剤は中止し，保湿性外用剤あるいは抗生物質含有の外用剤に切り替え，経過を観察する必要があることを伝える。
- 外用期間が長かった場合，改善にも時間がかかる可能性があることを伝える。

体幹

症例.65　うさぎ，鱗屑

主訴・所見

9歳のうさぎが健康診断のために来院した。体表を視診した際に，頸部から胸部にかけての背側面に鱗屑が多量に認められた（写真65-1，65-2）。うさぎがかゆがっている様子はないかとオーナーに尋ねたところ，最近しきりに掻いているとのことであった。脱毛斑はなく，薄毛にもなっていない。連れて来た家族も腕や太ももなどがかゆいという。

問題

(a) もっとも可能性の高い診断名は何か？
(b) 診断を進めるために行うべきことは何か？

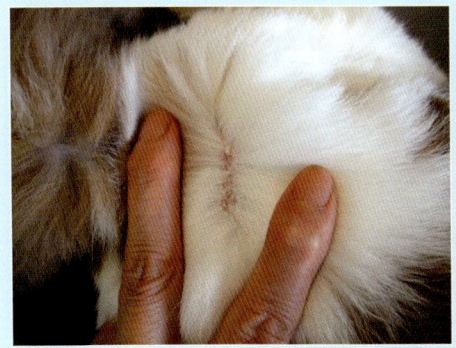

写真65-1

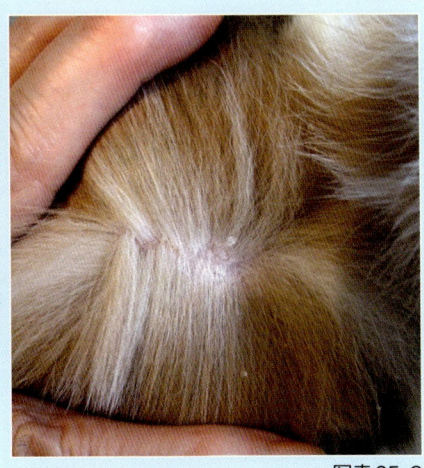

写真65-2

> **解答**

(a) ツメダニ症である。理由は①頚部・胸部の背側面はツメダニ症の好発部位であること，②瘙痒がみられること，③鱗屑がみられること，④ヒトへの感染が疑われることである。本症例では脱毛や薄毛はみられなかったが，脱毛や薄毛がみられることもある。

(b) 1. テープストリッピング法により，虫体および虫卵の存在の有無を調べる（写真65-3）。
2. 鑑別診断として皮膚糸状菌についても調べる必要がある。

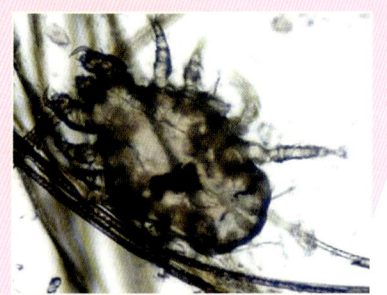

写真65-3

● **Key Point**

・うさぎのツメダニ症はウサギツメダニ（*Cheyletiella parasitovorax*）の寄生によって起こり，幼齢から高齢まで幅広い年齢層でみられる。
・うさぎの被毛ダニには他にズツキダニ（*Listrophorus gibbus*）が多く認められるが，ズツキダニでは瘙痒が比較的軽いか，ほとんど認められない。
・ツメダニ症は瘙痒を伴う疾患であるが，うさぎによっては痒がる動作が目立たずに見過ごされることもある。
・テープストリッピング法で虫体や虫卵が検出できるのは相当の多量寄生になってからであり，少量寄生の段階では検出が困難である。したがって検出されないことをもって，寄生がないと断定することはできない。
・治療にはセラメクチンのスポットオン製剤やイベルメクチン（400μg/kg，SCまたはPOを1週間ごとに計3回）が有効である。セラメクチンのスポットオン製剤は猫に準じた用量と方法で投与できる。多くの場合単回投与で治癒に導くことができるが，1ヵ月後に再投与を要することもある。

● **オーナーへの伝え方**

・直接的な接触をする同居のうさぎがいる場合には，症状がなくても同時にダニ駆除をすることを勧める。
・ツメダニ症は人獣共通感染症である。ヒトに症状が認められてもうさぎを治療すれば通常ヒトの症状は消失する。
・セラメクチンのスポットオン製剤は日本ではうさぎに認可されていないが，日本でも，世界的にも，うさぎに対する多くの使用実績があり，安全性が確認されていることを伝える。
・犬用，猫用のフィプロニルのスポットオン製剤はうさぎに対して副作用を及ぼすことがあるため，使用してはならないことを伝える。

体幹

症例.66　猫，未去勢雄，かゆみ，皮膚炎

主訴・所見

雑種猫，4歳，未去勢雄。腰背部のかゆみを伴う脱毛，皮膚炎を主訴に来院した。1年前より瘙痒が出現し，近医での治療ではあまり効果がなく，病変が拡大傾向にある。腰背部を頻繁に舐めている（写真66-1～66-3）。

問題

(a) 認められる皮疹および疑われる疾患は何か？
(b) 治療の選択肢として何があるか？

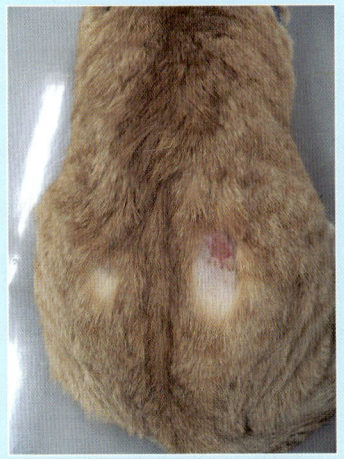

写真66-1

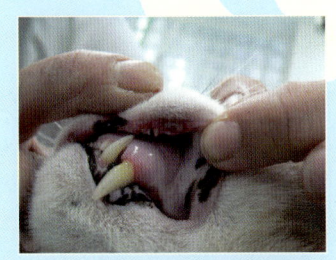

写真66-2

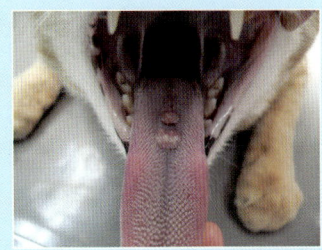

写真66-3

解答

(a) 腰背部に左右対称性の脱毛が認められ，一部はびらんしている（写真66-1）。口唇部には左右対称性の潰瘍が認められ，無痛性潰瘍が疑われる（写真66-2）。舌には結節が認められ，好酸球性肉芽腫に一致する皮疹である（写真66-3）。これらは猫の好酸球性肉芽腫群と呼ばれる一群の疾患に認められる皮疹であり，何らかの基礎疾患（ノミアレルギー，食物アレルギー，アトピー性皮膚炎など）に伴って現れることが多い。

(b) まずは基礎疾患として可能性のある，ノミアレルギーや食物アレルギーを除外する。ノミの予防薬を投与し，除去食試験を行う。改善が認められなければ，全身に副腎皮質ホルモンを投与することで治療する。プレドニゾロン2 mg/kg，q24h，POで投与，あるいは酢酸メチルプレドニゾロン20 mg/頭を皮下注射する。副腎皮質ホルモンによる副作用が問題になる場合や投与が長期に及ぶ場合は，シクロスポリン（5～10 mg/kg，q24h，PO）の使用を考慮する。

● **Key Point**

・猫の好酸球性肉芽腫群（feline eosinophilic granuloma complex）は，無痛性潰瘍，好酸球性局面，好酸球性肉芽腫などの一群の皮疹が現れる疾患群の総称である。
・無痛性潰瘍は，上唇部に左右対称に潰瘍が生じるのが典型的である。いたみや瘙痒が伴うことはまれである。
・好酸球性局面は滲出液を伴う赤色の隆起性の病変で，腹部や大腿部内側にみられることが多い。
・好酸球性肉芽腫は隆起した黄色からピンク色の病変で，大腿部尾側，顔面，口腔の舌や口蓋などにみられる。

● **オーナーへの伝え方**

・再発する場合には，免疫抑制剤の長期にわたる投与が必要となるので，オーナーには副作用のリスクについてよく説明する。
・猫ではしばしば経口薬の投与が困難な場合があり，そのため，治療の選択肢が限定されることがある。剤形を錠剤から液体や粉末に変更することで，投薬可能な場合もある。
・経口薬の投与が不可能な場合は，酢酸メチルプレドニゾロンの皮下注射が唯一の治療法となることがある。使用は最高でも2ヵ月に1回を越えないようにし，糖尿病や角膜潰瘍などの副作用発現がないよう，常に注意を払う。

体幹

症例.67 　仔犬，鱗屑，寄生虫

主訴・所見

3ヵ月齢の仔犬。ワクチン接種のために動物病院に来院。病歴を聴取した際，ペットショップで購入後，しばらくしてから背部にフケが出るようになったとオーナーが訴えた。身体検査を行ったところ，被毛上を動く寄生虫が発見された。また，被毛に付着したフケ様の構造物を顕微鏡下にて観察した（写真67-1，67-2）。

問題

(a) この寄生虫の名称を答えよ。
(b) どのような治療計画を立てればよいか？

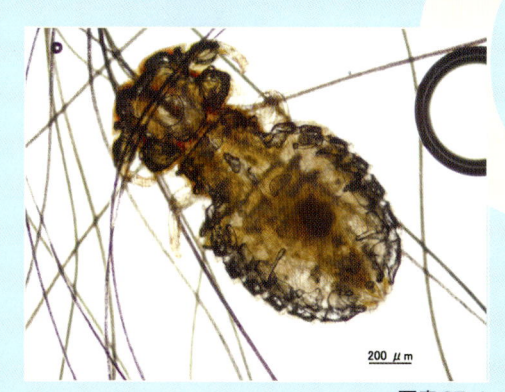

写真67-1

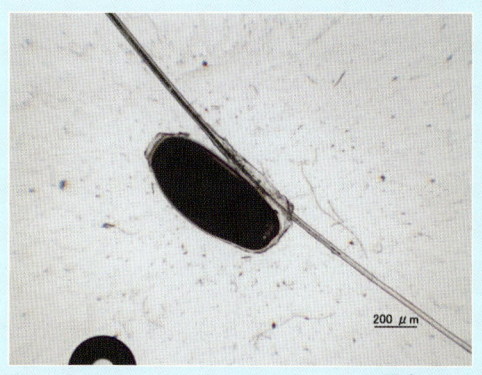

写真67-2

解答

(a) イヌハジラミである。体長は約1.5 mm前後で，体は頭部，胸部，腹部の3部に区分されている。胸部より3対の肢が出ている。頭部は幅広く前端部に陥入を有する。腹部は卵円形で，各関節には多数の毛をもつ。

(b) 治療計画としては，感染犬に対しセラメクチンのスポットオン製剤を2週間隔で2～3回塗布する。もしくはイベルメクチン（0.2 mg/kg）の経口または皮下投与を2週間隔で2～3回行うとよい。また，毛刈りや角質溶解性シャンプーによる洗浄（週1～2回）により，被毛に付着した虫卵や虫体を物理的に除去することが勧められる。感染の拡大を防ぐために，感染した犬は他の犬との接触を避ける必要がある。一般的に虫卵に対しては駆虫薬の効果が低いため，孵化するのを待って繰り返し塗布することが必要である。

●Key Point

・ハジラミの虫体は肉眼にて観察可能であるが，虫卵のみの場合はフケと混同しやすい。
・ハジラミの卵は約1週間で孵化し若虫になる。その後，若虫は寄生動物の角質や皮脂などを食べながら成長し，脱皮を繰り返しながら2～3週間ほどで成虫になる。
・若齢犬や栄養状態の不良な犬などで寄生が認められることが多い。

●オーナーへの伝え方

・この疾患は伝染性が強いので，他の犬と接触させないようにオーナーに伝える。
・ハジラミは宿主特異性が強い昆虫であるため，他の哺乳動物や鳥類には通常感染しないことを伝える。
・感染犬が使用したタオル等の衣類については，十分に洗濯する（できれば熱湯または塩素消毒）か破棄する。

体 幹

症例.68　猫，避妊雌，頚部再発性潰瘍

主訴・所見

短毛雑種猫，3歳，避妊雌，体重3.2kg，室内飼育，ワクチン・ノミ予防済み。頚部に通年性の瘙痒が発現し，自己搔爬による炎症性の脱毛，びらん，潰瘍の再発を繰り返す（写真68-1）。

問題

(a) 鑑別診断を挙げよ。
(b) どのようにして診断をするのか？
(c) どのような治療を行うか？
(d) 頚部以外の好発部位はどこか？

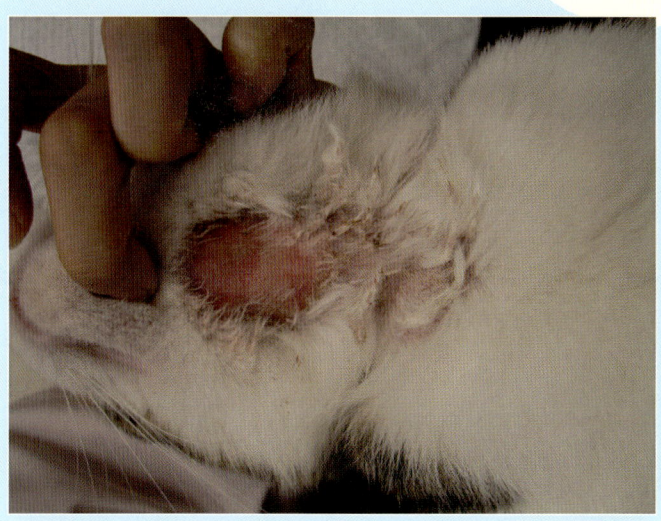

写真68-1

解答

(a) 猫の瘙痒症の一般的な原因は，寄生虫性疾患（ノミ，シラミ，ツメダニ，毛包虫，疥癬虫），感染症（細菌，皮膚糸状菌），アレルギー性皮膚疾患（アトピー性皮膚炎，ノミアレルギー性皮膚炎，食物アレルギー）が挙げられる。

(b) 最初に皮膚掻爬検査およびウッド灯検査を行って，外部寄生虫および感染性疾患を除外する。ノミ駆除剤にてノミアレルギーを，2ヵ月間の除去食試験（加水分解食と水のみ給与する）にて食物アレルギーを除外する。それでもかゆみが残った場合，アトピー性皮膚炎を疑う。

(c) アトピー性皮膚炎の場合は，症状が軽度であった場合，短期間の副腎皮質ホルモン剤が有効である。しかし難治性で治療が長期に及ぶ場合は，副腎皮質ホルモン剤による副作用が懸念されるため，全身投与はなるべく控える。シクロスポリン（5～10mg/kg）の使用が有効である。症状の改善に伴って，使用頻度を減らす。皮内試験および血液検査にて感作抗原が特定できた場合は，減感作療法も有効である。

(d) 顔面，下腹部（写真68-2，68-3），大腿部内側，前肢頭側，後肢尾側に好発する。

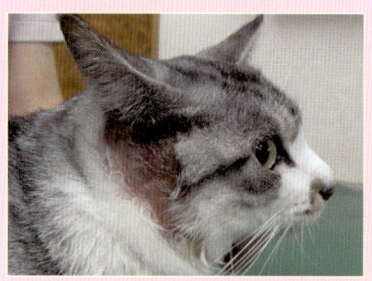

写真68-2

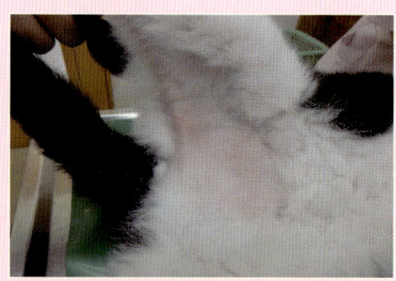

写真68-3

● Key Point

- 猫のアトピー性皮膚炎の診断法は確立しておらず，除外診断にて診断する。
- 犬と比べ，猫で副腎皮質ホルモン剤の副作用は起こりにくいとされているが，再発を繰り返す症例では使用をなるべく避け，他の治療法が奏効しなかった場合の最終手段として用いる。

● オーナーへの伝え方

- 基礎疾患であるアレルギー性疾患のコントロールが必要となる場合が多く，そのため再発を繰り返す可能性がある。

体 幹

症例.69　犬，雄，被毛菲薄

主訴・所見

　ウエスト・ハイランド・ホワイト・テリア，7歳1ヵ月齢の雄。眼振および後肢のふらつきなどを主訴に来院した。MRI，脳脊髄液の検査などを実施した結果，ジステンパー脳炎と診断された。副腎皮質ホルモンを投与し治療を行った。写真69-1，69-2は約2年経過した症例の写真である。
　ACTH（副腎皮質刺激ホルモン）刺激試験において刺激前のコルチゾール値は0.1 μg/dL，刺激後は0.1 μg/dLと上昇していなかった。

問題

(a) 写真69-1，69-2（写真69-1の一部拡大）の肉眼的所見を述べよ。
(b) どのような診断名が考えられるか？

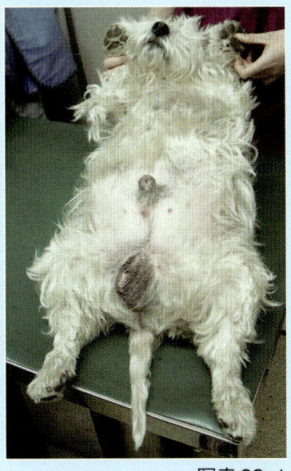

写真69-1

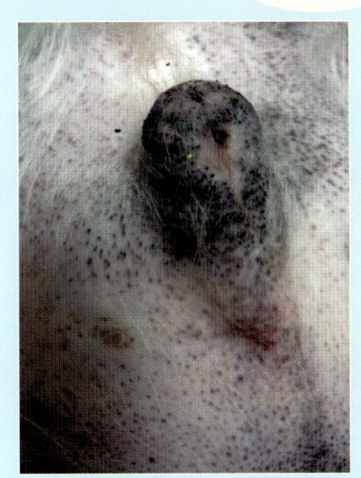

写真69-2

解答

(a) 腹囲膨満，やや薄い被毛およびコメド（面皰）が認められる。

(b) 長期の副腎皮質ホルモン（グルココルチコイド）投与による医原性のクッシング症候群。

● **Key Point**

・クッシング症候群は，慢性的な副腎皮質ホルモンの過剰に起因する疾患であり，その原因によって，①ACTH依存型－クッシング症候群（下垂体依存性副腎皮質機能亢進症：全症例の約90％），異所性ACTH産生，②ACTH非依存型－副腎腫瘍，③医原性などに分類される。主な臨床症状は，多飲多尿，太鼓腹（ポットベリー），多食，筋の虚弱である。皮膚症状としては，体毛の喪失，腹部皮膚の菲薄化，コメドの形成，石灰沈着，毛包虫症や続発性膿皮症などがよく認められる。医原性と自然発生の副腎皮質機能亢進症の鑑別には，ACTH刺激試験が必要である。

● **オーナーへの伝え方**

・医原性のクッシング症候群に陥った原因は，副腎皮質ホルモンの長期投与によるものと思われる。本来であれば投与量を漸減し，可能であるならば中止するのが望ましいが，ジステンパー脳炎であるため，完全に副腎皮質ホルモンの投与を中止するのは難しいことを説明する。

体幹

症例.70 若齢犬，雄，脱毛

主訴・所見

ミニチュア・ダックスフント，4ヵ月齢，雄，体重1.5kg，室内飼育，ワクチン・ノミ予防済み。背部に境界明瞭な非炎症性の脱毛斑が1ヵ所のみ認められ，かゆみを示していた。他院にて真菌症と診断され，抗真菌剤の外用薬にて治療を受けていたが改善が認められず，脱毛斑が腹部から尾部に及ぶ複数ヵ所にまで拡大した（写真70-1～70-3）。

問題

(a) 最初に行う検査は何か？
(b) どのような疾患を鑑別疾患として考えるか？
(c) 本疾患の治療はどのようにすればよいか？

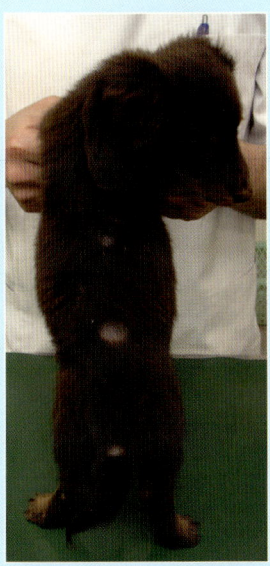

写真70-1

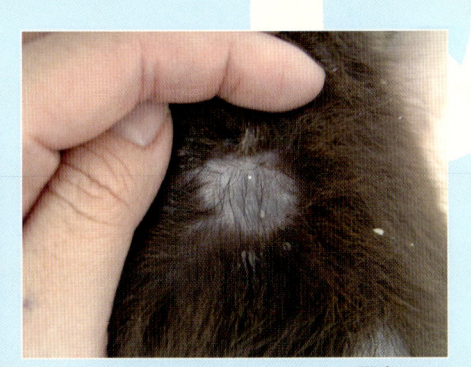

写真70-2

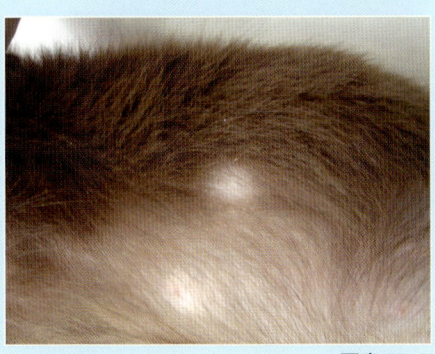

写真70-3

解答

(a) ウッド灯検査，抜毛による被毛の検査，皮膚掻爬検査，皮膚の細胞診。

(b) 若齢犬でのかゆみの強くない炎症性皮膚疾患として皮膚糸状菌症，局所性毛包虫症，細菌性膿皮症がもっとも疑われる。アトピー性皮膚炎は6ヵ月齢～1歳の犬での発症が多く，食物アレルギーは1歳未満での発症が多いが，強いかゆみを伴う。本症例は毛包虫症であった。CBC，血液生化学検査では特に異常は認められなかった。一般状態は良好であった。

(c)
- イベルメクチンをプロピレングリコールで希釈し，0.3mg/mLの濃度とした液を外用する。
- イベルメクチン0.4mg/kg，q24hにて経口投与（初回は0.1mg/kgで投与し，徐々に0.4mg/kgまで漸増）。
- アミトラズ外用，ミルベマイシン内服，ドラメクチン注射などの使用報告もある。

●Key Point

- 犬の毛包虫症は主に*Demodex canis*（イヌニキビダニ）の毛包内での増殖により発症し，局所性（若年型）毛包虫症と全身性（成犬型）毛包虫症に大きく分類される。発症要因は様々で，局所性毛包虫症は主に4～7ヵ月齢の若齢犬に発症することが多い。
- 発症要因は不明であるが遺伝，被毛の長さ，栄養状態，性周期，妊娠，ストレス等の関与が疑われている。病変は1～数ヵ所に限局しており，一般的には予後は良好で，成長と共に約90%の症例は自然治癒する。
- 全身性毛包虫症は何らかの免疫機能異常が関与していると考えられ，クッシング症候群などの内分泌疾患，悪性腫瘍とその治療，副腎皮質ホルモン剤の長期使用などが誘因となることがある。しかし，このような基礎疾患などの問題は約50%以上の症例では明らかでない。多発性の脱毛斑にはじまり，全身へと拡大することが多いとされる。

●オーナーへの伝え方

- 治療としてはアミトラズ外用，イベルメクチン内服，ミルベマイシン内服，ドラメクチン注射等の報告があるが，これらの薬剤の適応症として毛包虫症は含まれていないことから，十分な説明の上，慎重に使用する。
- 犬の局所性毛包虫症の多くは自然治癒することが多く，外用療法のみで解決する場合もある。しかし，特に局所性の毛包虫症では外用薬や消毒剤の使用により毛包虫の寄生数が少なくなっている場合も考えられ，一度の皮膚掻爬検査では検出できないことも少なくないため，陰性の場合でも再診時に検査することを伝える。
- 局所性毛包虫症は表在性膿皮症や皮膚糸状菌症，円形脱毛症など様々な皮膚疾患に類似していることから，診断を誤ると治療が長期にわたり，また悪化することも考えられる。今回のように若齢の局所性毛包虫症であっても，症状の程度によっては治療が適応されると考えられる。

四肢

症例.71 犬，避妊雌，爪基部を含む肉球の炎症

主訴・所見

　フラットコーテッド・レトリーバー，11歳，避妊雌，体重17kg，室内飼育，ワクチン・ノミ予防済み。オーナーが知らない間に爪が折れていたとの主訴で来院したが，徐々に爪基部を含む肉球に炎症がみられはじめた（写真71-1）。押捺塗抹検査にて，変性好中球を主体とする炎症細胞が認められたため，抗生剤を3週間投与したが改善せず，X線検査を行ったところ骨融解が疑われた。

問題

(a) どのような疾患を鑑別疾患として考えるか？
(b) この疾患の病因は何か？
(c) 本疾患の治療はどのようにすればよいか？　予後はどのように考えられるか？

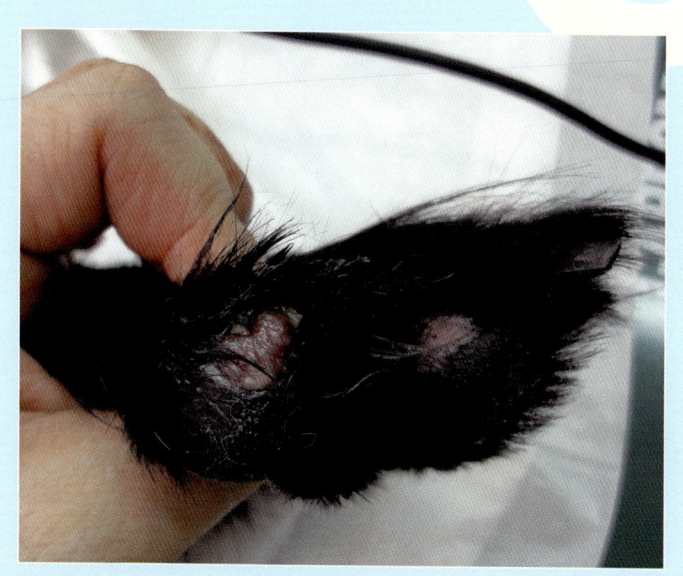

写真71-1

解答

(a) 外傷，細菌性膿皮症，皮膚真菌症，その他の腫瘍（肥満細胞腫，悪性黒色腫，形質細胞腫，皮膚組織球腫，異物性肉芽腫，血管周皮腫）。

(b) 扁平上皮癌は，ケラチノサイトの悪性腫瘍であり，犬の皮膚腫瘍の5％，猫の15％を占める。日光の刺激を受けやすい部位に発生することが多く，光線性（日光性）角化症が先行することがある。犬では乳頭腫ウイルス感染が腫瘍の発育に関連があると考えられており，扁平上皮癌の犬で乳頭腫ウイルス抗原が検出されたことがある。

(c) 早期に完全な外科的切除を行う（写真71-2）。表面性および小型の病変には，レーザー治療が有効であったという報告もある。全身性の化学療法は，扁平上皮癌においては有効ではない。

写真71-2

● Key Point

・扁平上皮癌は，犬・猫のどちらにも比較的発生頻度が高く，高齢の動物に発生しやすい傾向にある。
・猫では白い被毛の，紫外線の影響を受けやすい耳介先端および鼻梁での発症が多いが，犬では頭部よりも体幹や四肢で発症しやすい。
・表面に炎症性滲出液が存在するため，押捺塗抹検査による診断はあまり有用ではない。確定診断には切除組織の病理組織学検査が必要である（写真71-3）。

● オーナーへの伝え方

・予後を予測するのは困難である。爪床に発生したものは侵襲的であるとされ，それ以外のものは局所浸潤性はあるものの，転移の速度は遅いとされている。しかし，一部の研究では有意な割合での転移が報告されており，摘出後も定期的なモニターが必要である。

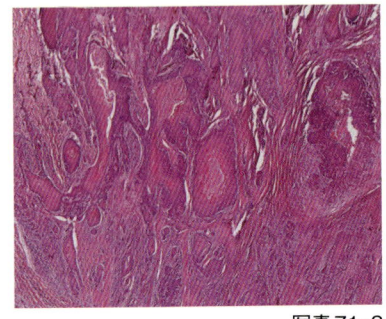

写真71-3

四 肢

症例.72　犬，大腿部腫瘤

主訴・所見

　10歳のミニチュア・ダックスフント。大腿部に隆起した直径1.5cm大の腫瘤が認められたため来院した。オーナーがこの腫瘤にはじめて気が付いたのは来院時より半年前であった。腫瘤は充実性で皮下組織と固着しており，中程度の瘙痒を伴っていた。付属リンパ節の明らかな腫大は認められなかった。腫瘤から細針吸引生検（FNA）を行い，材料をディフクイックで染色したのち顕微鏡下にて観察したところ，写真72-1のような細胞を多数検出した。

問題

(a) もっとも可能性の高い診断名は何か？
(b) どのような治療方針をたてればよいか？

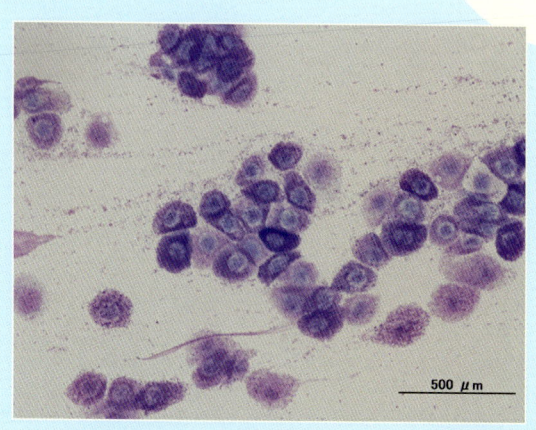

写真72-1

解答

(a) 肥満細胞腫。写真では，赤紫色に染まる（異染性）均一，小型で豊富な細胞質内顆粒を有する小型〜中型の円形細胞として認められる。顆粒の染色性は，腫瘍の分化度によって変化するとされている。

(b) 犬の肥満細胞腫の治療方針は，一般的に腫瘍細胞の分化度や悪性度（組織学的グレード）および臨床ステージ等により判断される。しかし，細胞診により肥満細胞腫の正確な組織学的グレードを決めることは非常に困難とされ，最終的な診断には組織学所見が必要となる。そのため，手術可能な部位に発生した肥満細胞腫では，第一に選択すべき方法は外科的切除である。その際，十分なマージン（3cm）を確保することが必要である。切除した腫瘍の組織学的グレードを評価し，必要に応じて化学療法や放射線療法を行う。腫瘍の切除が不完全な場合，あるいは腫瘍の切除が不可能な場合には，外科的切除よりも化学療法や放射線療法が妥当とされる。

●Key Point

- 肥満細胞腫は真皮組織の肥満細胞が異常に増殖した悪性腫瘍である。病変は多様で，見た目だけでは診断が困難な腫瘍である。
- 腫瘍は通常単発性であるが，多発性のこともある。四肢や体幹に好発するが，全身のどこにでも発生する可能性がある。
- 外科的切除を行う前には，局所リンパ節の細針吸引生検や胸部X線検査および超音波検査（特に肝臓と脾臓）を実施し，必ず転移の有無を検査する。

●オーナーへの伝え方

- 基本的に予後の悪い腫瘍であるため，早期に治療することを勧める。
- 癌細胞が他の臓器に転移していた場合は，外科的切除よりも化学的療法による治療が選択される。

四肢

症例.73　犬，避妊雌，爪の化膿，骨の破壊

主訴・所見

　黒い毛色のラブラドール・レトリーバー，10歳，避妊雌。右前肢第2趾の爪の化膿を主訴に来院した（写真73-1）。約1ヵ月前に他院にて，爪の化膿巣を全身麻酔下にて切除したものの，完治しないとのことであった。病変部からのスワブの培養，および感受性試験により，多剤耐性緑膿菌が検出された。X線検査では，末節骨の拡張と先端の骨破壊，ならびに中節骨の骨膜反応が認められた（写真73-2）。爪床深部のFNAにて，多数の角化上皮が採取された（写真73-3）。

問題

(a) 写真73-1に観察される，肉眼的所見の特徴を述べよ。
(b) もっとも疑われる診断名は何か？
(c) どのような方法で診断するか？

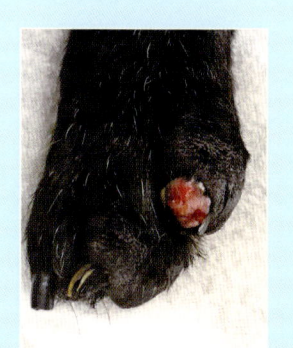

写真73-1

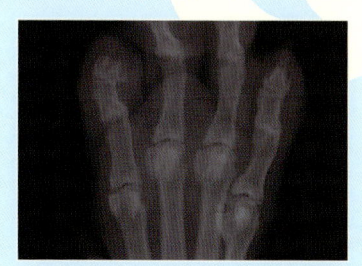

写真73-2

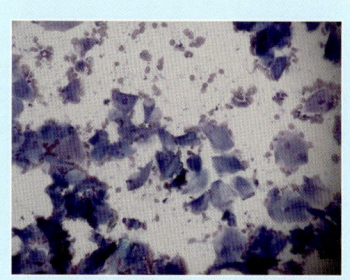

写真73-3

解答

(a) 爪床が腫瘤状に拡大している。爪甲は部分的に黄白色に変色し，内側から押し広げられ，破壊されている。爪周囲炎，すなわち爪周囲の腫脹と発赤が認められる。

(b) 扁平上皮癌を強く疑う。病変部から採取した材料の培養では耐性菌が検出されており，慢性の化膿性爪疾患の併発も疑われる。しかし，爪における原発性細菌感染は決して一般的ではない。爪床が腫瘤を呈している時点で，腫瘍を鑑別診断リストの上位に挙げる。爪に発生する腫瘍として代表的なものに，扁平上皮癌とメラノーマがある。Ｘ線検査での骨融解所見は，扁平上皮癌で認められることが多い一方，メラノーマではあまりみられないとされている。
　典型的な扁平上皮癌の腫瘍細胞は，幼若な核ならびに角化傾向を示す細胞質を同時に有するのが特徴である。本症例の細胞診では，明らかに扁平上皮癌と診断できるだけの細胞が観察されているわけではない。しかし，腫瘤の深部から角化上皮が採取されるということ自体，異常所見と考える必要がある。

(c) 病理組織学検査を行う。病理組織学検査のための材料採取方法としては，爪切除術または断趾術が選択されるのが一般的である。一方，趾あるいは爪を温存したまま爪疾患の確定診断を行う方法として，生検トレパンを用いた，特殊な爪の生検方法が知られている。

●Key Point

- 扁平上皮癌は犬の爪床にもっとも多く認められる腫瘍である。
- 特に黒い毛色の大型犬種に好発する。
- Ｘ線検査にて趾骨の骨融解が確認されることが多い。
- 局所浸潤性は強いが，遠隔転移は少なく，緩慢な経過をたどることが多い。
- 断趾術を含む，広範囲の外科的切除が最良の治療法である。補助的な放射線療法も有効と考えられる。

●オーナーへの伝え方

- 初期病変で転移が確認されていなければ，断趾術を行うことによって根治が期待できる。
- 根治は困難であったとしても，経過が緩慢であることが多いため，外科的切除を行うことによって，生活の質の改善だけでなく，長期生存も見込める。
- 多くは単発性であるが，ときに数ヵ月から数年の経過で他の複数の趾に発生することがある。これらは同一肢の他の趾である場合も，別の肢にみられることもある。同一肢の複数趾が罹患した場合には，断脚術が必要となることもある。
- 犬の趾に生じた扁平上皮癌に関するある報告では，爪床に生じた症例の１年生存率は95％（爪床以外では60％），２年生存率は74％（爪床以外では40％）であるとされている。

四 肢

症例.74 犬，去勢雄，結節，排膿

主訴・所見

　ミニチュア・ダックスフント，2歳，去勢雄。鼠径部の結節，排膿を主訴に来院した（写真74-1）。4ヵ月前より鼠径部に皮下結節を認め，その2ヵ月後には排膿がみられた。抗生剤の内服による治療にもかかわらず，周期的に排膿を繰り返していた。さらに1週間前に腰背部に新しい結節が出現した。身体検査では鼠径部に左右対称性に2cm程度の皮下結節を認め，右側の結節からは排膿を認めた（写真74-2）。また，腰背部にも左右対称の皮下結節が触知された。

問題

(a) 疑われる疾患名は何か？　必要な検査方法は何があるか？

(b) どのような治療方法および管理方法があるか？

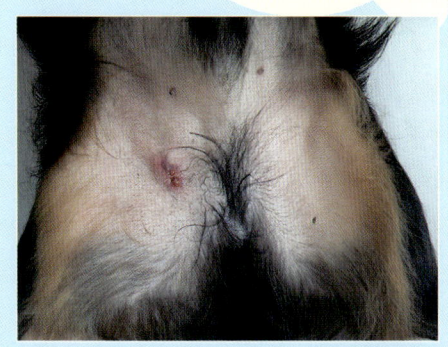

写真74-1　　　　　写真74-2

解答

(a) 深在性膿皮症，異物性肉芽腫，無菌性結節性脂肪織炎，無菌性肉芽腫および化膿性肉芽腫症候群，薬疹などが鑑別疾患として挙げられる。排膿している場合は，膿の塗抹細胞診，細菌培養を行い，感染の有無を調べる。確定診断には皮下結節の一部を生検，または全摘出し，皮膚病理組織学検査を行う。本症例では，シグナルメント，病変の発現部位，膿の塗抹細胞診で泡沫状のマクロファージがみられ，細菌の感染がみられなかったことなどから無菌性結節性脂肪織炎が疑われた。結節の全摘出による病理組織学検査では，皮下に化膿性肉芽腫の形成が認められ（写真74-3），また培養結果は陰性であった。

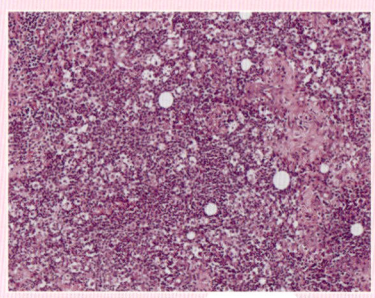

写真74-3

(b) まずは細菌感染を除外するために，抗生剤の投与を2週間程度行う。単発の発生であれば全摘出により外科的に治療する。ただしこの場合も再発のリスクが低くはない。また，全摘出，部分摘出にかかわらず，異物がないかどうかを確認する。多発性の場合や再発した場合には，免疫抑制剤により治療する。プレドニゾロン2 mg/kgを，病変が完全になくなるまでは1日1回経口投与し，その後漸減する。シクロスポリン5 mg/kgを併用することで，プレドニゾロンの投与量を減らすことができる。

● Key Point

- 無菌性結節性脂肪織炎は，皮下脂肪組織に発生する特発性の炎症性疾患である。日本では特に去勢雄，避妊雌のミニチュア・ダックスフントに好発する。手術で使用した縫合糸に対する反応が原因として疑われているが，その詳細な病態は明らかではない。
- 症状としては皮下結節や結節からの排膿，全身症状として発熱がみられる場合もある。
- 外科的に全摘出した場合でも再発することが多く，生涯にわたって免疫抑制剤による治療が必要となることは少なくはない。

● オーナーへの伝え方

- 再発を繰り返す症例では，生涯にわたって治療が必要である可能性をオーナーに伝える。
- プレドニゾロンやシクロスポリンなどの免疫抑制剤を組み合わせ，再発しない最低用量を見つけ，副作用のリスクを最小限に抑える。長期間の副腎皮質ホルモン剤治療によって，どのような副作用が現れる可能性があるかをオーナーに伝えておく。

四 肢

症例.75 犬，雄，前肢の腫瘤

主訴・所見

11歳，雄，シー・ズー。前肢の体表に生じた腫瘤を主訴に来院した。約1年前の発見当時には腫瘤は直径1cm未満であったが，徐々に拡大しているとのことであった。腫瘤は左前腕部遠位に存在し，直径約2cmで深部固着が認められ，表面は脱毛していた（写真75-1）。腫瘤のFNAでは比較的多くの細胞が採取され，炎症細胞はほとんどみられなかった（写真75-2）。

問題

(a) 写真75-2に観察される，細胞診所見の特徴を述べよ。
(b) 細胞診所見と臨床所見から，考えられる仮診断名は何か？
(c) 鑑別診断として挙げられる疾患名は何か？
(d) 根治を期待するにはどのような治療を行うか？

写真75-1

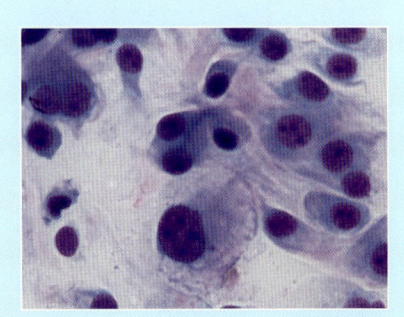

写真75-2

解答

(a) 個々の細胞の多くが紡錘形を呈し，細胞質辺縁が比較的不明瞭である．これらの細胞は核および細胞質ともに大小不同であり，不均一な核／細胞質比を示すが，原則として同様の形態的特徴を有している．核小体は明瞭で，時として大きさおよび数の増加が認められる．以上の特徴は非上皮系悪性腫瘍を示唆する．

(b) 軟部組織肉腫を強く疑う．悪性腫瘍はその起源となる組織により大きく分類され，呼び方が異なる．すなわち，上皮系悪性腫瘍の総称は「癌」，非上皮系悪性腫瘍は「肉腫」とされる．肉腫の中でも軟部組織に由来するものを総称して，軟部組織肉腫と呼ぶ．

(c) 血管周皮腫，線維肉腫，粘液肉腫，脂肪肉腫，悪性線維性組織球腫などが挙げられる．軟部組織肉腫とはあくまで総称であり，厳密には診断名ではない．皮膚に発生する軟部組織肉腫には上記のような腫瘍が含まれる．しかし，これらの腫瘍はいずれも共通の特徴を有しているため，由来にかかわらず，ひとつの疾患グループとして扱っても不都合が生じることは少ない．
なお，本症例は病理組織学検査の結果，血管周皮腫と確定診断された．

(d) 拡大切除，または減容積手術と根治放射線治療の組み合わせによって根治が期待される．軟部組織肉腫は一般的に，局所浸潤性が強く，不完全な切除では高率に再発が生じるが，転移の可能性はそれほど高くない．したがって徹底的な局所病変の制御を行うことにより，根治が可能である．
本症例のように四肢に生じた軟部組織肉腫に対しては，拡大切除として断脚術が選択されることもある．しかし，浅筋膜をバリアーとして利用することにより，患肢温存根治手術でも十分に良好な予後が期待できることを知っておくべきである（写真75-3）．完全切除が困難と予想される場合には，無理に外科的手段でのみ治療を行うよりも，放射線療法の併用を考慮する．

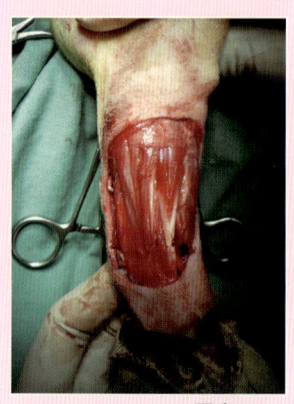

写真75-3

● Key Point

- 血管周皮腫は血管外膜細胞腫などとも呼ばれ，血管周囲の細胞に由来する腫瘍と考えられてきた。しかし，その起源に関してはいまだに議論の余地がある。
- 犬にのみ発生し，猫では知られていない。
- 四肢に好発する。胸部や腹部に認められることも多い。
- 細胞診所見は特異的ではなく，一般的な非上皮系悪性腫瘍の特徴を有する。
- 組織所見は，血管を中心とした渦巻状，花むしろ状などと表現される。有糸分裂指数が低いことも特徴の1つである。
- 不完全切除による再発は多いが，転移することはまれである。

● オーナーへの伝え方

- 緩徐ではあっても，着実に腫瘍の大きさが拡大することが予想され，自潰を生じることも少なくない。
- 転移率が低いため，局所制御のための外科的治療が最善であり，根治も期待できるが，高い局所浸潤性をもつため，広範囲の切除が必要となる。
- 不完全な切除の後には高率に再発を生じる。放射線療法を併用することにより局所制御を達成できる可能性がある。
- 四肢に発生した場合には，時として断脚術が最良の選択となることがある。

Column

細胞診

鱗屑や痂皮の下から検体を採取

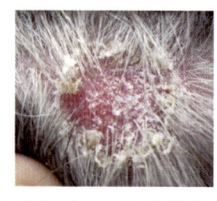

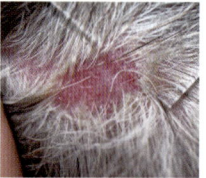

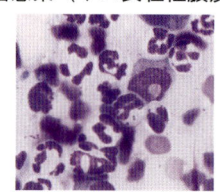

細菌感染（イヌ表在性膿皮症） 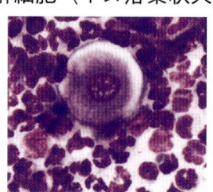　棘融解細胞（イヌ落葉状天疱瘡）

　細胞診では細菌や真菌の増殖，炎症細胞や腫瘍細胞の浸潤，角化細胞の変化（棘融解細胞など）を主に評価する。採取する皮疹や部位に応じてスライドガラス直接押捺，スワブ，スコッチテープ，針吸引を使い分ける。滲出液や脂性成分が多い病変部にはスライドガラスを直接押捺する。膿疱や水疱などはその内容物を，痂皮で覆われた病変部では痂皮下より検体を採取することが望ましい。スライドガラスを直接押捺しにくい部位（耳道や皺襞部など）にはスワブを用いる。乾燥した病変部にはスコッチテープを，結節性・腫瘤性病変には針吸引を主に用いる。採取した検体は適切な染色を施した上で鏡検を行う。

細菌培養同定・薬剤感受性検査

生検したサンプルに割面を入れる　滅菌スワブ

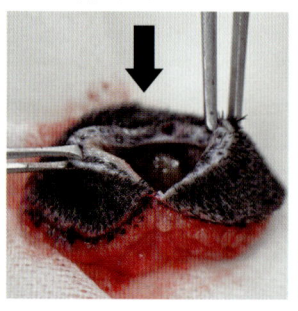

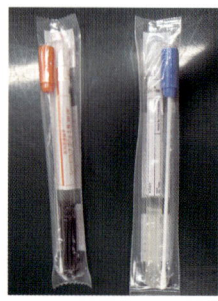

　細菌培養同定検査・薬剤感受性検査は，①皮膚細菌感染症が証明され，抗菌剤による治療を開始する場合，②化膿性の病変であるにもかかわらず抗菌剤への治療反応が乏しい場合，③結節〜腫瘤，膿瘍などの深在性の細菌感染症が疑われる場合に実施を考慮する。材料を採取するに際に，膿疱や水疱が認められる場合はその内容物を採取する。鱗屑や痂皮性の病変では，それらを慎重に除去し，その下部より採取する。結節〜腫瘤性の病変からは針吸引により検体を採取するか，皮膚生検を行った際に生検したサンプルに割面を入れてから材料をホルマリンで固定することが望ましい。

　薬剤感受性検査の結果はあくまでも in vitro の検査結果であるため，必ずしも薬剤の臨床的な有効性と相関しない可能性に留意しなければならない。

四 肢

症例.76　猫，雄，肉球の腫脹，潰瘍

主訴・所見

　保護された雑種猫，雄，体重3.5kg。左右前肢の肉球に腫脹がみられたために来院した。
　両前肢の掌球は青紫色で一部に鱗屑を伴い表面は触れると軟らかく腫脹し，右の掌球には直径5mmほどの痂皮の付着した潰瘍が，左の掌球には多数の皺が認められた（写真76-1，76-2）。オーナーによると保護してから，猫が肢端部を気にしたり，跛行する様子はないとのことであった。

問題

(a) どのような臨床診断を考えるか？
(b) 診断のためどのような検査を行うか？
(c) 治療を行わなかった場合，どのような予後になる可能性が高いか？

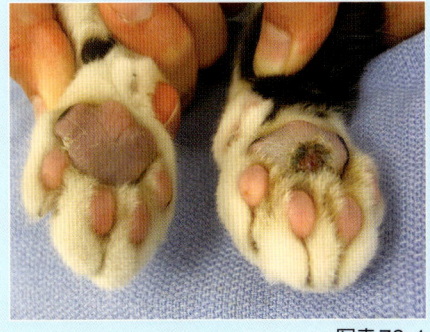

写真76-1　　　　　　　写真76-2

> **解答**

(a) 形質細胞性足皮膚炎。肉球のみが冒され軟らかく海綿状に腫脹する特徴的な臨床所見を示す。特に複数の肉球が冒されていれば本疾患が疑われる。細菌性や真菌性の肉芽腫，無菌性肉芽腫，好酸球性肉芽腫，腫瘍などが鑑別疾患であるが，これらの病変は通常一肢の肢端や肉球にみられることが多いため本疾患とは識別される。

(b) 吸引による細胞診，細菌培養検査，病理組織学検査。病歴や身体検査所見，形質細胞が優位な細胞診所見より本疾患の仮診断を行う。確定診断を行うために細菌培養検査と，潰瘍や二次感染のない肉球から辺縁にかけて，くさび状あるいは6mmのパンチ生検で十分な深さの組織を採取し，病理組織学検査を行う。血清蛋白電気泳動を行った場合，典型的なポリクローナルガンモパシー（多クローン性高ガンマグロブリン血症）がみられる。

(c) 通常潰瘍や二次感染がなければ無症候で，病変は自然に退縮することが多い。治療の必要性は個々の症状による。

●Key Point

- 形質細胞性足皮膚炎は肉球に限局する猫ではまれな皮膚疾患で，正確な病因は不明だが，免疫介在性あるいはアレルギー性の原因が示唆されている。
- 時として一肢の複数の肉球に柔らかい腫脹がみられ，角化亢進や鱗屑が観察される。罹患した肉球は容易に潰瘍化し出血する。二次感染を伴うと局所リンパ節の腫脹やいたみによる跛行を認めることがある。
- 形質細胞性口内炎や糸球体腎炎，腎アミロイドーシスが併発することもある。
- 治療が必要な場合は高用量の副腎皮質ホルモンの投与を開始し，効果が認められれば漸減する。

●オーナーへの伝え方

- 形質細胞性足皮膚炎は非感染性疾患であるため，同居動物やヒトへの感染の心配はない。
- 品種，年齢，性別による好発傾向の違いは報告されていない。
- 通常猫は無症候性で，併発する疾患がなければ予後は良い。

四肢

症例.77　若齢犬，雌，肢端の腫瘤

主訴・所見

ノーフォークテリア，7ヵ月齢，雌，4.2kgである。2週間前より左前肢に腫瘤がみられ，徐々に大きくなってきたことを主訴に来院した（写真77-1）。瘙痒や疼痛はみられないが，物にぶつかると出血するとのことだった。

左前肢の肢端背側に，直径1.0cmの固く境界明瞭で発赤を示す脱毛した結節が認められた。

結節の細胞診を行ったところ，写真77-2の所見が得られた。

問題

(a) これは良性と悪性のどちらだと考えられるか？
(b) 他にはどのような部位に好発するか？
(c) 治療として，何が選択されるか？

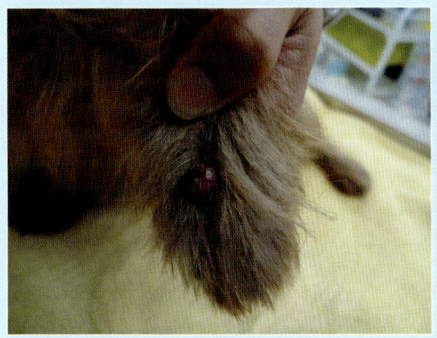

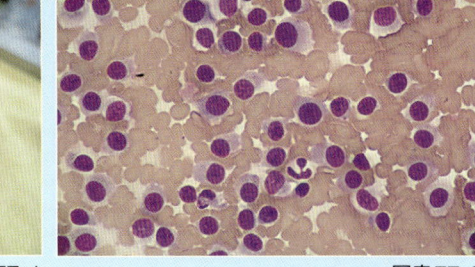

写真77-1　　　　　写真77-2

解答

(a) 細胞診にて，中程度の淡青色で微細な顆粒を含む細胞質と，レース状のクロマチンを有する円形またはインゲン豆型を呈した大型の核の円形細胞が採取された。年齢，発症部位，臨床所見および細胞診所見から，この腫瘍は皮膚組織球腫の可能性が高い。皮膚組織球腫は表皮ランゲルハンス細胞由来の，単核細胞の良性腫瘍である。

(b) 四肢以外に，頭部，耳介，頚部における発生が多い。しかし，身体のどの部位にも発生する。

(c) 多くの病変は3ヵ月以内に自然消失することが多いため，経過観察してもよい。ただし，自然消失しない病変に対しては外科的切除や凍結療法を行う。

● Key Point
- 皮膚組織球腫は，主に4歳以下の若齢犬でみられる良性の腫瘍である。
- もっとも大きな特徴は，自然に消失する症例もみられることである。

● オーナーへの伝え方
- 若齢犬で急速に大きくなることがあるが，自然に消失することが多く，遠隔転移する可能性は低いため，経過観察するのも一方法であると伝える。

四 肢

症例.78 犬, 去勢雄, 爪の変形, 疼痛, 腫脹, 排膿

主訴・所見

ミニチュア・ダックスフント, 9歳8ヵ月齢, 去勢雄。約1ヵ月前より, 足趾の腫脹が認められたため, 0.1％クロルヘキシジンで消毒していたが, 次第に爪の変形, 足趾の腫脹, 疼痛, 爪の根元から膿様物質がみられるという主訴で来院した（写真78-1～78-3, 左前肢第2趾）。なお, この症例は甲状腺機能低下症によりレボチロキシン投与中である。

問題

(a) 爪の障害の主な原因は何が考えられるか？
(b) どのように診断を進めていくか？
(c) どのように治療を進めていくか？

写真78-1

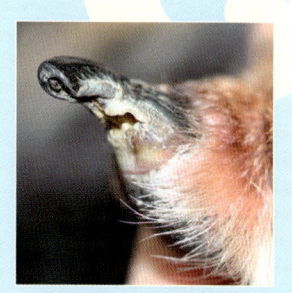

写真78-2

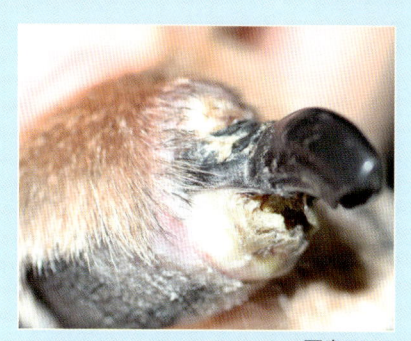

写真78-3

解答

(a) 外傷，細菌感染，皮膚糸状菌症，腫瘍，自己免疫疾患，深在性真菌感染，重篤な全身性疾患，重度の栄養欠乏症，特発性の変化などが考えられる。

(b) 膿様物質の細胞診や細菌，真菌培養検査により感染症を評価する。また，X線検査により骨髄炎の有無などの確認を行う。

(c) この症例では真菌は検出されず，細菌培養により緑膿菌，大腸菌および黄色ブドウ球菌が認められ，感受性試験により適切な抗菌剤を長期投与したが改善されず，罹患した爪を全身麻酔下にて基節骨より離断した。病理組織学診断は深層性皮膚炎であり，なんらかの感染あるいは外傷に関連した爪床炎の可能性が示唆された。本症例のように抗菌剤投与などの治療に反応しない場合には，基節骨よりの爪の離断が必要になることがある。

●Key Point

・細菌性の爪感染症は，1〜3本の趾の罹患であれば，外傷が関連していることが疑われる。多くの爪が罹患している時は，甲状腺機能低下症，副腎皮質機能亢進症，自己免疫性疾患，対称性ループス様爪栄養症などを考慮する。
・抗菌剤の選択は，細菌培養の結果と感受性試験結果に基づいて実施する。重度であったり，難治性の場合は，罹患した爪を離断する必要がある。

●オーナーへの伝え方

・細菌性の爪感染症が疑われる。治療は抗菌剤の投与や抗菌シャンプー，消毒剤による薬浴を実施する。効果がないようであれば，爪部の爪を全身麻酔下にて離断する必要がある。
・離断により予後は良好である。ただし甲状腺機能低下症などの基礎疾患がある場合には，再発の可能性がある。

四肢

症例.79 猫，雄，肉球の腫脹

> **主訴・所見**
>
> 雑種猫，6歳，雄，体重3.6kg。屋内飼育。両前肢の肉球が，柔らかく弾力を欠くことにオーナーが気付いた（写真79-1）。跛行や肉球のいたみはない。指で押すと柔らかく凹み，弾力で元に戻ることはなかった（写真79-2）。一部表面に線条がみられた。後肢の肉球には異常はなかった。

問題
(a) 疑われる疾患名は何か？
(b) 治療はどうしたらよいか？

写真79-1

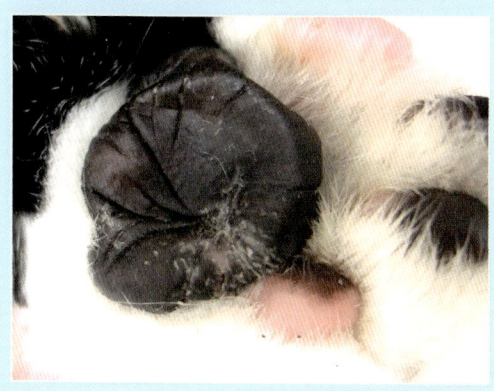

写真79-2

> **解答**

(a) 形質細胞性足皮膚炎。一般的な所見は，肉球が柔らかく膨張し，表面に線条を伴うことであるが，いたみやかゆみがみられないという，非常に特徴的なものである。本症例では肉球の色調がもともと黒色であるため色調の変化は判別できないが，紫色に変色することもある。肉球に潰瘍が起きた場合は出血や跛行を伴うことがある。慢性経過をたどるとしぼんだ風船のように変化する。FNAにより形質細胞がみられることがある。また，血清の免疫電気泳動法により高ガンマグロブリン血症が観察される。診断を確定するには病理組織学検査が必要である。

(b) 一般的には無症候性であり，長期間を要するが自然治癒するものもあるため，治療が必要ない場合もある。内科的治療としては，プレドニゾロン 4 mg/kg，q24h，シクロスポリン 5〜10 mg/kg，q24h，ドキシサイクリン 5〜10 mg/kg，q12h などが有効であると報告されている。二次感染があれば適切な抗菌薬の投与を行い，潰瘍や出血が重度の場合は外科的処置を検討する。

● Key Point

- 通常はいたみなどの症状はみられない。
- 潰瘍化し，肉芽腫の突出がみられることがある。

● オーナーへの伝え方

- 予後は良好である。

四肢

症例.80 犬，避妊雌，軽度脱毛，わらじ状構造物

主訴・所見

雑種の中型犬，3歳，避妊雌。肢端背側の軽度脱毛を主訴に来院した。脱毛はごく軽度であり，それ以外の皮疹は認められなかった（写真80-1，矢印）。オーナーが確認可能な範囲では，かゆがったり舐めたりする様子はみられていない。屋内飼育であるが，オーナーの留守中に家具を破壊するため，狭い小屋の中に閉じ込める時間が比較的長いとのことであった。外部寄生虫や外傷は確認されず，被毛検査（写真80-2）と患部の押捺塗抹による細胞診（写真80-3）を実施した。皮膚掻爬検査では，異常所見は認められなかった。

問題

(a) 写真80-2でみられる，特筆すべき所見を述べよ。

(b) 写真80-3は，押捺塗抹検査にて採取された角化上皮の拡大写真である。球菌または短桿菌とともに認められる，横紋を有する「わらじ」状ないし「小判」状の構造物（矢印）は何か。

(c) これらの所見は何を意味しているか。

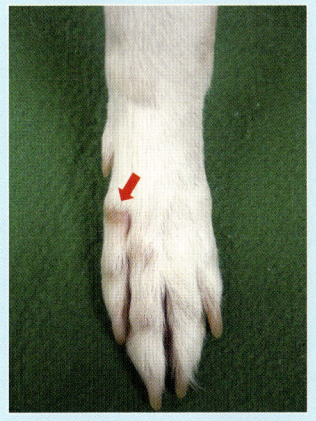

写真80-1

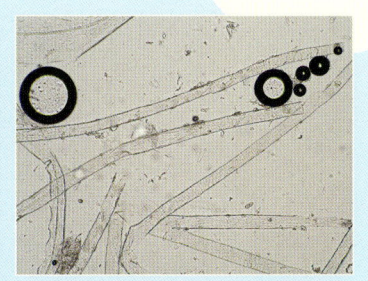

写真80-2

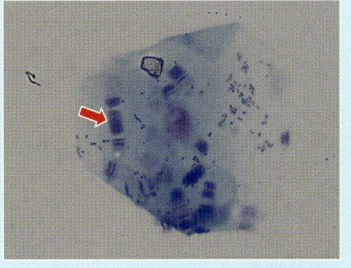

写真80-3

> **解答**
>
> (a) 採取された毛の多くは先端を欠き，いわゆる裂毛の所見を呈している。
>
> (b) シモンシエラ属の細菌（*Simonsiella* sp.）の集塊である。各々の細長い菌体が横並びに連なって，細胞外の線維様物質に覆われることでひとかたまりとなり，特徴的な形態を呈する。この細菌は口腔内の正常細菌叢を構成する細菌の一種であることが知られている。
>
> (c) 裂毛ならびにシモンシエラ属細菌の存在から，動物がその部位を舐めていることが疑われる。オーナーの観察による主観情報は時として正しくない場合があることに注意が必要である。本症例では小屋の中へ閉じ込める時間を減らすなど，飼育環境を改善することで，投薬を必要とせずに軽快した。環境ストレスに起因する，ごく軽度の舐性皮膚炎であると考えられた。

● Key Point

- 毛の先端部の鏡検は，脱毛の原因が，舐めるまたはかじることによるのか，それとも非外傷性であるのかを区別するのに有用である。
- 特徴的な形態を呈する*Simonsiella*属の細菌は，口腔内細菌として一般的であり，これが皮膚から検出された場合には，その部位を動物が舐めたことを示唆する。
- 舐性皮膚炎は，習慣的あるいは強迫観念のもと，肢の特定部位を過度に舐めることに起因し，ほとんどの場合は四肢端に発生が認められる。
- 狭い範囲の脱毛や皮膚炎にはじまり，慢性化すると皮膚は増殖性に厚く硬くなり，びらんや潰瘍が形成されることが多い。

● オーナーへの伝え方

- 舐めている様子は直接確認されていないとしても，各種検査所見が状況証拠になることがある。
- ノミ寄生や毛包虫症，外傷，関節炎などの身体的な原因を考慮することも重要であるが，飼育環境などに起因する，精神的な要素が原因となることも少なくない。
- 根本的な原因を発見し，解決しない限り，皮膚病変の改善は困難であることが多い。

四 肢

症例.81　うさぎ，去勢雄，足底の潰瘍

主訴・所見

　6歳の去勢雄うさぎが後肢の動きがおかしいとの主訴で来院した。屋内に放してもあまり動きたがらず，時々左右の後肢を交互に浮かせる様子がみられるとのことであった。足底を観察すると左右ともに脱毛，腫脹した部位が認められ，その中央は陥没し痂皮がみられた。圧迫しても膿汁の排出は認められなかった。
　うさぎの全身状態は悪くはなかったが，尾から下腹部，内股および足底に尿による変色と湿潤が認められた（写真81-1）。このうさぎはケージ内で飼育され，毎日ケージ外で運動する時間を与えられていた。ケージの床は金網で，一部にプラスチック製のすのこが置かれていた。

問題

(a) 本症の診断名は何か？
(b) 尿による汚れがみられた理由を推定せよ
(c) 本症の原因として挙げられるものは何か？
(d) 本症の治療として何をすべきか？

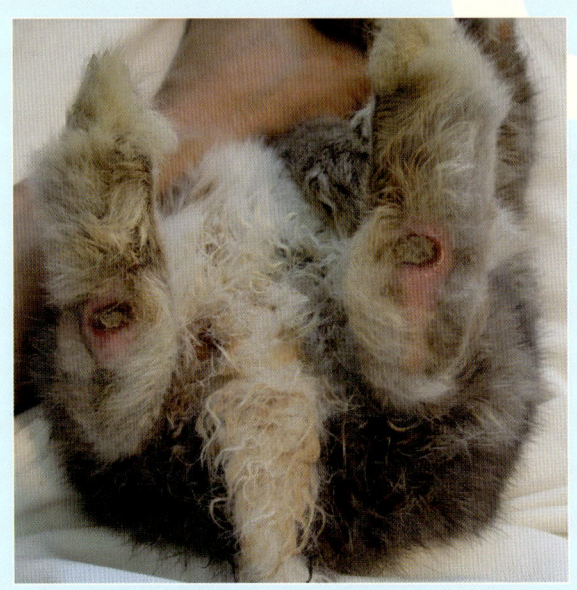

写真81-1

解答

(a) 本症は足底の潰瘍である。もっと軽症で潰瘍がなければ足底皮膚炎と称する（写真81-2）。

(b) 足底の疼痛のため，尾をしっかり上げて排尿する姿勢がとりにくかった可能性がある。また，腰部の不具合などによって上手な排尿姿勢がとれなくなったのかもしれない。あるいは若齢期より排尿行動に問題があり，足底を尿で濡らすことが多かったために足底潰瘍になったとも考えられる。

(c) 足底潰瘍は足底に対する過度の圧迫により起こり，その原因としてもっとも重大なものは①床の材質が硬いことである。本症例では金網の床が用いられていた。他に原因として考えられることは，②皮膚が弱いという体質的な問題，③糞尿を踏んで足底が湿潤すること，④激しいスタンピングをすること，⑤肥満が挙げられる。また，骨折や脱臼，神経麻痺などにより片側に体重がかかれば健常側だけが傷害されることがある。

(d) 治療には足底への圧迫をなくすため，床の改善が必要である。本症例のように重症な場合は抗生剤や鎮痛薬などを投薬する。レーザーなどの物理療法も有用である。足底にクッション性のある素材をあて，包帯をすると治癒を早めることができる。

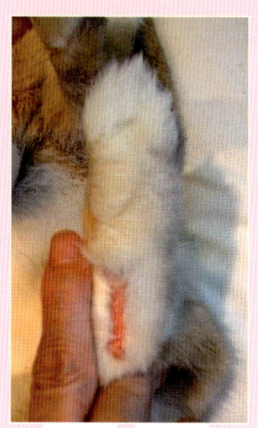

写真81-2

● Key Point

- 本症例では膿汁の排出が認められなかったが，痂皮下で化膿が進行している場合がある。化膿している場合にはすでに骨膜炎，骨髄炎などを併発している恐れもあり，予後不良である。
- 思うように運動ができなくなったことや，足底のいたみのために食欲が低下しているケースもある。したがって，食欲が低下していないか，体重の減少がないかを慎重に調べる必要がある。
- 本症は予防が重要であり，健康診断時や他の疾患の診察時に足底を観察して，年齢不相応に足底が傷害されているようであれば（写真81-2），床の材質を改善するようにアドバイスするべきである。

● オーナーへの伝え方

- うさぎの足底潰瘍は骨への感染があると予後不良であることを伝える。骨膜炎，骨髄炎に至ると，重度の疼痛や敗血症により生命が脅かされることもある。両側性であることから，通常，断脚手術は適応できないことが多い。
- 家庭における床の材質の改善が治療の成果を大きく左右する。コルク板，浴室マットのようなウレタンの敷物，段ボール，厚めに敷いた新聞紙などを使うことができるが，うさぎによっては齧ったり，食べたりするので，個体ごとに何が適しているかは様々である。尿によって濡れる場合はペットシーツなどを工夫して用いる。
- 多くの症例は，根気よく長期に加療する必要があることを，あらかじめ伝える。

四 肢

症例.82　犬，未避妊雌，大腿部の脱毛

主訴・所見

トイ・プードル，3歳，未避妊雌。脱毛を主訴に来院した。2年前より大腿部外側に脱毛が生じ，動物病院で治療を受けたものの，改善が認められなかった。軽度の瘙痒が認められている（写真82-1，82-2）。

問題

(a) このような皮疹が認められた場合に疑うべき疾患，およびオーナーから聴取すべき情報は何か？

(b) オーナーにどのような説明を行うべきか？

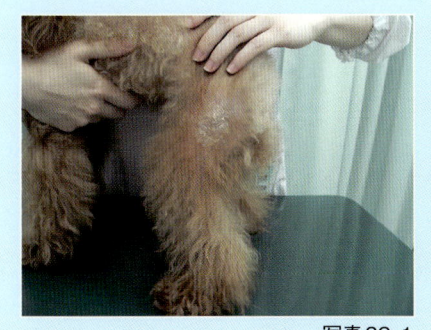

写真82-1

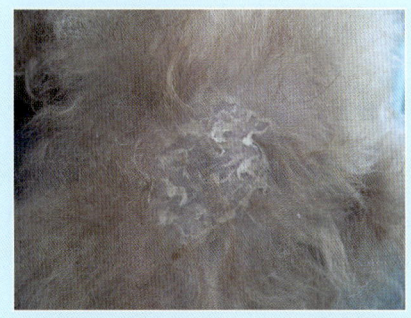

写真82-2

> **解答**

(a) 脱毛部には，薄いシート状の鱗屑が付着している。副腎皮質ホルモン外用薬塗布の副作用による，ステロイド皮膚症が疑われる。オーナーには外用薬使用の有無を尋ね，使用している場合には，外用薬の種類や使用頻度について聴取する。最終的には，他の鑑別疾患を除外することで診断される。
内分泌性の脱毛症（副腎皮質機能亢進症，甲状腺機能低下症）や感染症（表在性膿皮症，マラセチア性皮膚炎），外部寄生虫症（毛包虫症）などが鑑別疾患として挙げられる。

(b) 使用していた副腎皮質ホルモン外用薬が原因であることを伝える際には，注意が必要である。前医で処方された外用薬が悪かった，あるいはオーナーの使用方法が悪かったという印象を与えないように説明する。前医との関係やオーナーとの信頼関係を壊さないように注意しながら，用いていた外用薬の使用を中止するように指導する。

● Key Point
・ステロイド皮膚症は，副腎皮質ホルモン外用剤によって生じる皮膚疾患である。脱毛や鱗屑の他に，紅斑や面皰を認めることがある。病理組織学的には，表皮の菲薄化，毛包付属器の萎縮がみられ，皮膚生検が診断の補助になることもある（図82-3）。

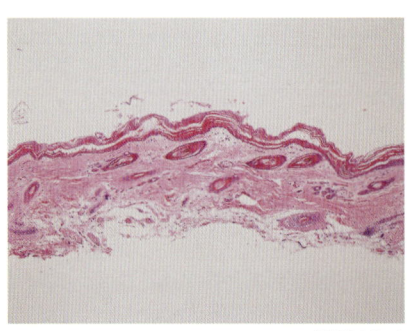

写真82-3

● オーナーへの伝え方
・オーナーが行っていた治療を否定すると，時として問題が生じることがある。適切な治療を行う上で，オーナーとの信頼関係の構築は重要であり，脱毛の原因を伝える際は慎重に行う。

四 肢

症例.83 猫，未避妊雌，肉球の腫脹

主訴・所見

雑種猫，3歳，未避妊雌，体重3.2kg，屋外飼育，ワクチン未接種，ノミ予防なし。避妊手術を希望され，事前に健康診断のために来院した際に，両前肢と左側後肢に肉球の腫脹を認めた（写真83-1，83-2）。肉球は角質増多および痂皮を伴ってドーム状に腫脹しており，柔らかくやや紫〜黒味がかった色を呈した。一部，潰瘍形成がみられた1肢で疼痛を示した。血液検査ではCBC，血液生化学検査ともに異常はなかった。

問題

(a) どのような疾患を鑑別疾患として考えるか？
(b) この疾患の病因は何か？
(c) 診断はどのように行うか？
(d) 本疾患の治療はどのようにすればよいか？　予後はどのように考えられるか？

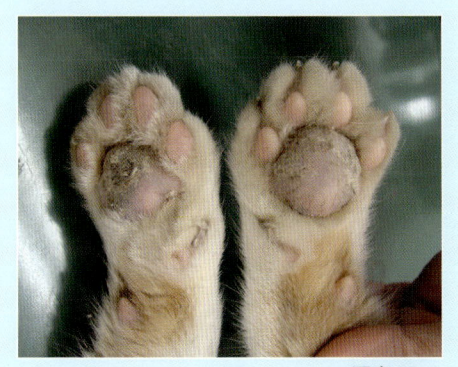

写真83-1

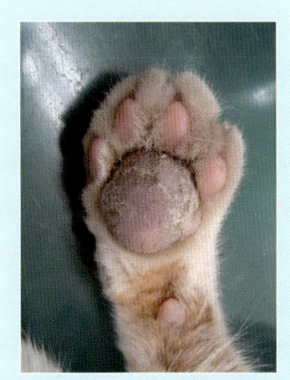

写真83-2

解答

(a) 形質細胞性足皮膚炎，アレルギー性皮膚炎（アトピー性皮膚炎，ノミアレルギー性皮膚炎，食物アレルギー，昆虫性アレルギーなど），細菌感染症，真菌感染症，腫瘍，自己免疫性疾患，蚊の刺咬性過敏症，扁平上皮癌が鑑別疾患として挙げられる。

(b) 正確な原因は不明であるが，多くの症例に高ガンマグロブリン血症および形質細胞の著しい組織浸潤が認められること，および副腎皮質ホルモン療法での反応性が高いことから，免疫介在性の疾患であると考えられている。

(c) 患部の細胞診で，多数の形質細胞を認める。確定診断は病理組織学検査にて行う。形質細胞を中心に，好中球，リンパ球，マクロファージ，プラズマ細胞などの炎症性細胞浸潤が認められる。

(d) 無症状である場合は自然治癒することが多い。疼痛および潰瘍を伴う場合は，副腎皮質ホルモン剤の全身投与（4mg/kgから漸減）が有効である。出血がひどい場合は，肉球の広範囲な外科的切除が必要な場合もある。ドキシサイクリン（5〜10mg/kg，q12h），シクロスポリン（5〜10mg/kg，q24h）が有効との報告がある。ほとんどの症例で予後は良好である。

●Key Point

・猫の形質細胞性足皮膚炎は，複数肢の肉球の腫脹が特徴的であるが1肢のみの発症もある。肉球は軟化し，海綿状になる。
・中手骨と中足骨の部分の肉球にもっとも多く発生するが，趾部の肉球でも起きる。腫脹した肉球が潰瘍化して出血すると，疼痛を示し跛行する。

●オーナーへの伝え方

・予後は比較的良いが，難治性の場合には，基礎疾患やアレルギー，ヘルペスウイルスまたはカリシウイルス，FIVの関与を考え検査・治療（完治しない疾患の場合は対症療法）を勧める。肉球を保護するために屋内飼育を推奨する。

四 肢

症例.84　犬，避妊雌，右後肢端の腫脹

主訴・所見

ウエスト・ハイランド・ホワイトテリア，14歳，避妊雌。数週間前から右後肢端外側が腫脹し，徐々に大きくなってきたため来院した（写真84-1）。自覚症状はほとんどなかった。患部以外の皮膚症状はなく，元気食欲も正常であった。エンロフロキサシンを7mg/kg，q24hで1週間経口投与したものの変化はなく，病変はさらに大型化した。皮膚掻爬検査および被毛検査を行ったところ，毛に糸状菌の胞子（分節分生子）と思われる感染が認められた。

問題

(a) もっとも可能性の高い診断は何か？
(b) 他に鑑別すべき診断は何か？
(c) どのような検査や調査が必要か？
(d) どのような管理や治療が必要か？

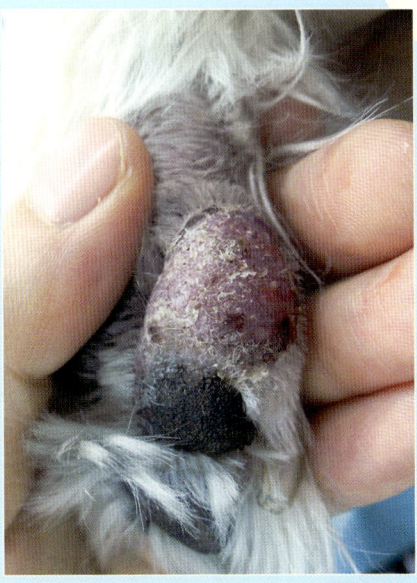

写真84-1

解答

(a) 禿瘡（ケリオン，皮膚糸状菌症の一臨床型）

(b) 深在性膿皮症，ノカルジア症，毛包虫症，腫瘍，異物性肉芽腫，節足動物刺咬反応など。

(c) 皮膚掻爬検査，被毛検査，押捺塗抹検査，真菌培養検査，細胞診，場合により皮膚生検などを行う必要がある。禿瘡は皮膚糸状菌症の一臨床型であり，一般的には汚染環境や他の動物からの感染と考えられることから，過去にそのような可能性がなかったか調査する。また，特に高齢動物の場合は，一般血液検査などにより基礎疾患の関与がないか調査する必要がある。

(d) 汚染環境や身近な同種動物から感染した可能性が高いため，同居動物や接触した可能性のある動物について同様の症状がないか調査し，罹患犬は隔離する。皮膚糸状菌症の治療として，抗真菌剤の内服（例：イトラコナゾール 5 mg/kg，q24h），ケトコナゾール 5〜10mg/kg，q12h）が行われる。投与は皮膚掻爬検査で糸状菌が検出されなくなってからさらに 1 ヵ月間継続する必要がある。ただし，禿瘡は自然消退する場合もある。

●Key Point

- 禿瘡は，皮膚糸状菌症の一臨床型であり，局所性の著しい炎症性病変が特徴である。
- 禿瘡形成の原因は不明であるが，宿主の過剰な免疫反応の関与が示唆されており，多くは単発性で，突然に自然寛解することもある。
- 禿瘡は真菌培養検査では陰性になることが多く，皮膚掻爬検査，被毛検査あるいは皮膚生検により確定されることがある。

●オーナーへの伝え方

- 禿瘡の診断は難しく，鑑別疾患を除外するためには場合により皮膚生検が必要であることを伝える。
- 禿瘡は，糸状菌が原因となる真菌感染症の一種で，罹患犬の過剰な免疫反応が関与している可能性を伝える。
- 禿瘡は，一般的な皮膚糸状菌症よりも伝染力は低いと考えられるが，ヒトや猫などの他種動物にも感染し得る人獣共通感染症であることから，特に免疫学的抵抗力の低い動物やヒトは罹患犬が改善するまで接触を回避するように伝える。

四 肢

症例.85 犬，未去勢雄，かゆみ，脂漏，球菌

主訴・所見

アメリカン・コッカー・スパニエル，4歳，未去勢雄。2歳の頃からかゆみがあり，近医にて抗菌剤，副腎皮質ホルモン，抗ヒスタミン剤，さらにシクロスポリンなどの投与を受けていたが，最近かゆみのコントロールができなくなってきたとのことで来院した。毛刈りを行ったところ，病変は四肢端，腋窩，腹部，鼠径部に広がり（写真85-1，85-2），発赤，鱗屑および脂漏が認められた。痂皮からは，多数の球菌が観察され（写真85-3），細菌培養同定では *Staphylococcus pseudintermedius* が同定された。CBCでは白血球数が高値を示した。

問題

(a) どのような診断名が考えられるか？
(b) かゆみを抑えるためには，何が必要であったのか。

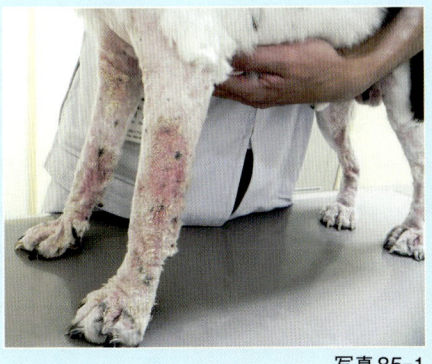

写真85-1

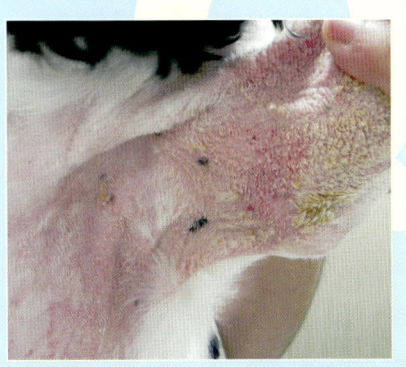

写真85-2

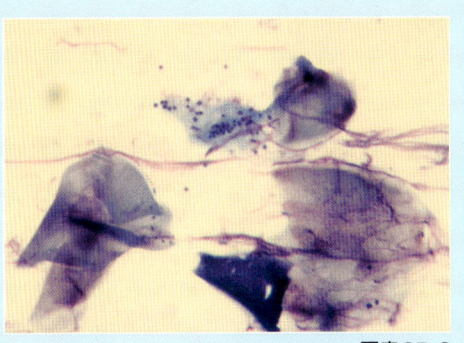

写真85-3

解答

(a) アトピー性皮膚炎，膿皮症，毛包虫症，疥癬，マラセチア性皮膚炎と続発する脂漏症などが考えられる。かゆみを主訴として犬が来院した場合，必ずかゆみが最初にあった年齢とかゆみの程度を聞く必要がある。多くのアトピー性皮膚炎の場合，生後6ヵ月齢から3歳までに発症する。

(b) 球菌による二次感染をコントロールすることが必要であった。かゆみがコントロールされていたアトピー性皮膚炎の犬が，かゆみを訴えて来院した場合，副腎皮質ホルモンの量を増やすよりも先に，二次感染の有無を細胞診を用いて検査する。球菌やマラセチアの増殖が認められた場合，感受性検査に基づいた抗菌剤の投与および抗真菌剤の投与を行う。また，薬用シャンプーによる定期的なシャンプー療法も有効である。

●Key Point

- アトピー性皮膚炎の場合，初診時あるいは治療過程において二次感染を伴うものは少なくない。アトピー性皮膚炎の治療をはじめる場合は，球菌（*Staphylococcus pseudintermedius*），マラセチアなどの二次感染の有無の確認を，副腎皮質ホルモンやシクロスポリンの投与前に行う。
- 本症例のように，著しい脂漏症の場合のシャンプー療法は，角質あるいは脂質溶解シャンプーを選択し，少なくとも週に2回は行うとともに保湿に努める。

●オーナーへの伝え方

- アトピー性皮膚炎の犬は完治しないため，生涯にわたる管理が必要である。
- アトピー性皮膚炎の犬を管理するには，薬物療法だけでなく，定期的なノミの駆除やシャンプー療法を行うことが肝要である。また，脂肪酸を多く含むフードを与え，ハウスダストマイト，花粉などを除去して環境の清浄化に努めるなど，総合的な管理を勧める。
- 様々な日常のスキンケアや投薬によって，長期的なかゆみのコントロールを目指すことが大切であることを伝える。

四 肢

症例.86　犬，避妊雌，肉球の疼痛，骨様の腫脹

主訴・所見

　シー・ズー，4歳8ヵ月齢，避妊雌，体重は6.4kg。左後肢肉球の疼痛を主訴に来院した。初診時は，左後肢の足底肉球の一部に，色素脱失を伴う腫脹が多発していた。腫瘤は円形ないし楕円形の2〜3mmの大きさで，一部はドーム状を示し，表面は平滑なものや粗造なものが認められ，触れると硬く，骨様であった（写真86-1）。一般状態は良好で元気・食欲もあった。写真86-2は約4ヵ月後の患部である。

問題

(a) どのような検査が必要であるか？
(b) どのような疾患を鑑別診断として考えるべきか？

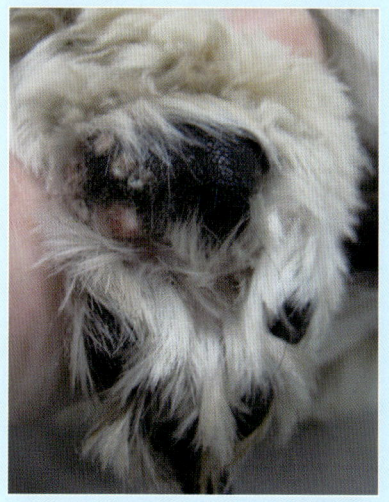

写真86-1 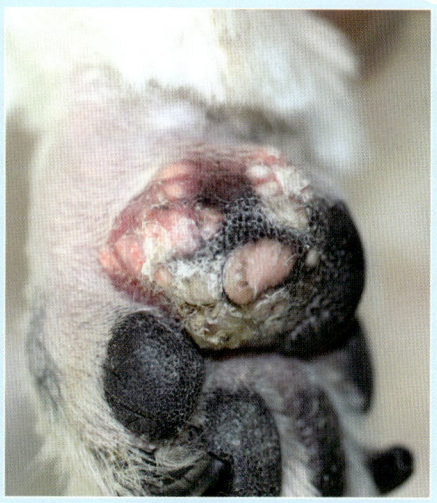　　　写真86-2

> **解答**

(a) 感染症の除外，血液検査，血液生化学スクリーニング検査および全身の精査。また，患部の生検などによる病理組織学検査が必要である。

(b) 皮膚石灰沈着症，肉芽腫，腫瘍，感染症など。
本症例は，腎不全による皮膚石灰沈着症（転移性皮膚石灰沈着症）であった（写真86-3）。
（参考血液検査データ：BUN 93.6mg/dL，Cre 5.9mg/dL，Ca 11.0mg/dL，IP 8.4mg/dL）

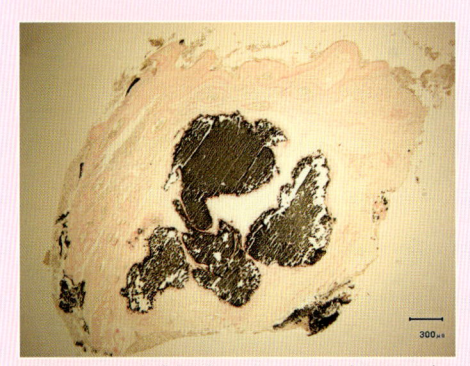

写真86-3：真皮領域において，大小不同の島状に，石灰沈着巣が散在している（Von Kossa染色）

● Key Point

- 皮膚石灰沈着症は，その病因から，カルシウム−リン代謝が関連しない糖尿病などに併発する退行性カルシウム沈着症，原因不明の本態性，医原性，および本症例のようにカルシウム−リン代謝が関与する転移性皮膚石灰沈着症に分けられる。
- 皮膚石灰沈着症は，表皮，真皮および皮下組織における，異常な無機質の沈着を特徴とした，まれな代謝異常である。原因として異栄養性，転移性，医原性，本態性などが考えられる。
- 本症例は，慢性腎不全により，カルシウム−リンの代謝異常が関連する転移性皮膚沈着症に陥ったと考えられた。
- 血清中のカルシウム−リンの積が70以上になるとカルシウムが析出し，軟部組織の石灰化が起きる確率が高くなることが報告されている。本症例では，写真86-2の時点で92.4であった。

● オーナーへの伝え方

- 本症例は，慢性腎不全により肉球にカルシウムが沈着し，疼痛や腫脹が生じたと考えられる。慢性腎不全の原因は，5歳という年齢を考えると，泌尿器系に先天的な異常があった可能性がある。
- 治療方法は，慢性腎不全に準じたものになるが，予後は良くないことが予測されると伝える。

四 肢

症例.87　犬，未避妊雌，爪の過長，腫瘤

主訴・所見

　チョコレート色のラブラドール・レトリーバー，10歳，未避妊雌。後肢の爪の異常を主訴に来院した。左後肢の爪が，他の3肢に比べて異常に過長し，特に第5趾の爪は変質が著しかった。第5趾端の爪周囲は，黒色無毛の腫瘤状を呈していた（写真87-1）。
　身体検査では左側膝窩リンパ節の腫大が触知された。明らかな跛行は認められず，全身状態にも問題はないとのこと。趾端腫瘤のFNAを実施したところ，異常な細胞が採取された（写真87-2）。

問題

(a) 犬の爪床に発生する頻度の高い腫瘍として，代表的なものを2つ挙げよ。

(b) 写真87-2に観察される，細胞診所見の特徴を述べよ。

(c) もっとも疑われる診断名を答えよ。

(d) 特に爪床に発生した場合，この腫瘍の予後はどのように予想されるか？

(e) どのような検査を追加すべきか？

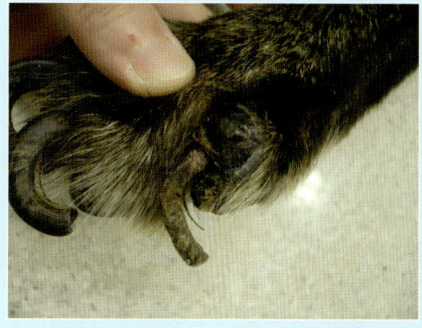

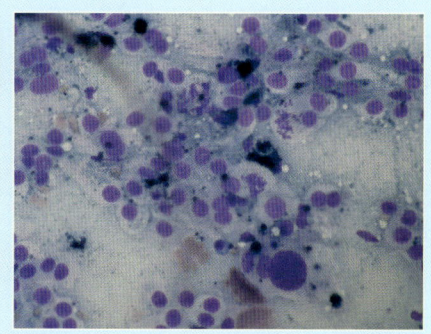

写真87-1　　　　　　　　　写真87-2

解答

(a) 扁平上皮癌。メラノーマ。

(b) 類円形核を有する単一の大型細胞集塊が採取されている。これらの細胞は一見して上皮系とも非上皮系とも見分けがつかない。細胞質内にはしばしば，メラニン色素を疑わせる暗緑色の顆粒が認められる。核は大小不同を示し，明瞭かつ多数の核小体を有するものや，核分裂像が散見される。

(c) 悪性メラノーマ（悪性黒色腫）を強く疑う。細胞診にて，メラニン色素を有する細胞が多数採取された時点で，メラノサイト腫瘍すなわちメラノーマである可能性が高い。より低分化で悪性度の高い腫瘍細胞には，メラニン顆粒がわずかか，または全く認められないこともあるために注意が必要である。メラノサイトは神経堤由来の細胞とされており，上皮系にも非上皮系にも，ときには独立円形細胞にも似た，多形性を示すのが特徴である。メラノーマは悪性の場合と良性の場合があるが，本症例では核の異型性が比較的明瞭であり，細胞学的に悪性のメラノーマが疑われる。

(d) 犬のメラノーマの挙動および予後は，発生部位により著しく異なる。皮膚に発生したメラノーマの大部分は良性であり，広範囲な外科的切除により予後良好の場合が多い。しかし，爪床のメラノーマは悪性のことが多く，浸潤性，転移性ともに高いため，予後は良くない。

(e) メラノーマは，細胞診でほぼ確定診断可能な腫瘍である。しかし，より精度の高い診断を行うために，また腫瘍の悪性度と浸潤度に関する情報を得るためには，腫瘤の組織生検を実施することが望ましい。
身体検査にて膝窩リンパ節の腫大が確認されているため，リンパ節のFNAは必ず行う。リンパ節への転移の有無について，より詳細な情報が必要であれば，リンパ節の切除生検も考慮する。本症例のリンパ節FNAでは，腫瘍細胞と思われる，顆粒を有する細胞が確認された（写真87-3）。
さらに，転移の範囲を決定するために，全身の内部臓器の精査，特に画像診断を実施することが望ましい。

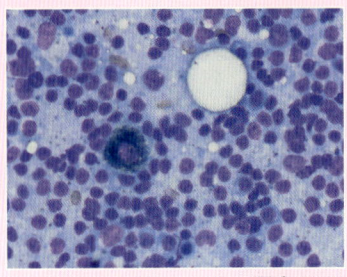

写真87-3

●Key Point

- メラノーマは犬の爪床にみられる腫瘍のうち、扁平上皮癌についで、2番目に発生率の高い腫瘍である。
- 犬の皮膚のメラノーマはその多くが良性であるが、爪床に生じたメラノーマはそのほとんどが悪性である。悪性度は非常に高く、切除後の再発や遠隔転移が高率に認められることから、予後は不良である。
- 治療には断趾術を含む、広範囲の外科的切除を行う。補助的な放射線療法や化学療法が行われることもあるが、その有効性は明らかではない。

●オーナーへの伝え方

- 非常に予後の悪い腫瘍であり、根治を期待することは難しいと考えるべきである。
- ある報告では、爪床のメラノーマ症例の1年生存率は43％であるとされている。また別の報告ではメラノーマが趾に生じた犬の58％に肺転移が認められ、中央生存期間は12ヵ月で、2年生存率は13％にすぎないとされている。

Column

抜毛検査

| 皮膚糸状菌 | 成長期毛 | 休止期毛 | メラニン色素塊 | 裂毛 |

抜毛鏡検は毛包虫や皮膚糸状菌などの毛包を冒す感染体を検出する他，毛根や毛幹の形態評価にも有用である。脱毛部の被毛の評価は，成長期毛および休止期毛の割合，色素凝集異常や裂毛などを確認する。正常な場合，成長期毛と休止期毛は混在して抜毛されるが，その割合は犬種，季節，年齢，部位，性周期などによって異なる。成長期毛では球状の毛球がはっきりと確認できるが，休止期毛では毛根は細くなり周囲に角化物が付着するため，箒のような形態を呈す。被毛が淡色の場合（グレー，ブルーなど）には，毛皮質にメラニン色素塊が認められることがある。この色素塊の蓄積が重度であると被毛が脆弱となり，淡色被毛脱毛症および黒色毛包異形成を発症する可能性がある。かゆみ動作を認める部位や摩擦が起きる部位では，物理的な刺激により被毛の先端がちぎれる傾向にある。そのため，抜毛検査においては被毛の先端が切れた裂毛として確認される。

皮膚生検

採取部位をマーク　局所麻酔 ／ 生検 ／ 濾紙へ静置　被毛の走行を記入

注意点
※剃毛は慎重に行う。
※痂皮や鱗屑などを除去しない。

皮膚生検は基礎的な皮膚科学的検査法のみでは診断が困難な症例，病変部の外科的な切除が治療となりうる症例に適応される。皮膚生検法としてはパンチ生検，楔形生検，全層生検などがある。単一の皮膚生検を行うよりも，様々な発疹から複数の生検材料を採取することが望まれる。例えば脱毛病変から生検を行う場合には，脱毛部，脱毛部～正常部境界部，正常部，毛色の異なる部位から採材することが推奨される。生検を実施する際には，生検部位，採取時期（特に投薬中の症例の場合）を慎重に判断しなければならない。皮膚生検材料は基本的な病理組織学検査のみならず，特殊染色，免疫染色，遺伝子検査，微生物の培養検査などに供する可能性があるため，生検前には必ず鑑別疾患を再考し，必要な生検材料の処理法を確認する

全身

症例.88　犬，避妊雌，全身性の脱毛，落屑

主訴・所見

雑種犬，10歳，避妊雌，体重16kgが，表在性膿皮症を呈したため，感受性試験で陽性を示した抗菌剤で治療をしたが効果がなかった。表在性膿皮症の皮疹を示す部位以外にも，落屑，光沢のない被毛および全身性の脱毛がみられた（写真88-1，88-2）。またここ1年の間に，活動性の低下傾向や体重の増加があった。身体検査において軽度の徐脈がみられた。血液検査では，軽度の非再生性貧血と高コレステロール血症の所見が得られた。

問題

(a) 考慮すべき疾患は何か？
(b) 必要な検査は何か？
(c) 治療はどうしたらよいか？

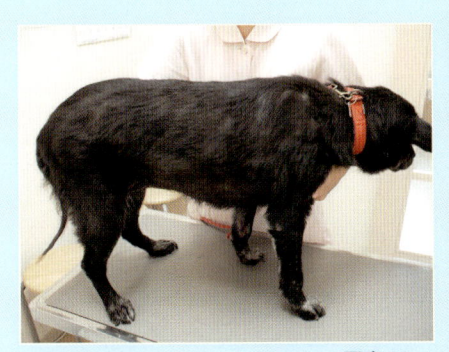

写真88-1

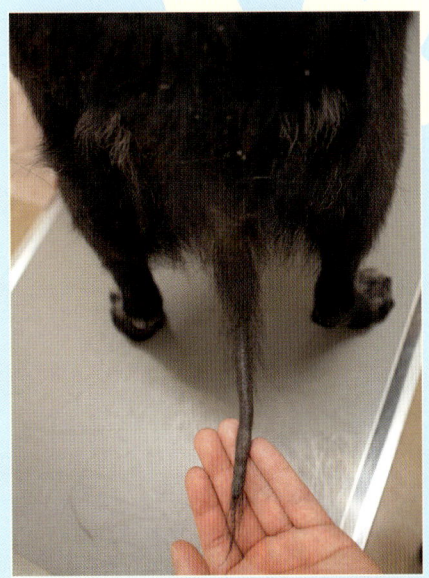

写真88-2

解答

(a) 表在性膿皮症において抗菌剤による治療に反応が乏しい場合，①抗菌剤が適切でない，②他の基礎疾患があり免疫低下などの悪化要因を抱えている，③表在性膿皮症の皮疹と類似した他の皮膚疾患に罹患している，などを考慮する。本症例では感受性試験で陽性を示した抗菌剤を投与していることから①は除外される。また活動性の低下および体重増加などの症状にあわせて，徐脈，軽度の非再生性貧血および高コレステロールなどの症状がみられることから，甲状腺機能低下症の膿皮症への関与を疑う。甲状腺機能低下症では免疫機能が低下するため，表在性膿皮症の基礎疾患となり，表在性膿皮症の難治，再発の原因となることがある。

(b) 甲状腺機能低下症。甲状腺ホルモン（T_4，fT_4）および犬甲状腺刺激ホルモン（c-TSH）を測定し，甲状腺ホルモンの低下および甲状腺刺激ホルモンの上昇を確認する。

(c) 甲状腺ホルモン製剤であるレボチロキシンナトリウムを導入量として0.02 mg/kg，q12hで投与する。また表在性膿皮症に対しては適切な抗菌剤の投与や外用療法（2％クロルヘキシジンや過酸化ベンゾイルによるシャンプー療法など）を継続する。

●Key Point

・難治性の感染性皮膚疾患の場合は，抗菌剤が適切かどうかをまず確認し，それでも改善がみられなければ基礎疾患の影響を考慮する。例えば甲状腺機能低下症，クッシング症候群，腫瘍性疾患などでは免疫機能の低下が起こるため，感染症が治りにくいことがある。

●オーナーへの伝え方

・甲状腺機能低下症は不可逆的な疾患であるため，甲状腺ホルモン製剤は生涯にわたり投与する必要があることを伝える。
・適切に投薬を続けていれば，予後は良好である。

全身

症例.89 犬，未去勢雄，体幹と大腿後側の脱毛

> **主訴・所見**
>
> パピヨン，8歳，未去勢雄，体重2kg，室内飼育。1年前より徐々に側腹部と大腿尾側の毛が薄くなり，最近になってさらに脱毛が進行したため来院した。犬の健康状態は良好で，脱毛部を気にする様子はないとのことであった。
> 来院時，左右対称性に側腹部，頚部，大腿尾側と腹部，会陰部に比較的境界明瞭な脱毛がみられたが，その他の皮疹はみられず，被毛の光沢は失われ乾燥していた（写真89-1，89-2）。

問題

(a) どのような疾患を鑑別診断として考えるか？
(b) 本症の原因を探るため，皮膚生検を行う前にどのような検査を実施するか？
(c) (b)の検査で異常が認められなかった場合，もっとも可能性が高い診断は何か？
(d) オーナーが治療を希望しない場合，どのような結果が予想されるか？

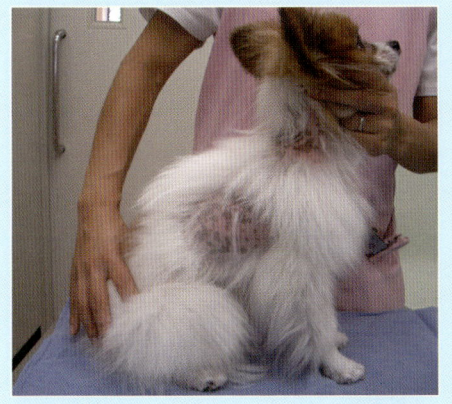

写真89-1 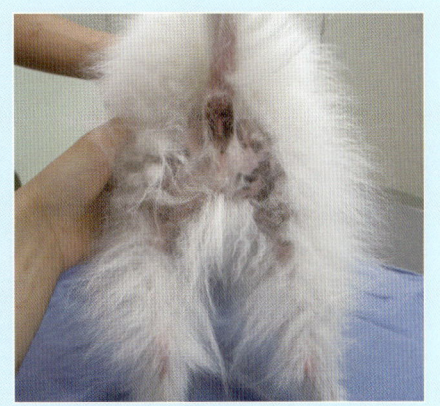　　　　　写真89-2

解答

(a) 成犬に発症した左右対称性で非炎症性のかゆみのない脱毛症では，甲状腺機能低下症や副腎皮質機能亢進症，性ホルモンの異常による脱毛症などの内分泌疾患や，脱毛症X（アロペシアX）が疑われる。

(b) 病歴および臨床経過の聴取と身体検査を行い，スクリーニング検査として血液一般・生化学検査，尿検査を行う。もし臨床症状や検査項目に疑われる項目があれば，甲状腺および副腎のホルモン検査と，性ホルモンに異常がないか評価を行う。

(c) 脱毛症X

(d) 脱毛症Xでは体幹，頚部，四肢近位部の脱毛がさらに進行する。脱毛部の皮膚の色素沈着や菲薄化を認め，軽度の脂漏症や表在性膿皮症に罹患する可能性がある。罹患犬に皮膚以外の症状はなく健康であるため，問題は主に審美上にある。

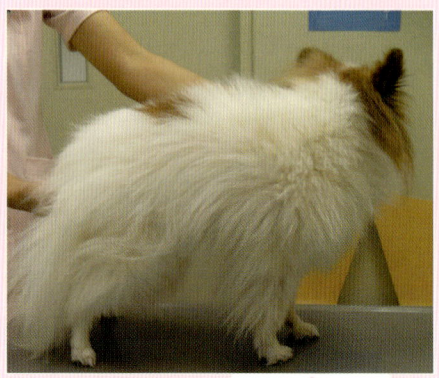

写真89-3

● Key Point

- 脱毛症Xは非炎症性で両側左右対称性に脱毛が進行する犬の皮膚疾患である。
- 去勢手術（写真89-3：手術後に発毛がみられた）や避妊手術，メラトニンや副腎皮質機能亢進症の治療として使用されるミトタン，トリロスタンなどの内科的治療で4ヵ月以内に被毛の再生がみられることもあるが，治療を行っても症状の改善が不完全，あるいは一過性となることも多い。
- 脱毛症Xは健康上の問題がないため，去勢手術や避妊手術に反応がみられなければ治療の費用や薬物投与による副作用を考慮し，治療を行わないことが最良の選択となる可能性もある。

● オーナーへの伝え方

- 脱毛症Xは非感染性疾患であるため同居動物やヒトへ感染する心配はない。
- チャウチャウやポメラニアン，キースホンド，サモエド，アラスカン・マラミュート，シベリアン・ハスキーなどの若齢の成犬に発症が多いが，他の犬種や中高齢の犬にも発症する。遺伝的な背景と内分泌系の関与が示唆されているが正確な病因は不明である。

全身

症例.90 犬, 雄, かゆみ, 油性脂漏, 全身の脱毛と鱗屑

主訴・所見

　スタンダード・プードル, 6歳, 雄, 体重23kg。半年前より背部に油性脂漏がみられ, 軽度の瘙痒を示すようになった。その後, 尾より被毛が抜けはじめ, 背部, 四肢へと病変が広がり, 抗生剤を投与されていたが症状に改善がみられなかった。
　来院時全身の毛に光沢はなく, 頚部, 体幹背側, 四肢近位部の被毛が薄く（写真90-1）, 銀白色の鱗屑がマット状に皮膚に付着し色素沈着がみられた（写真90-2）。

問題

(a) 犬種や臨床症状より, どのような疾患がもっとも疑われるか？
(b) 本疾患はどの犬種に好発するか？
(c) 診断を確定するため, どのような検査を実施するか？
(d) 本疾患の治療をどのように進めるか？

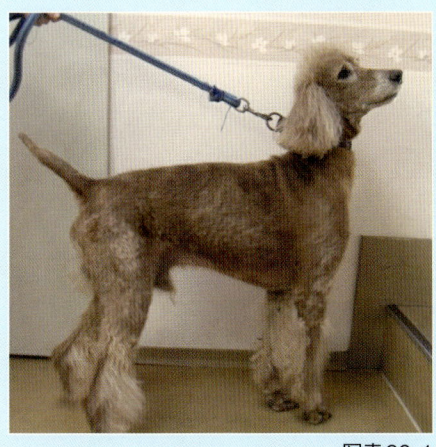

写真90-1

写真90-2

解答

(a) 成犬のスタンダード・プードルに発症した，瘙痒の少ない角化異常を示す皮膚疾患として，脂腺炎が疑われる。鑑別疾患として続発性あるいは二次性の脂漏症，魚鱗癬などの角化異常を示す疾患，細菌性毛包炎，皮膚糸状菌症，毛包虫症，毛包異形成，内分泌疾患などを考慮する。

(b) スタンダード・プードル，秋田犬，サモエド，ビズラ，ベルジアン・シープドッグなどの品種に好発傾向が高いと報告されている。

(c) 複数の付属器を観察するため6ないし8mmのパンチ生検を複数の部位で行い，病理組織学検査を行う。また寄生虫，真菌を含めた感染性疾患の除外と，細菌およびマラセチアの感染の有無を確認するため，スクリーニング検査として皮膚掻爬検査，被毛検査，皮膚の細胞診を行う。

(d) 症状に合わせて保湿剤や角質除去作用のあるシャンプー，50〜75%のプロピレングリコールなどの保湿剤による外用療法を1日1回〜1週間に2，3回行う。
症状が重度の症例に対してはシクロスポリン5mg/kg, q12hやレチノイド，必須脂肪酸の投与を考慮する。
続発性膿皮症やマラセチア皮膚炎が併発していると様々な程度の瘙痒がみられるため，適切な抗菌剤の投与を行う。

● Key Point

- 脂腺炎の症状は主に体幹背側と頸部，頭部，顔面，耳介からはじまる。被毛は乾燥し光沢を失い，脱毛が進行する。鱗屑が被毛に固着し毛包円柱がみられる。症状は短毛種と長毛種で異なるが，スタンダード・プードルでは著しい角化亢進がみられ，その後に脱毛が進行する。
- 犬種や症状の重症度，進行の程度により治療に対する反応は様々であるが，初期に診断し治療を開始することで，長期間の予後の改善が見込まれる。プレドニゾロンの治療効果に対しては議論があり，治療法を選択する際には患者の症状や年齢，治療効果と副作用，治療コストについて考慮する必要がある。

● オーナーへの伝え方

- 脂腺炎は脂腺の炎症性疾患で非感染性疾患であるため，同居動物およびヒトへ感染する恐れはない。
- 病因は不明であるが，主に若齢〜中齢で性差なく発症する。品種好発性が高く，遺伝的要因が示唆されているため罹患犬の繁殖は避ける。
- 症状は徐々に進行することが多く，一般的に生涯にわたる治療や管理が必要である。

全身

症例.91　犬，未避妊雌，肉球の痂皮，びらん

主訴・所見

　7歳，未避妊雌のシー・ズーが「2ヵ月前より肉球が硬くなった」との主訴で来院した。他院でアトピー性皮膚炎といわれ，抗生剤やアレルギー食を処方されたが改善は認められず，2週間程前から元気・食欲も低下しているとのことであった。四肢の肉球は厚い痂皮で覆われ，四肢端，口唇，眼瞼，肛門周囲に脱毛，びらん，滲出液が認められた（写真91-1，91-2）。押捺塗抹検査では好中球と球菌が多数認められた。血液検査では，赤血球は495万/μLの低値，白血球は3万/μLと高値であった。血液生化学検査ではALT464μmol/L，AST49μmol/L，ALP1500μmol/Lと肝酵素の上昇がみられた。また，BUNは5mg/dL以下と低下していた。

問題

(a) 鑑別診断としてどのような疾患が挙げられるか？
(b) もっとも疑わしい診断名は何か？
(c) 診断にはどのような追加検査が必要か？
(d) どのような治療が必要か？

写真91-1

写真91-2

解答

(a) 肉球に限局した落葉状天疱瘡，表在性壊死性皮膚炎，亜鉛反応性皮膚症，肉球の亀裂，足底の角化亢進症，刺激性接触皮膚炎，ジステンパー。

(b) 表在性壊死性皮膚炎（肝皮膚症候群）。症例の大部分が代謝性肝機能不全を基礎疾患として有し，これが皮膚の栄養障害と関連して，最終的に皮膚炎を起こす。臨床的には滲出液，脱毛，厚い痂皮形成を伴ったびらんや潰瘍が，肉球およびその周囲，口唇，眼瞼，爪床および肛門などの皮膚粘膜界部に観察される。また，肝酵素の上昇がみられる。

(c) 腹部超音波検査，皮膚生検，血清アミノ酸濃度測定。腹部超音波検査では，肝臓に空胞性病変が散在した"蜂の巣"パターンが特徴的な所見である。病理組織学的には，角質層，有棘層，基底層が赤色，白色，および青色の3層構造として染色されるのが1つの特徴であり，「フランス国旗」と称される。また，血清アミノ酸は重度に低値を示すことがある。以上の結果に加えて，臨床症状や血液検査の結果から総合的に診断する。本症例では腹部超音波検査で肝臓に低エコー性の腫瘤を多数認めた（写真91-3）。また，血清アミノ酸濃度は分岐鎖アミノ酸77μmol/L（参考基準値：400〜600），チロシン8μmol/L（参考基準値：20〜50）と低値を示した。

(d) 基礎疾患の治療が重要であるが，改善しない場合は予後不良の可能性がある。対症療法としては，高品質蛋白食，アミノ酸輸液，プロテインサプリメント等の投与と，膿皮症の併発がみられる場合はその治療も行う。

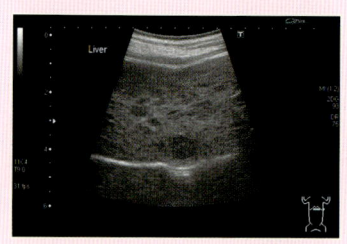

写真91-3

●Key Point

- 表在性壊死性皮膚炎（肝皮膚症候群）は，血中のアミノ酸濃度の低下が発症と関連していると考えられており，犬の大部分の症例では，肝機能不全に起因して発症する。グルカゴノーマ，糖尿病，てんかん治療薬などに起因することもあるため，基礎疾患の探索が必要である。本症例では，食前，食後の胆汁酸がそれぞれ18μmol/L，72μmol/L（参考基準値：10以下）と高値を示したことから，肝機能不全が強く疑われた。
- 生検部位は痂皮が固着した紅斑性の局面がもっともよい。痂皮が除去されないように注意を要する。肉球の境界部は採材に望ましい。
- 犬では主に高齢犬（中央値：10歳）でみられ，猫では非常にまれである。

●オーナーへの伝え方

- 重篤な内臓疾患を原因とする皮膚炎で，予後不良の可能性が高い。瘙痒や疼痛が頻繁にみられるため，それらの緩和も必要である。

全身

症例.92　猫，雄，被毛付着物

主訴・所見

雑種猫，7歳，雄，5kg，自由に外出をしている。猫同士の喧嘩による外傷を主訴に来院した。

診察時に被毛に多数の"白い物質"が付着していた（写真92-1）。抜毛し，被毛を顕微鏡で観察すると細長いつぼ型の物質が多数被毛に固着し（写真92-2），五角形の頭部を持つ1mm程度の大きさの黄褐色の虫体が観察された（写真92-3）。

問題

(a) この細長いつぼ型の物質と，黄褐色の虫は何か？
(b) どのような感染経路が考えられるか？
(c) これはヒトに影響を与えるか？
(d) どのように治療を行うか？

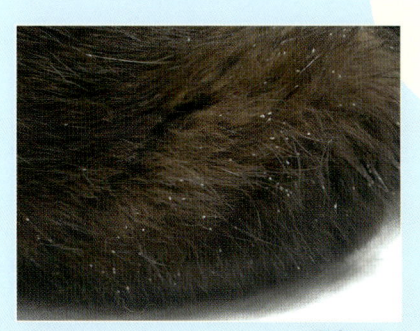

写真92-1

写真92-2

写真92-3

解答

(a) ネコハジラミの虫卵と成虫。

(b) ネコハジラミに罹患した猫との接触や，罹患した猫が使用したベッド，グルーミング用具の使用により感染。

(c) ネコハジラミは猫に対する宿主特異性が高いため，通常ヒトには影響を与えない。

(d) 罹患した猫と，罹患した猫に接触した全ての猫を治療する。
ベッドやグルーミング道具，環境の清浄化を行う。
栄養状態が悪ければ適切な食事管理を行い，被毛のもつれがあれば毛刈りを行う。
2％のライム・サルファ液によるシャンプーを2週間ごとに行う。
イベルメクチンを体重あたり200μg/kg，2週間ごとに皮下投与（猫での使用は承認されておらず，また仔猫では中毒を起こす可能性がある），あるいはフィプロニルスプレー6mL/kgやスポットオン製剤などの標準的な駆虫薬による治療で良好な結果が得られる。
1回の治療で全てのハジラミが死滅できるわけではなく，また孵化するハジラミを駆除するため，治療は2週間ごとに2ヵ月間行う。

●Key Point

・猫のシラミ寄生症はハジラミ亜目の無翅昆虫であるネコハジラミ科が原因である。ネコハジラミの平均的な発育環は3～4週間で全生涯を猫の体表で過ごし，宿主から離れると数日間しか生存することができない。
・診断はハジラミの検出で，種の鑑別は鏡検で行う。
・顔面や耳介，背部への感染が多く，罹患した猫の被毛は艶がなくなり，鱗屑，丘疹，痂皮，時に粟粒性皮膚炎がみられる。肉眼的に被毛に白い虫卵が付着しているのが観察され，瘙痒の程度は様々である。

●オーナーへの伝え方

・猫のシラミ寄生症はネコハジラミによる感染性疾患であるため，同居猫への感染に注意が必要である。宿主特異性が強いためヒトへ感染する恐れはない。
・仔猫や栄養状態の悪い成猫に感染がみられるため，飼育環境の清浄化とともに，適切な栄養管理を行う必要がある。現在，猫ではまれな疾患である。
・通常標準的な殺虫剤による治療で，良好な結果が得られる。

全身

症例.93 犬，去勢雄，青い毛の脱毛

主訴・所見

ミニチュア・ダックスフント（スムースコート，ブルーダップル），3歳，去勢雄。ペットショップにて生後2ヵ月齢で購入。購入時には脱毛症状に気付かなかった。その後，生後6ヵ月齢時にダップル領域のブルー部分の被毛が薄いことに気付き，徐々に進行してきたため来院した。来院時には，ダップル領域の特定部位の被毛が著しく疎らで，黒色毛と白色毛，あるいはタン領域の茶色毛には異常がなく，そのまま残存していた（写真93-1）。疎毛部に残存する毛は非常に細く脆弱で，皮膚表面には細かい鱗屑が付着しており，乾燥傾向が認められた（写真93-2）。被毛の顕微鏡所見では細く脆弱な毛幹が観察され，毛幹内には大型の凝集したメラニンが散見された（写真93-3）。罹患犬に自覚症状はなく，元気食欲に問題はなかった。

問題

(a) もっとも可能性の高い診断は何か？
(b) どのような検査や調査が必要か？
(c) どのような管理や治療が必要か？

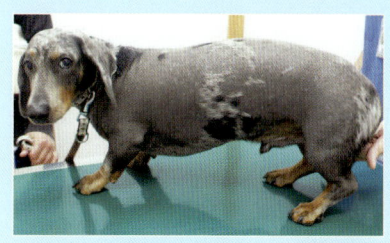

写真93-1

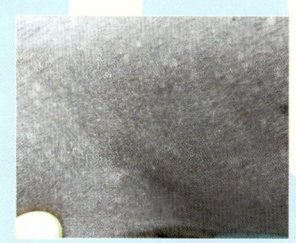

写真93-2

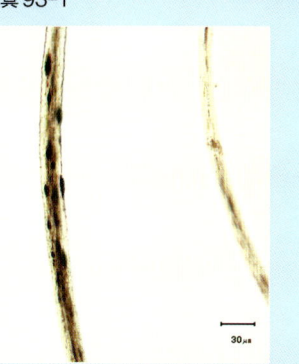

写真93-3

解答

(a) 淡色被毛脱毛症（Color dilution alopecia：CDA）

(b) 被毛検査，皮膚搔爬検査，皮膚生検などの検査を行う必要がある。淡色被毛脱毛症などの遺伝性疾患が疑われる場合には，正確な初発年齢や家族歴を含む詳細な問診を行う。

(c) 淡色被毛脱毛症の場合，遺伝性疾患であることから完治は難しく，有効な治療方法も不明である。しかし，メラトニン内服（3mg/kg，q12h）によりある程度の発毛促進，あるいは症状の進行遅延が期待できる可能性がある。また，脱毛領域は乾燥しやすいことから，日常的な保湿剤によるスキンケアを心がける。また紫外線の影響を受けやすいことから，紫外線からの保護に努める。さらに続発性膿皮症（表在性あるいは深在性毛包炎）を併発した場合は，感受性のある抗菌剤投与や抗菌剤シャンプーによる管理を行う必要がある。

● Key Point

- 淡色被毛脱毛症は，ブルー，シルバー，グレー，フォーンなどの希釈色（dilute color）をもつあらゆる犬で発症する，常染色体劣性遺伝による非炎症性脱毛症である。
- 成長期に毛母のメラノサイトが産生するメラニン（メラノソーム）の輸送または貯蔵の障害により，異常で過剰なメラニン凝集（melanin clumping）が起きるために巨大メラニン顆粒が作られ，毛包機能が障害される結果，脱毛が生じると考えられている。
- 淡色被毛脱毛症は，特定の希釈色領域がすべて脱毛するまで進行し続けるとされ，有効な治療法は不明である。
- 黒色被毛領域のみが脱毛する黒色被毛形成異常（Black hair follicular dys-plasia）は，淡色被毛脱毛症と非常に類似の発症機序が示唆されている疾患である。

● オーナーへの伝え方

- 淡色被毛脱毛症は遺伝性疾患であり，完治は難しいことを伝える。
- 淡色被毛脱毛症は，特定の希釈色領域のみの脱毛症であり，その他の被毛領域が罹患することはないと伝える。
- 淡色被毛脱毛症は，審美上の問題のみであり，その他の健康上の問題は伴わないことを伝える。
- 淡色被毛脱毛症の管理は，日常的なスキンケアが重要であり，保湿剤の使用や紫外線からの保護を心がけ，続発性膿皮症が生じた場合は，適宜，抗菌剤投与などが必要になることを伝える。
- 淡色被毛脱毛症の犬は，交配に使用すべきでないことを伝える。

全身

症例.94 犬，去勢雄，慢性の皮膚炎，かゆみ

主訴・所見

柴犬，3歳，去勢雄，室内飼育，ワクチン・ノミ予防済み。眼周囲，鼻口部，腋窩部，鼠径部，四肢に瘙痒を伴う通年性の皮膚炎が2年間続いている（写真94-1，94-2）。かゆみは強く眠れない日もある。瘙痒は副腎皮質ホルモン剤の投与で軽減するとのことであった。また，甲状腺ホルモン値は正常であった。

問題

(a) 診断方法を述べよ。
(b) 写真94-3は何を行っているところか？　また，この処置はどのような場合に行うか？
(c) どのような治療を行うか？

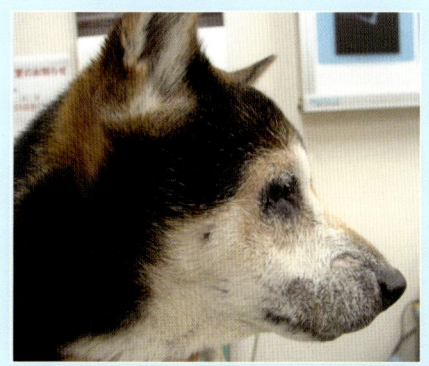

写真94-1

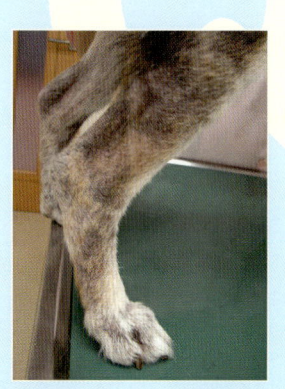

写真94-2

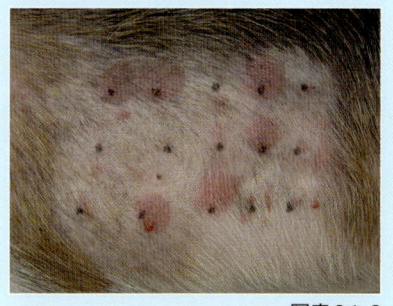

写真94-3

211

解答

(a) 犬の瘙痒症の一般的な原因は，寄生虫性疾患（ノミ，シラミ，ツメダニ，毛包虫，疥癬虫），感染症（細菌，皮膚糸状菌），アレルギー性皮膚疾患（アトピー性皮膚炎，ノミアレルギー性皮膚炎，食物アレルギー）が挙げられる。まず，皮膚掻爬検査および皮膚の細胞診や毛の顕微鏡検査を行って，寄生虫および感染性疾患を除外する。ノミ駆除剤にてノミアレルギーを，2ヵ月間の除去食試験（加水分解食と水のみ給与する）にて食物アレルギーを除外する。それでもかゆみが残った場合は，アトピー性皮膚炎を疑う。

(b) 写真は皮内試験を行っているところである。この試験は抗原を皮内に注射することにより感作抗原を検出する *in vivo* の検査方法である。最近では犬猫ともに血清中の抗原特異的IgE抗体測定の技術が向上し，代用されることも多い。

(c) 症状が軽度であった場合，短期間の副腎皮質ホルモン剤が有効である。しかし難治性および長期に及ぶ場合は，副腎皮質ホルモン剤による副作用が懸念されるため，全身投与はできる限り控える。その場合，シクロスポリン（5〜10mg/kg）やインターフェロンの使用が有効である。皮内試験および抗原特異的IgE抗体検査にて感作抗原が特定できた場合は減感作療法も有効である。

● Key Point

・通年性の症例であっても，高温多湿の時期には，状態が悪化する傾向にあり，そのような場合は副腎皮質ホルモン剤の併用が必要な場合もある。しかし，シャンプーや保湿剤など，その他の治療を併用することで，副腎皮質ホルモン剤の使用量を減らせるようにすることが重要である。

● オーナーへの伝え方

・アトピー性皮膚炎は完治しないため，一生涯にわたってコントロールすることが必須であることを伝える。
・ある特定の薬剤だけに頼らず，シャンプーやサプリメントなどを併用し，スキンケアを十分に行う。さらに，室内の掃除をこまめに行いアレルゲンの接触を回避するなど，総合的な治療を行う必要性があることを伝える。

全身

症例.95　犬，未避妊雌，全身性の皮膚炎

主訴・所見

ジャック・ラッセル・テリア，3歳，未避妊雌。重度のかゆみを伴う，全身性の皮膚炎を主訴に来院した（写真95-1～95-3）。2年前にかゆみや脱毛を伴う皮膚炎を発症し，いくつかの病院で，抗生剤や副腎皮質ホルモン剤による治療を受けたが，改善が認められなかった。

問題

(a) 認められる皮疹と，その分布は？
(b) 疑われる疾患および必要な検査は何か？
(c) どのような治療法があるか？

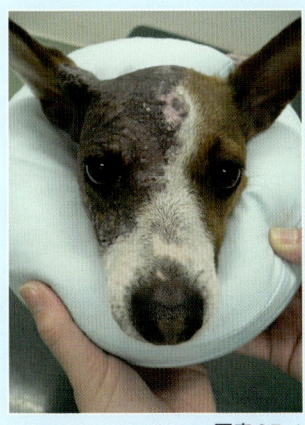

写真95-1

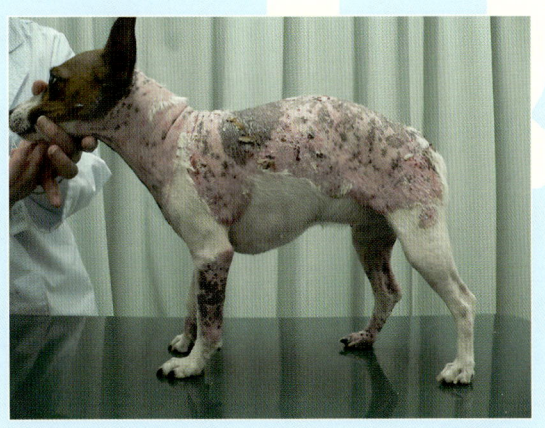

写真95-2

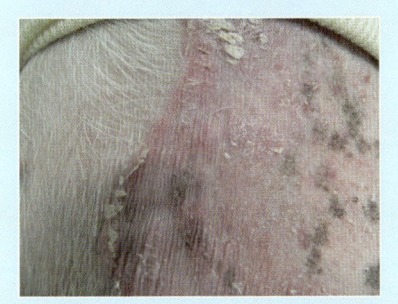

写真95-3

解答

(a) 紅斑，丘疹，鱗屑，痂皮を伴う，境界明瞭な脱毛が認められる。顔面の右側にみられる脱毛病変（写真95-1）のように，皮疹が左右非対称性であるのが特徴である。

(b) 感染症（表在性および深在性膿皮症，皮膚糸状菌症など）および自己免疫性皮膚疾患（落葉状天疱瘡など）が疑われる。特に皮疹の分布が左右非対称性であることから，感染症の疑いがより強い。押捺塗抹検査，皮膚掻爬検査，被毛検査，ウッド灯検査などの一般的な皮膚検査を行う。皮膚糸状菌症を見落とさないためにも，被毛検査に加え，皮膚の角質を掻爬し菌糸を探索することが重要である。
抜毛した被毛および掻爬した角質はKOHに溶解し，鏡検する。一部の糸状菌は毛幹よりも角質に多く菌糸が認められることがあり，本症例も角質内から菌糸が検出され，皮膚糸状菌症と診断された（写真95-4）。真菌培養を行い，糸状菌の増殖が確認されればより確実な診断に至る。

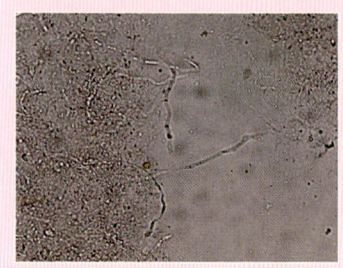

写真95-4

(c) 全身に糸状菌感染が生じているため，積極的な治療が必要である。抗真菌剤を含むシャンプーで1〜2回／週，薬浴を行う。同時に抗真菌剤（ケトコナゾール，イトラコナゾール，テルビナフィンなど）の全身投与を行う。これらの治療は症状が改善し，培養結果が陰性になるまで継続する。環境の清浄化を行うことも重要である。
可能であれば，感染源として疑われる動物（同居猫など）を特定し治療を行う。飼育環境にある罹患動物が使用していたケージや毛布，ソファーなどは洗浄または処分する。

● Key Point

・皮膚糸状菌症の動物の治療では，同時に同居動物に対しても真菌培養を行い，予防的に抗真菌剤含有シャンプーを用いて薬浴を行うことが推奨されている。さらに罹患動物が使用したものは，消毒あるいは処分することが必要であるとされている。しかしながら，多頭飼育の環境下では，すべての同居動物の培養検査および予防的治療は困難である。環境の清浄化に関しても，ソファーや絨毯を消毒することは困難な場合が多く，処分するのも非現実的である。
・不顕性感染の同居動物の治療や，環境の清浄化が不十分な場合は，再発の可能性があることをオーナーに十分に説明した上で，コストや必要とされる労力などを考慮し，オーナーにとって現実的な方法を選択することが望ましい。

● オーナーへの伝え方

・皮膚糸状菌症は，ケラチンを好んで増生する，MicrosporumやTrichophytonなどの糸状菌の感染によって起きる皮膚疾患である。M. canisがもっともよく見られる糸状菌であるが，まれにTrichophytonの感染もみられる。それぞれの糸状菌により感染源が異なるため，真菌培養を行い，どの種類の糸状菌が感染しているかを確認し，感染源を特定することが必要な場合もある。
・M. canisやT. mentagrophytesは，感染した犬や猫から直接，または間接的に感染する。T. rubrumはヒトからの感染が疑われる。

全身

症例.96 犬，去勢雄，顔面，四肢端，尾の皮疹，脱毛

主訴・所見

シェットランド・シープドッグ，2歳，去勢雄。8ヵ月齢時よりはじまった顔面，四肢端および尾端の皮疹を主訴に来院した。初診時において，両側眼瞼，口唇，四肢の趾関節伸側および尾端に脱毛，紅斑，鱗屑，痂皮が認められた（写真96-1，96-2）。病変部の多くは瘢痕化しており，かゆみは認められないとのことであった。

問題

(a) もっとも疑わしい疾患名は何か？
(b) 本症の好発犬種を2種挙げよ。
(c) 本症の診断はどのように行うか？

写真96-1

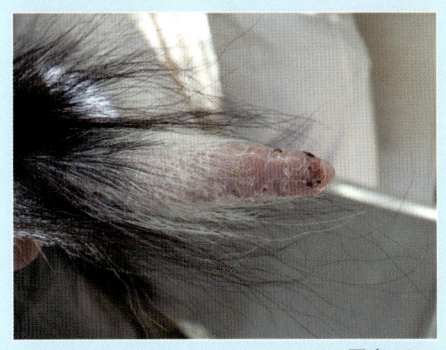

写真96-2

215

> **解答**

(a) 虚血性皮膚症（犬の家族性皮膚筋炎）

(b) コリーおよびシェットランド・シープドッグ。

(c) 初発年齢，典型的な臨床症状，感染症の除外により本症を推測する。確定診断は皮膚病理組織学検査により行う。

● Key Point

- 虚血性皮膚症は，皮膚の虚血に伴う皮膚障害の総称であり，犬の家族性皮膚筋炎，皮膚筋炎様疾患，狂犬病ワクチン接種後の脂肪織炎，汎発性狂犬病ワクチン誘発性虚血性皮膚症，汎発性特発性虚血性皮膚症などに分類される。
- 犬家族性皮膚筋炎はコリー種，シェットランド・シープドッグおよびこれらの交雑種で認められる。若年発症例が多く，鼻部，眼周囲，口周囲，趾節背側，尾端などに脱毛，紅斑，鱗屑，瘢痕化，潰瘍～痂皮などが認められる。側頭筋などに筋萎縮が認められることもある。
- 犬の家族性皮膚筋炎の予後については，瘢痕を残しつつも加齢に伴い病勢が進行しなくなる症例から，重度の筋萎縮により摂食・飲水困難や跛行がみられる症例まで様々であるとされている。
- 本症の治療には，ビタミンEや末梢循環改善薬，経口副腎皮質ホルモン製剤などが用いられる。いずれも，皮膚症状を軽減させるが筋疾患には無効であると考えられている。

● オーナーへの伝え方

- 本症を完治させる治療方法はないため，治療の目的と予測される効果，予後について治療前にあらかじめ説明する必要がある。

全身

症例.97　うさぎ, 6ヵ月齢, 四肢端と口周囲の瘙痒, 疼痛

主訴・所見

　6ヵ月齢の長毛うさぎが四肢端, 口の周囲および耳介に著しい皮膚病変を呈していた（写真97-1, 97-2）。病変部には強い瘙痒と疼痛があるようにみられた。このうさぎは2ヵ月齢でペットショップより購入し, 3ヵ月齢の頃から前肢をしきりに舐めたり齧ったりしているのにオーナーが気付き, よくみると爪の付け根にかさぶた様のものができていたとのことであった。その後, さまざまな治療が試みられたものの病変は拡大し, 四肢端すべてを病変が覆い, 歩行が不自由になった。病変はさらに口の周囲と耳介へと広がった。

問題
(a) もっとも可能性の高い診断は何か？
(b) 診断を進めるために行うべきことは何か？

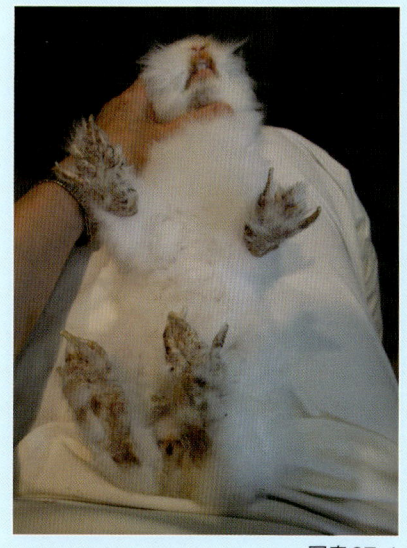

写真97-1

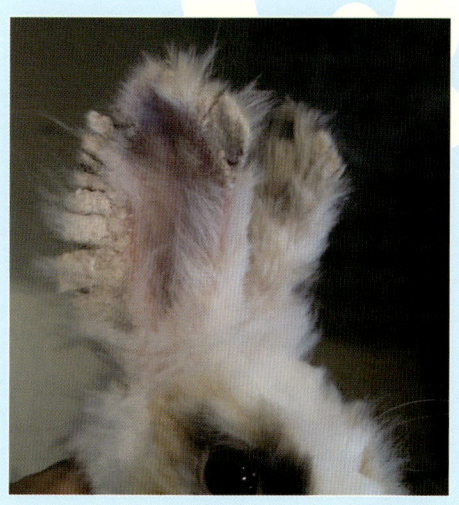

写真97-2

> **解答**

(a) 疥癬が疑われる。その理由は①分泌物が堆積した病変と病変分布，②著しい瘙痒と疼痛などである。

(b) 1. 病変部から採取した検体からヒゼンダニの虫体を検出する。
2. 鑑別診断に含めるべき疾病には，細菌感染症，真菌感染症，自己免疫性疾患などが考えられるが，本症のような経過をたどる症例においてこれらの可能性は著しく低い。ヒゼンダニが検出されなければ，各疾患について検査をする。

● Key Point

- うさぎでは穿孔ヒゼンダニ（*Sarcoptes scabiei*）または猫小穿孔ヒゼンダニ（*Notoedres cati*）による疥癬がみられる可能性がある。
- うさぎの疥癬の発生はごくまれであるが，購入後間もなく発症する症例や，複数のうさぎを飼育している家庭で全頭に発症をみることがある。
- 獣医師や動物看護師の白衣などを介して院内感染が起きる可能性があるので，注意を要する。
- うさぎの疥癬の治療にはイベルメクチンが有効であり，400 μg/kgの皮下投与または経口投与を1週間ごとに計3回行う（写真97-3は治癒後の本症例）。通常，初回投与の1週間後には症状の軽減がみられる。
- イベルメクチンは幼齢のうさぎに対して副作用を生じる可能性があるので，4～5ヵ月齢になるまではセラメクチンのスポットオン製剤を用いるのがよい。

写真97-3

● オーナーへの伝え方

- 直接的および間接的に接触する同居うさぎがいる場合には，そのうさぎに症状がなくても同時に疥癬虫の駆除を行うことを勧める。
- 疥癬は人獣共通感染症であることを伝える。ヒトに症状が認められてもうさぎを治療すれば通常ヒトの症状は消失する。
- 犬用，猫用のフィプロニルのスポットオン製剤はうさぎに対して副作用を及ぼすことがあるため，使用してはならないことを伝える。

全身

症例.98 犬，9ヵ月齢，黒色被毛部の脱毛

主訴・所見

チワワ，9ヵ月齢，雌。5ヵ月齢よりはじまった脱毛を主訴に来院した。初診時において，黒色被毛部に裂毛が認められたのに対し，白色被毛部は正常であった（写真98-1）。

問題

(a) もっとも疑わしい診断名は何か？
(b) 本症では被毛検査によりどのような所見がみられるか？
(c) 本症でよくみられる合併症を1つ挙げよ。

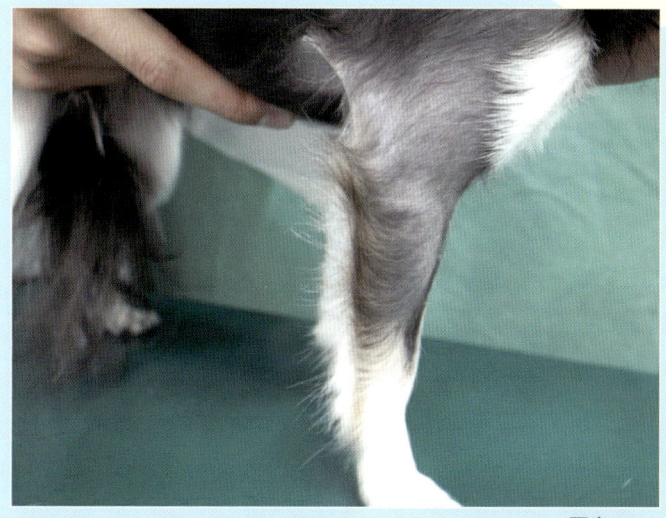

写真98-1

解答

(a) 黒色毛包異形成

(b) 毛幹（毛皮質）におけるメラニンの集塊（写真98-2）。

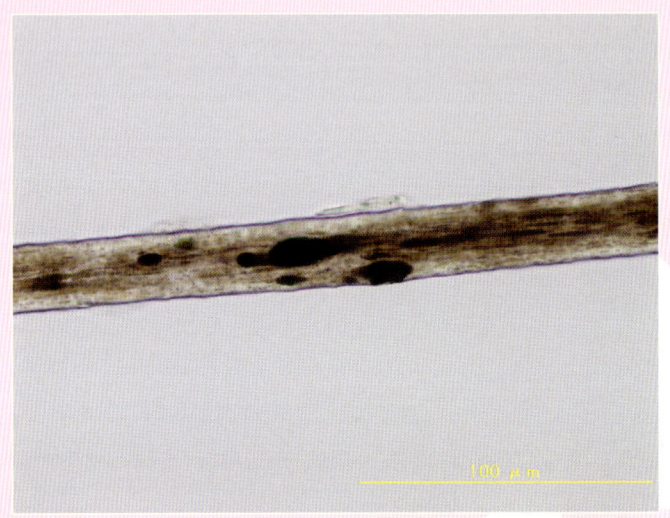

写真98-2

(c) 細菌性毛包炎

● Key Point

・黒色毛包異形成は遺伝性疾患であると考えられている。本症は通常2～3色の被毛をもつ犬に認められ，若齢時より黒色被毛部に限局した裂毛を生じる。被毛検査で，毛幹（毛皮質）にメラノサイトからなる色素塊が認められるのが特徴である。また本症では，裂毛部位に細菌性毛包炎が好発することが知られている。

● オーナーへの伝え方

・本症は遺伝性疾患であると考えられているため，根治しないことを説明するとともに，罹患犬を交配に用いないようにする必要がある。

全身

症例.99 犬，去勢雄，鼻と肉球の鱗屑

主訴・所見

シェットランド・シープドッグ，8歳，去勢雄。約1年前から血清肝酵素値の上昇により近医を受診していた。2ヵ月前より食欲の低下と体重減少に伴い，鼻鏡，眼瞼，口唇，肉球に厚い鱗屑の付着を認めるようになった（写真99-1，99-2）。腹部超音波検査では，肝臓の全葉において構造が不正で，エコーレベルの低い巣状病変が複数認められた。

問題

(a) もっとも疑われる診断名は何か？
(b) 上記以外の鑑別診断には何があるか？
(c) (a)の疾患であった場合，本症の予後は良いか？

写真99-1

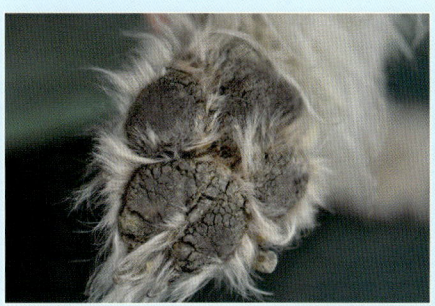

写真99-2

解答

(a) 犬表在性壊死性皮膚炎（別名：壊死性遊走性紅斑，肝皮膚症候群，代謝性表皮壊死症）

(b) 表在性膿皮症，皮膚糸状菌症，亜鉛反応性皮膚症，ジェネリック・ドッグフード皮膚症，落葉状天疱瘡など。

(c) 悪い。肝臓に対する支持療法を中心に行うが，発症時には肝機能が著しく低下している症例が多いため，改善はほとんど見込まれない。

●Key Point

- 本症は犬では主に肝不全に続発することが知られているが，まれにグルカゴン産生腫瘍に続発することもある。高齢犬に認められることが多い。
- 皮疹は主に擦過部位に認められる。鼻鏡～鼻梁，粘膜・皮膚境界部，肘，膝，肉球などに水疱～びらん～痂皮が認められる。
- 確定診断には類症鑑別を除外するとともに，皮膚生検ならびに基礎疾患となる内科疾患の同定が必要である。

●オーナーへの伝え方

- 本症は原因疾患が除去されない限りは，予後不良の疾患であることをあらかじめ説明する。

全身

症例.100 犬，5ヵ月齢，顔面と尾の脱毛

主訴・所見

オーストラリアン・ケルピー，5ヵ月齢，未去勢雄。顔面，尾の脱毛を主訴に来院した。生後2ヵ月齢より尾に脱毛が認められ，その後，脱毛が耳介，眼周囲，鼻梁に拡大してきた。四肢の肢端部にも脱毛が認められている（写真100-1～100-3）。

問題

(a) 類症鑑別として何が挙げられるか？
(b) 治療法および管理法には何があるか？

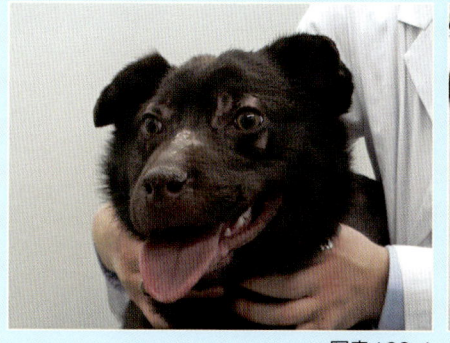

写真100-1 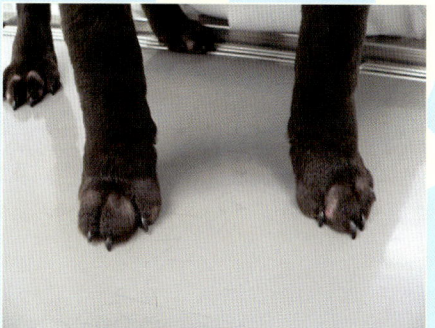　　　　　　　　　　　　　　　写真100-2

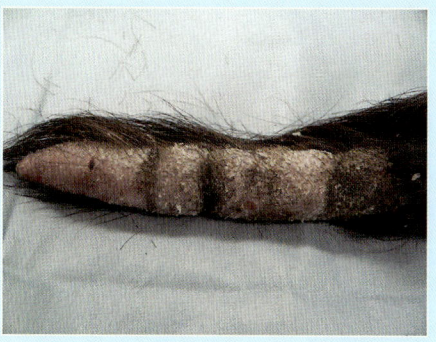

写真100-3

223

解答

(a) 発症年齢や発現部位を考えると，虚血性皮膚症／皮膚筋炎が疑われる。その他，耳介の脱毛は血管炎が，顔面や肢端の脱毛の類症鑑別としては感染症（表在性膿皮症，皮膚糸状菌症）が挙げられる。本疾患は感染症などの他の疾患を除外し，臨床症状やシグナルメントに基づき診断される。皮膚生検による，病理組織学検査が診断の補助になることもある。本症例では皮膚の病理組織学検査を行い，表皮基底細胞の変性や毛包の萎縮，乏細胞性血管炎などが認められ，虚血性皮膚症／皮膚筋炎が疑われた（写真100-4）。

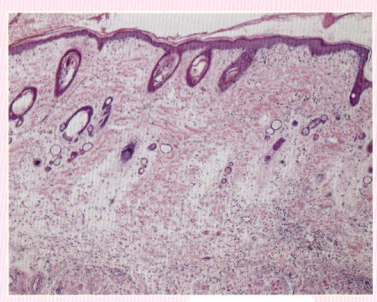

写真100-4

(b) 皮膚筋炎の軽症症例では，無治療でも皮疹が自然消退することがある。いくつかの症例では脱毛が永久的に残る。治療を行う場合は，末梢血流改善を目的としてビタミンE製剤，ペントキシフィリンなどを用いる。急性に紅斑を認めるような症例や，筋障害がみられるような症例では，改善が認められるまでプレドニゾロン1〜2 mg/kgを1日1回で経口投与し，その後漸減する。しかしながら，副腎皮質ホルモンの副作用による筋萎縮が起きることもあり，長期の投与は行わないように注意する。

●Key Point

- 犬の虚血性皮膚症／皮膚筋炎は，微小血管の障害によって起きる虚血性の皮膚障害である。耳介や鼻梁，眼周囲，口周囲，尾の先端，四肢の骨隆起部に，紅斑や脱毛，鱗屑，痂皮，びらん，潰瘍，瘢痕などが認められる。
- コリーやシェットランド・シープドッグに好発するが，他の犬種でもみられることがある。筋障害の発生は多くないが，咬筋や側頭筋の萎縮が現れることがある。また，重症例では虚弱や発育障害，跛行などの症状を示すことがある。

●オーナーへの伝え方

- 本疾患の予後は重症度により様々であることから，動物の臨床症状から予後を判断し，適切なインフォームド・コンセントを行う必要がある。
- 軽症例では瘢痕を残すのみで改善するものもいるが，重症例では筋炎の悪化による種々の全身症状が生じ，長期生存が困難な場合がある。

全身

症例.101 猫，耳介の痂皮

主訴・所見

　ペルシャ猫，10歳，避妊雌。5ヵ月前から耳介，鼻鏡に黄色の痂皮を認め，爪周囲炎が発症したとのことで来院した（写真101-1）。皮膚掻爬検査により外部寄生虫や真菌は認められなかった。
　痂皮下の滲出液について細胞診を行ったところ，未変性の好中球および棘融解細胞が多数認められた。滲出液の細菌培養および真菌培養はいずれも陰性であった。

問題

(a) もっとも疑わしい診断名は何か？
(b) 本症の治療はどのように行うか？
(c) 本症では完治が期待できるか？

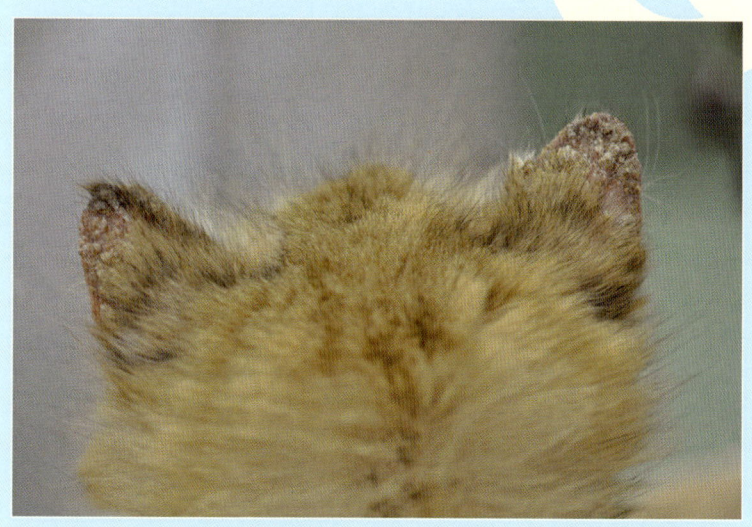

写真101-1

解答

(a) 猫落葉状天疱瘡

(b) プレドニゾロン（3～6mg/kg，q24h），トリアムシノロン（0.5～0.75mg/kg，q24h），シクロスポリンA（5～10mg/kg，q24h）などの内服により治療する。

(c) 本症では治療により症状の緩和が認められるものの，多くの症例で完治は期待できない。

● Key Point

- 落葉状天疱瘡では，自己抗体による表皮細胞間接着の障害および好中球浸潤によって棘融解性膿疱が生じ，その結果として皮膚に膿疱，びらん，痂皮が認められる。また猫では爪周囲炎がみられることもある。
- 猫ではアザチオプリンの投与は禁忌である。

● オーナーへの伝え方

- 落葉状天疱瘡では，生涯にわたり免疫抑制療法が継続される症例が多いため，確定診断の重要性と予測される治療効果，リスクについて説明する。

全身

症例.102 犬，6歳，背側正中から尾への脱毛

主訴・所見

ゴールデン・レトリーバー，6歳，雄。3年前より被毛が薄くなり，毛艶が悪くなった。かゆみは伴わないとのことであった。脱毛部位は，肩部から尾部までの背側正中に沿って認められ，特に尾の脱毛が著しかった（写真102-1，102-2）。また，脱毛部位の一部には面皰が認められた（写真102-3）。その他に，被毛の変化が認められた頃より軽度の運動不耐性が認められた。

来院時，身体検査では体温38.4℃，心拍数138回/minで，血液検査では正球性正色素性貧血（PCV32%）が認められ，それ以外は正常であった。

問題

(a) どのような疾患がもっとも疑われるか？
(b) どのように診断するのか？
(c) どのように治療を行うか？

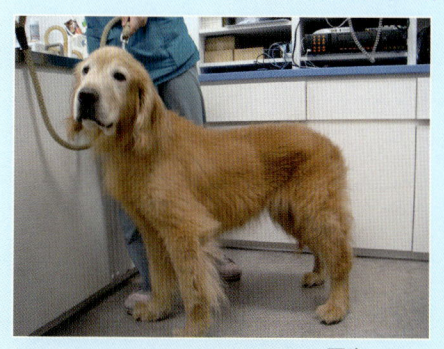

写真102-1

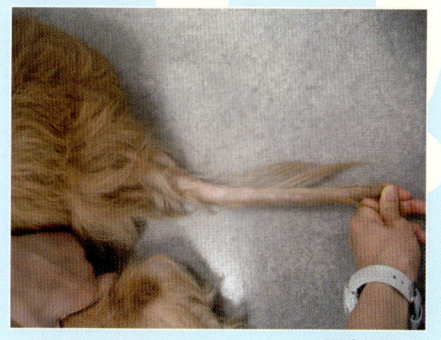

写真102-2

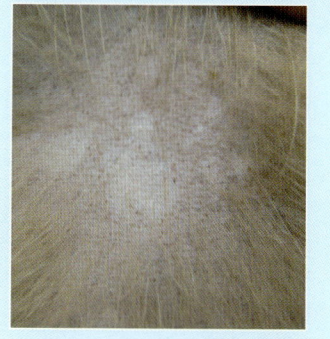

写真102-3

解答

(a) 甲状腺機能低下症がもっとも疑われる。犬種，発症年齢，光沢のない乾燥した被毛および尾の脱毛，貧血を主体とする症状などから本症を強く疑うことができる。また，脱毛部位の一部には面皰が認められたことから，毛包虫症かどうかを鑑別する必要がある。

(b) 甲状腺の機能を，血清中の甲状腺ホルモン（T_4, fT_4）や内因性甲状腺刺激ホルモン（TSH）濃度を測定することで確定診断することができる。
本症例は T_4：＜0.5μg/dL（基準範囲：0.9〜4.4μg/dL），fT_4：＜2.6pmol/L（基準範囲：9.0〜47.4μg/dL），TSH：0.89（基準範囲：0.02〜0.32μg/dL）であったため，臨床症状と併せ甲状腺機能低下症と診断した。

(c) レボチロキシンナトリウム（合成T_4製剤）の投与を行う。初期投与量は10〜20μg/kgを12時間ごとに与える。その後は10〜20μg/kgを24時間ごとに投与することで血清中T_4濃度および全身状態の維持が可能である。

● **Key Point**

- 犬の甲状腺機能低下症は，リンパ球性甲状腺炎または特発性の甲状腺萎縮に起因する。原発性甲状腺機能不全によるものが大半を占める。
- 一般的に中型犬〜大型犬で発症することが多い。ほとんどが2歳以上で発症し，診断時の平均年齢はおよそ7歳である。
- 診断のためにT_4濃度を単独で測定すると，T_4値が基準範囲以下の低値を示す症例のうち25%は非甲状腺疾患である。したがって，T_4，fT_4，TSHを組み合わせて測定することが望ましい。

● **オーナーへの伝え方**

- レボチロキシン療法開始後すぐに精神的な機敏さ，活発さ，食欲の改善が認められ，1ヵ月以内に多少は発毛が認められるようになる。皮膚や被毛の状態が顕著に改善しはじめるのには2ヵ月程度かかる。
- まれに，レボチロキシンの過剰投与により甲状腺ホルモン中毒が起こる。甲状腺ホルモン中毒の臨床症状は，喘ぎ呼吸，攻撃的な行動，多飲，多尿，多食，体重減少である。その場合は，レボチロキシンの投与量または投与回数あるいはその両方を調節することが勧められる。
- 生涯にわたるレボチロキシンの補充療法が必要である。

全身

症例.103 犬，雌，顔面体幹の脱毛

主訴・所見

狆，7ヵ月齢，雌，体重4.2kgである。1ヵ月前より鼻周囲など顔面に脱毛が認められた。近くの病院で抗菌剤による治療が行われたが，改善は認められず脱毛は徐々に広がった。

来院時には顔面，四肢，腋窩，前胸部，腰背部などに脱毛，発赤，膿疱，痂皮形成および鱗屑がみられた（写真103-1，103-2）。かゆみは中等度に認められた。本症例には同居犬が1頭いるが，その同居犬には皮膚症状はみられない。

問題

(a) どのような疾患を鑑別疾患として考えるか？
(b) どのような検査を行うとよいか？
(c) (a)でもっとも疑われる疾患に有効とされる治療法は何か？

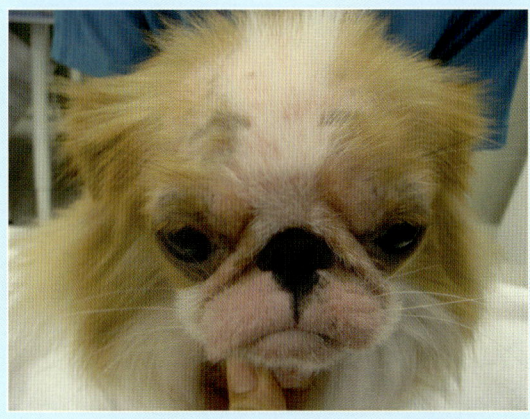

写真103-1

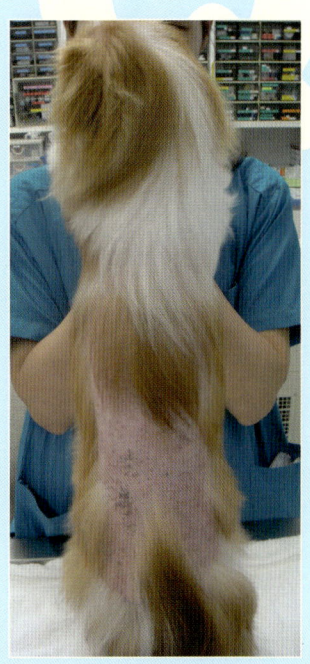

写真103-2

解答

(a) 患部の脱毛，発赤，膿疱から，炎症性の疾患が疑われる。若齢犬に好発する炎症性疾患として毛包虫症，皮膚糸状菌症，膿痂疹などの感染症が鑑別疾患として考えられる。

(b) 皮膚掻爬検査，細胞診，ウッド灯検査を行い，若年発症の毛包虫症，皮膚糸状菌症，膿痂疹などの鑑別を行う。
本症例は，皮膚掻爬検査によって，毛包虫の虫体および虫卵が検出されたため，若年性の毛包虫症と診断された（写真103-3）。また，膿疱の細胞診では好中球と球菌が大量にみられたため，膿皮症が毛包虫症に伴う二次感染と考えられた。

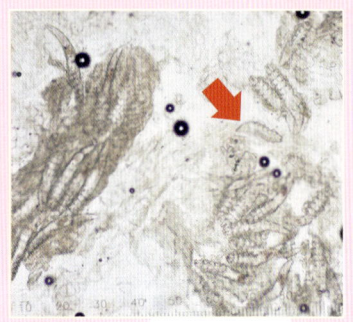

写真103-3

(c) 犬の毛包虫症の治療で有効性が示されているものとして，イベルメクチン0.3～0.6 mg/kg，q24h，PO，ミルベマイシンオキシム1～2 mg/kg，q24h，PO，モキシデクチンオキシム0.3mg/kg，q24h，POおよび0.025～0.05％濃度のアミトラズ浸漬を1～2週間ごとに行う方法がある。

● Key Point

- 毛包虫は，宿主が健康である時も皮膚に少数が寄生し，通常は無症状である。
- 若齢発症型と成年発症型に分類される。
- 若年発症型は3～18ヵ月齢の若い犬にみられ，多くは6～8週間で自然治癒する。通常は局所での発症が多いが，まれに全身性に移行する。
- 成年発症型は，基礎疾患に起因する免疫抑制状態にある壮年～高齢期の犬に多くみられる。基礎疾患として，内分泌性あるいは医原性の副腎皮質機能亢進症，甲状腺機能低下症，糖尿病や腫瘍などがある。成年発症型は自然治癒の可能性は低く，治療が必要である。
- コリー，オーストラリアン・シェパード，シェットランド・シープドッグなどコリーと共通の起源をもつとされている牧羊犬種では，MDR1遺伝子の変異によるイベルメクチン中毒を起こす可能性がある。これらの犬種では，イベルメクチンでの治療を行う前の遺伝子検査を行い，安全に薬が使用できるか確認する。

● オーナーへの伝え方

- 毛包虫は宿主特異性が強いため，ヒトには感染しない。
- 伝播は，生後に母犬から仔犬へ出生直後に垂直感染で行われる。授乳の時に母犬から仔犬へ感染し，感染虫体はその犬の皮膚で生涯を過ごすため，通常，他の犬に伝染することはない。
- 若年発症型は治療への反応は良好であるが，成年発症型は治療への反応が悪く，治療期間が長いことが多い。

全身

症例.104 うさぎ，ノミの虫体を発見

主訴・所見

ノミがついているとのことで，3歳6ヵ月齢のうさぎが来院した。被毛をかき分けて調べるとノミの糞が多量に認められ（写真104-1），ノミの虫体もみられた。このうさぎは一戸建てに住むオーナーと暮らし，犬や猫その他の同居動物はなく，屋外へ散歩に連れ出すことはない。ただし，過去に行き倒れた動物を保護し，短期間屋内のうさぎとは別室に入れたことはあるとのことであった。

問題

(a) 感染源と推測されるものは何か？
(b) 治療には何を用いるべきか？

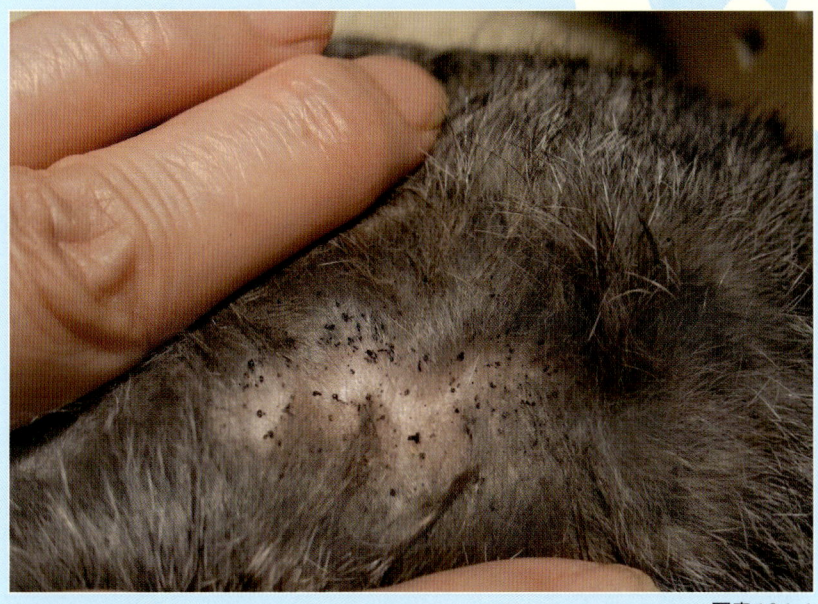

写真104-1

解答

(a) 屋外を散歩させることのないうさぎにノミが認められるのは珍しいが，まれにみられる。このうさぎのオーナーの住まいが一戸建てであるため，窓のすぐ外にいた猫が落とした虫卵が孵化し，内側にいたうさぎに網戸ごしに寄生したという可能性は考えられる。しかし，他の動物との接触についてさらに尋ねたところ，2ヵ月ほど前に仔猫を拾って3日間世話したが死亡したとのことであった。ただしうさぎとは一切接触させていないとのこと。おそらく，この症例は，この仔猫にノミが寄生しており，猫が死亡した後に猫から離れたノミがうさぎに到達して寄生したものと考えられた。

(b) うさぎに寄生したノミの駆除には，イミダクロプリドのスポットオン製剤またはセラメクチンのスポットオン製剤が安全かつ有効と考えられる。うさぎに対して，フィプロニル製剤を用いることは禁忌である。

●Key Point

- 家庭のうさぎに寄生するノミの大半はネコノミで，感染源は主に猫であり，まれに犬からうつることもある。同居している猫や犬が屋外でノミに感染して家の中に持ち込み，うさぎに寄生する。うさぎが猫や犬に直接接触しなくてもノミはうつる可能性がある。
- ウサギノミというノミの種もあり，これは野生のノウサギに寄生するが，家庭のうさぎに寄生することはほとんどない。ただし，ノウサギの生息する地域で屋外飼育されていたり，屋外に散歩に連れ出されたりすれば，うつる可能性はある。
- 可能なかぎり感染源を特定して，再度同じことが起こらないようにすべきである。

●オーナーへの伝え方

- 同居の犬や猫が感染源である場合は犬や猫にノミ予防を行うことでうさぎへの被害は食い止められるので，犬や猫にノミ予防を行うことを勧める。
- 屋外の散歩時に感染したと考えられる場合は，散歩をやめるか，うさぎにノミ予防を行う。感染した場所が特定できるなら，そこへ行かないことで再度の感染を防ぐことができるが，これでは完全な予防にはならない。
- 国内で販売されているノミの駆除薬剤は犬用または猫用であり，うさぎに対する使用が認可されている薬剤はない。したがってうさぎに対してこれらを使う場合は常に効能外使用となる旨を伝える。ただし，イミダクロプリド製剤，セラメクチン製剤は国によってはうさぎへの使用が認可されており，安全性は十分に高いと考えられる。
- 犬用，猫用のフィプロニルのスポットオン製剤は，うさぎに対して副作用を起こすことがあるため，絶対に使用してはならないことを伝える。

全身

症例.105　犬，かゆみ，毛包一致性の脱毛，痂皮

主訴・所見

アメリカン・コッカー・スパニエル，1歳10ヵ月齢，雌，体重6.8kgである。本症例は2ヵ月齢の飼育開始時より，耳や頚部に瘙痒が認められた。1歳を迎えた頃より腹部にかゆみのある丘疹がみられた。病変は徐々に背側面や大腿部，四肢へと拡大し（写真105-1），強いかゆみのため自身で咬み，自傷部分が脱毛してしまうほど重度であった。

皮膚病変は紅斑，毛包一致性の膿疱，痂皮，鱗屑であった（写真105-2, 105-3）。一般血液検査および基礎T_4値に異常は認められなかった。

本症例には同居犬が2頭いたが，2頭とも皮膚症状はみられなかった。

問題
(a) どのような疾患が鑑別疾患として挙げられるか？
(b) どのような検査を行うべきか？

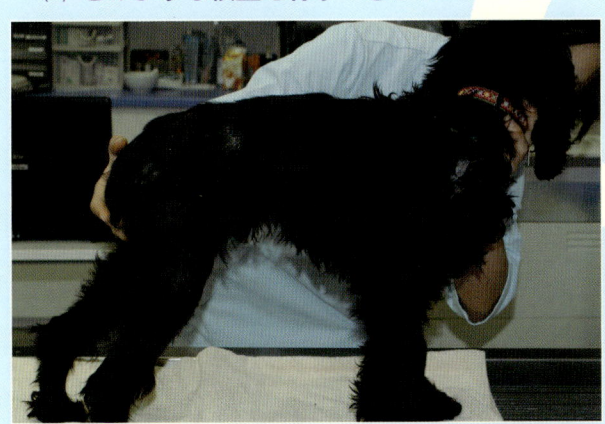

写真105-1

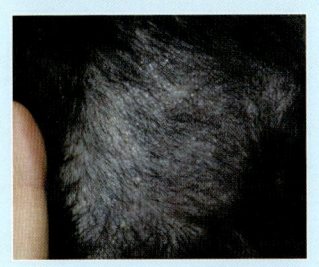

写真105-2 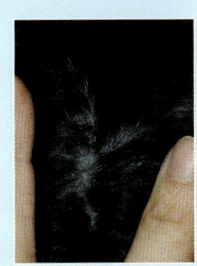　　　　　写真105-3

> **解答**

(a) 若齢の犬で瘙痒を認める疾患として，膿皮症，疥癬，皮膚糸状菌症などの感染性疾患および食物アレルギーやアトピー性皮膚炎などの非感染性疾患が考えられる。本症例は2ヵ月齢と極めて幼い頃から瘙痒を示していることから，アトピー性皮膚炎よりも食物アレルギーの関与が疑われる。

(b) 感染性疾患と非感染性疾患の鑑別のために皮膚掻爬検査，皮膚の細胞診，ウッド灯検査を行い，細菌，マラセチア，皮膚糸状菌，疥癬虫などの感染がないかを調べる必要がある。また，6ヵ月齢以下の若齢で発症したと考えられるために食物アレルギーの関与について，除去食試験を行って調べることが推奨される。
本症例は，皮膚掻爬検査は陰性，皮膚の細胞診では多数の球菌および変性好中球が認められた。また皮膚生検を行った結果，やや深い表在性膿皮症に加えてアレルギー疾患などによる皮膚炎が合併していると診断された。

●Key Point

- 病変部より主に検出される細菌は，*Staphylococcus pseudintermedius*であるが，時に緑膿菌が検出されることもある。深在性膿皮症の検査には，細菌培養および感受性試験が必須である。
- 抗菌剤の全身投与を長期間（最低6～8週間）行い，外観上で治癒が認められた後も2週間は投薬を継続する。

●オーナーへの伝え方

- 基礎疾患が診断されない時は，対症療法を行う。抗菌剤の投与に加えて抗菌性シャンプーによる外用療法を積極的に行う。

全身

症例.106　犬，雌，肘と大腿のかゆみと丘疹

主訴・所見

　ミニチュア・シュナウザー，10ヵ月齢，雌，体重7.1kgである。7ヵ月齢時にペットショップで購入した後，徐々に発赤や瘙痒が拡大した。腹部および背部に紅斑性の丘疹が認められたため（写真106-1），アモキシシリンによる治療が17日間行われた。紅斑性丘疹は多少改善したものの，瘙痒は引き続き認められた。耳介後側（写真106-2），肘部，大腿部（写真106-3）や肢端における瘙痒がもっとも強かった。
　本症例は，同居犬が2頭いるが，同居犬には皮膚病変および瘙痒は認められなかった。

問題

(a) どのように検査を進めるべきか？
(b) どのような治療方法が考えられるか？
(c) この疾患はヒトへ感染するのか？

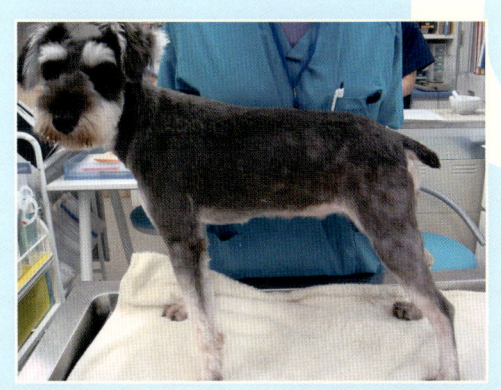

写真106-1

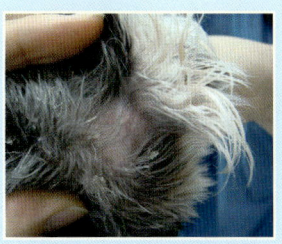

写真106-2

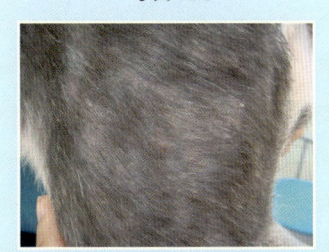

写真106-3

解答

(a) 若齢の犬で瘙痒を認める疾患として，膿皮症，疥癬，皮膚糸状菌症などの感染症および食物アレルギーやアトピー性皮膚炎などの非感染性疾患が考えられる。本症例は，17日間の抗菌剤の治療を行い，皮疹は改善するものの瘙痒に変化がみられなかったことから，二次的な膿皮症があったとしても膿皮症は瘙痒の主要な原因ではなかったと考えられる。
このような症例では膿皮症以外の感染症の鑑別のために，再度皮膚掻爬検査，ウッド灯検査，真菌培養などを行い疥癬虫や糸状菌の検出を試みる。病原体が検出されない時は，最初に疥癬虫に対する駆除剤を用いて試験的治療を行う。それでも瘙痒が持続するときは食物アレルギーやアトピー性皮膚炎を疑う。除去食試験を行い食物アレルゲンの関与を評価する。本症例は，皮膚掻爬検査により疥癬虫およびその虫卵が検出されたため，疥癬と診断された。

(b) スポット製剤として販売されているセラメクチン6〜12 mg/kgを2〜4週間に1回，合計4回，外用で投与することも可能である。セラメクチンはコリー，シェットランド・シープドッグ，オーストラリアン・シェパードなどの犬種への安全性は他のマクロライド系薬剤に比べて高い。その他にも，イベルメクチンを0.2〜0.3 mg/kg，1週間に1回のPOまたは2週間隔の皮下注射を2〜3回行う方法，ミルベマイシンオキシム2 mg/kgを7日ごと3〜5回，POなどがある。

(c) 犬疥癬虫（Sarcoptes scabiei var. canis）は，ヒトの躯幹前面や前腕屈側など犬と接触する可能性のある部位に激しい瘙痒を伴う紅斑性小丘疹を起こすことがある。しかし，ヒトはイヌセンコウヒゼンダニの終宿主ではないため，ヒトに被害を与えても，ヒトの皮膚では長期間生息できない。

● Key Point

- 犬疥癬はSarcoptes scabiei var. canis（イヌセンコウヒゼンダニ）による感染性皮膚疾患で，季節，犬種，雌雄を問わず発生し，激しい瘙痒を伴うことが特徴である。
- 犬疥癬虫の感染力は強く，直接的な接触で容易に伝播する。このため，問診時に同居している犬における同様の症状の有無や，発症前にペットショップ，ペットホテル，ドッグランなど不特定多数の犬との接触がなかったかどうかを聴取する。
- 犬では，ダニの検出が困難なことも多い。虫体や虫卵が検出されなくとも，疥癬が疑われる時は試験的治療を行い，その反応で診断する事もある。

● オーナーへの伝え方

- 犬疥癬はヒトにも被害を与える可能性がある。そのため，オーナーらに瘙痒を認める場合はヒトの医療機関を受診し，飼育動物が犬疥癬であることを医師に伝える。
- 多頭飼育の場合，他の犬すべてを治療する。
- 犬疥癬は，短期間であれば宿主から離れた状態で生存できるため，飼育環境に適切な殺ダニ剤を散布することが推奨される。

全身

症例.107 犬，避妊雌，環状の紅斑

主訴・所見

ヨークシャー・テリア，3歳，避妊雌。細菌性膀胱炎の治療のために抗菌剤を1回経口投与したところ，数時間後に写真のような多形性の紅斑が粘膜を除くほぼ全身に出現した（写真107-1～107-3）。かゆみはなく，病変は短時間で拡大し，皮疹は徐々に融合した。

問題

(a) 臨床的な鑑別疾患名を挙げよ。
(b) 問診を聴取する際に注意する事項を挙げよ。
(c) 身体検査を行う際，皮膚以外に注目するポイントを挙げよ。

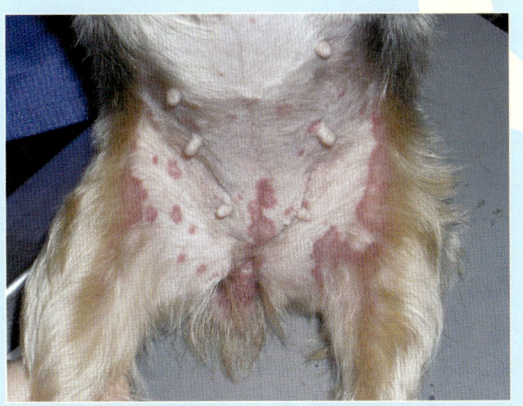

写真107-1

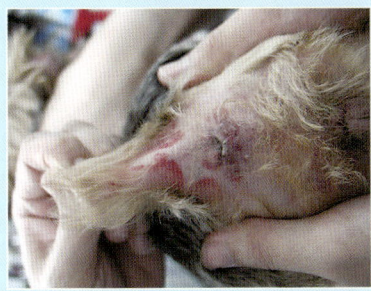

写真107-2

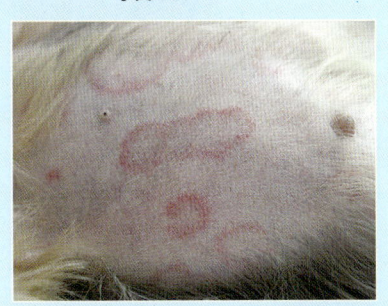

写真107-3

> **解答**

(a) 多形紅斑，蕁麻疹，表在性拡大性膿皮症，糸状菌症，毛包虫症，自己免疫性水疱性皮膚疾患の初期などが鑑別疾患として挙げられる。

(b) 投与した抗菌剤の種類および過去の投薬歴，食事歴，他動物との接触歴などに注意して聴取する。

(c) 臨床経過から多形紅斑が疑われる。粘膜病変の有無が重症度の判定に関係するため，皮膚以外にも口腔内，生殖器，肛門などの粘膜に病変がないかをよく観察する必要がある。

●Key Point
- 多形紅斑は薬物，感染，腫瘍などによって起きる皮膚の過敏症の一種と考えられている。
- サルファ剤，ペニシリン，セファロスポリンが多形紅斑の代表的な原因薬物であるが，その他の染料，フード中の保存料や安定剤でも起きる可能性はある。
- ヒトではヘルペスウイルスに起因した多形紅斑が多いが，動物ではウイルス感染によるものはまれと記載されている。ただし，パルボウイルスの感染に起因した多形紅斑の報告もある。

●オーナーへの伝え方
- 本症例のような多形紅斑の軽症例では原因が除去されれば数週間のうちに自然治癒する。
- 時に重症型に移行する場合があることを伝える。
- 原因の特定には負荷試験を要することを伝える必要があるが，通常はあまりオーナーに受け入れられないようである。
- 薬剤の投与によりこのような反応がみられると，オーナーとの間にトラブルが生じやすい。そのため，薬剤を処方・投薬する際は予測される副反応について，十分説明する必要がある。

全身

症例.108 猫，避妊雌，顔面の腫脹と丘疹

主訴・所見

雑種猫，8歳，避妊雌。2ヵ月前に顔面腫脹と一時的な発熱が認められた。1ヵ月半前から頚部と肩に発疹を認め，徐々に下腿へと拡大。他院にて数種類の抗菌剤の内服（アモキシシリン・クラブラン酸，マルボフロキサシンなど）を1種類につき2週間ずつ行うも改善がみられず，セカンド・オピニオンのために来院した。来院時には体幹背側および耳介内側に鱗屑を付着した大型丘疹が散在し，一部は自潰し痂皮を付着していた（写真108-1）。さらに鼻梁の一部が腫脹していた（写真108-2）。自覚症状はほとんどない。皮膚掻爬検査，被毛検査は陰性であり，押捺塗抹検査では多数の好中球とマクロファージが確認された。一般血液検査に異常はなく，元気食欲も正常であった。精査のため体幹背側丘疹を皮膚生検し，病理組織学検査を行ったところ，丘疹は大型マクロファージの充満した肉芽腫であることが確認され，肉芽腫内にはPAS染色にて強陽性を示す大型酵母様菌体が散見された（写真108-3）。

問題

(a) 診断名は何か？
(b) 追加の検査あるいは調査としては何が必要か？
(c) どのような管理や治療が必要か？

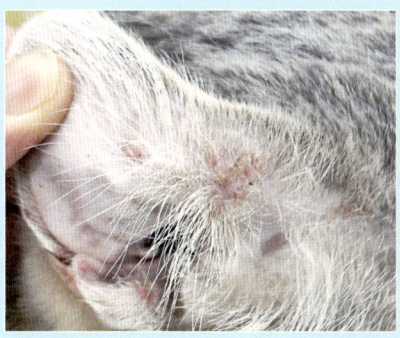

写真108-1

写真108-2

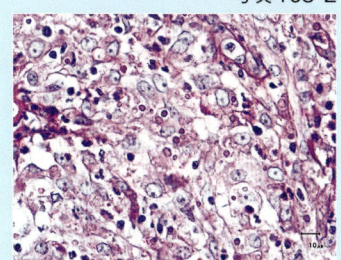

写真108-3

解答

(a) クリプトコッカス症

(b) クリプトコッカス症は、皮膚のみでなく鼻腔、口腔、肺、眼、中枢神経、リンパ節などにも発症することから、これらの部位に病変あるいは何らかの症状がないか視診、眼底検査、画像診断検査、神経学的検査、表在リンパ節触診等を行い調査する必要がある。クリプトコッカス症は、免疫抑制状態の動物に好発することから、既往歴、治療歴（特に副腎皮質ホルモン剤、免疫抑制剤の使用歴）、FIV/FeLV感染の有無などについて調査する必要がある。また他の酵母様真菌症と確実に鑑別し、薬剤感受性を確認するため、培養同定検査および感受性試験の実施が推奨される。

(c) 抗真菌剤の全身投与を行う。抗真菌剤としてはイトラコナゾール（5〜10mg/kg, q24h〜q12h）、フルコナゾール（5〜15mg/kg, q24h〜q12h）などが使用される。ヒトへの感染性は低いと考えられるが人獣共通感染症であることから、特に免疫学的抵抗力の低いヒトや動物は罹患猫との接触を避ける必要がある。

● Key Point

- クリプトコッカス症の主な原因菌は*Cryptococcus neoformans*である。
- *Cryptococcus neoformans*は窒素含有量の多いアルカリ性堆積物中（例：鳩の糞便で汚染された土壌）に存在し、そこから上部気道への吸入感染や外傷からの経皮感染が示唆されている。
- クリプトコッカス症は鼻腔や口腔などの呼吸器、眼、中枢神経、皮膚などに発症する。皮膚症状は約40％の症例で発症し、特に頭部、頚部、耳介に好発する。
- 神経症状がみられる症例は、予後不良となる場合が多い。

● オーナーへの伝え方

- クリプトコッカス症は、感染力は弱いと考えられるが人獣共通感染症であることから、免疫学的抵抗力の低いヒトや動物は、改善するまで猫との接触を避けるように伝える。
- クリプトコッカス症の治療は、抗真菌剤の全身投与が基本となり、数ヵ月以上かかる可能性があることを伝える。また、症状や感染が重度の場合は、治療期間がさらに長くなる可能性があることを伝える。
- 神経症状がみられる場合、予後不良となる危険性が高いことを伝える。

全身

症例.109 犬，ミニチュア・シュナウザーの紅斑

主訴・所見

　ミニチュア・シュナウザー，9歳，未避妊雌。夕方より全身に紅斑が出現したとのこと。一般状態に異常はなく，発熱等も認められない。全身に多形性の紅斑が認められ，所々で融合し，浮腫性の局面を形成する部位もある（写真109-1〜109-3）。病変はわずかに肛門や陰部の粘膜にも及んでいる。なお，診察前に近所のトリミングルームにて，はじめてシャンプーを行ったとのこと。CBC，血液生化学検査は正常値であったが，CRPは＞20mg/dLであった。

問題

(a) どのような鑑別疾患が考えられるか？　またこの状態は緊急状態か？

(b) このような症例が来院した場合どのように対応するべきか？

(c) どのような治療を行うか？

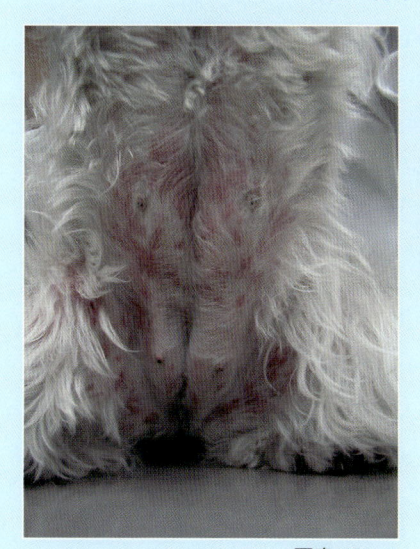

写真109-1

写真109-2

写真109-3

解答

(a) 鑑別疾患にはミニチュア・シュナウザーの無菌性膿疱性紅皮症，多形紅斑（EM），中毒性ショック症候群，スウィート病，蕁麻疹などが挙げられる。いずれも緊急疾患であり，早期に診断し治療をはじめる必要がある。

(b) まずオーナーに緊急状態であることを伝える。そして，鑑別疾患の説明を行い，現時点では一般状態に異常がなくても数時間以内に悪化し，場合によっては死亡する可能性もあることを説明する。オーナーの同意が得られれば，早急にCBC，血液生化学検査，CRP測定，尿検査を実施し，全身状態を把握する。また，早期に皮膚生検を行い，至急の検体であることが分かるように，ラボに送付する。DICを併発している症例も多いため，PT，APTT，ATⅢ，フィブリノーゲンおよびFDPの測定も行う。生検の結果をふまえ，本症例はミニチュア・シュナウザーの無菌性膿疱性紅皮症と診断された。

(c) 鑑別疾患のほとんどが，プレドニゾロンなどの免疫抑制剤の使用を必要とする疾患である。しかし中毒性ショック症候群は細菌感染が原因であるために，免疫抑制剤の使用は禁忌である。そのため，まず症例に重大な感染巣（本症例のような未避妊雌において子宮蓄膿症は必ず鑑別しなくてはならない）がないかどうかを早急に検査し，中毒性ショック症候群の可能性が低いようであれば，プレドニゾロンの投与を開始する。
生検の結果が明らかになるまで免疫抑制剤の使用は控えない方がよい。その他の輸液療法や抗菌剤の投与も必要に応じて行う。本疾患では低アルブミン血症やDICを併発することが多く，これらは数時間単位で進行する可能性があるため，こまめにモニターする必要がある。本症例において，当日の検査では異常はみられなかったが，3日後より低アルブミン血症（1.1g/dL）を発症した。

●Key Point

- 本疾患はミニチュア・シュナウザーに特異的な疾患で，原因は不明である。
- シャンプーに関わる発生が多く，シャンプー後24～48時間以内に発症する。
- 病変は初期には紅斑あるいは紅斑性局面として現れ，次第に融合してびらん，痂皮や潰瘍などを伴う。
- 低アルブミン血症，好中球増多症，発熱，DICなどの全身徴候を伴うことが多く，死亡率も高い。

●オーナーへの伝え方

- 本疾患が疑われたら，緊急状態であり，急速に進行し死亡率も高い疾患であることを説明する。
- 治療に反応する場合でも数週間の入院治療を要する場合があることを伝える。
- 回復後には発症前に接触したすべての薬品，シャンプー剤などを使用しないように注意する。

全身

症例.110 犬，頸部と前肢の環状の腫瘤

主訴・所見

雑種犬，12歳，去勢雄。頸部および左前肢の皮膚のしこり（写真110-1，110-2）を主訴に来院した。活動性・食欲などの一般状態には異常がみられなかった。左肘外側における直径6cmほどの皮膚腫瘤，および右頸部における皮膚の隆起の他には一般身体検査上は異常を認めなかった。

毛刈りした頸部の皮疹を観察すると，隆起した環状の紫斑で中心部は正常皮膚色であった。肘の腫瘤も大きさに違いはあるものの同様の病変であった。肘の腫瘤の針生検を行なったところ，活発な増殖像および核異型を示す円形細胞が観察された（写真110-3）。

問題

(a) もっとも強く疑われる疾患名は何か？
(b) B細胞性とT細胞性のどちらのタイプの方が多いか？
(c) どのような治療を行うか？

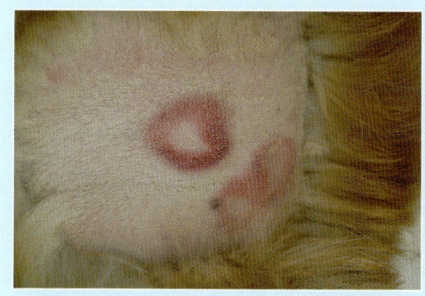

写真110-1

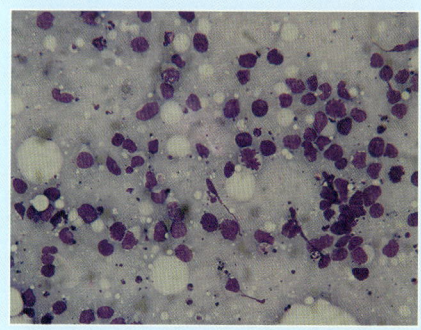

写真110-3

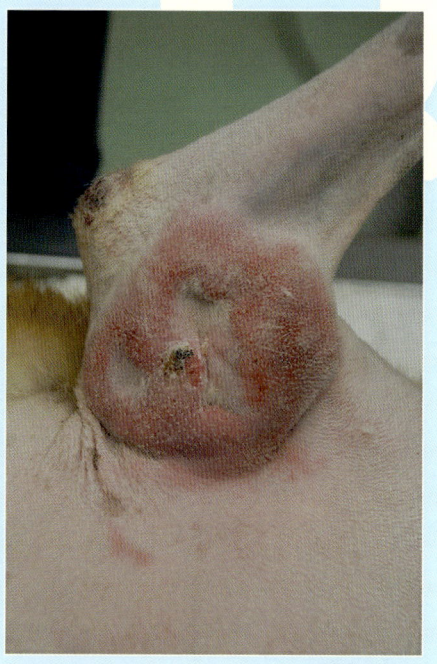

写真110-2

解答

(a) 皮膚リンパ腫。本症例は生検，クローナリティ解析および免疫染色により，B細胞性の非上皮向性リンパ腫と診断された。

(b) ほとんどがT細胞性であるといわれている。B細胞性の皮膚型リンパ腫では，本症例のようにドーナツ型かブーメラン型の外観を示す事が多い。

(c) 皮膚だけの疾患ではなく，全身性疾患としてとらえる必要がある。CBC，血液生化学検査および尿検査を実施し全身状態を把握するとともに，胸腹部X線検査，腹部超音波検査（場合によっては骨髄検査）などで腹腔内臓器への転移の有無を確認し，ステージ分類をする。孤立性の病変であれば完全切除および放射線療法で長期の生存が期待できることがある。化学療法は一般的には，B細胞性であれば多剤併用のプロトコルで，T細胞性ではCCNUで治療を行うこともある。ただし，いずれの場合も腫瘍科の専門医と連携して治療にあたることが望ましい。

● Key Point

・非上皮向性リンパ腫は原発・続発のどちらでも起きる。
・生物学的動態は非常に変化に富む。
・孤立性あるいは多発性の，真皮あるいは皮下の結節や浸潤性のプラークが主な病変である。中心部の潰瘍やリンパ節腫脹を伴うこともある。

● オーナーへの伝え方

・単なる皮膚の腫瘍ではなく全身性の疾患であることを伝える。
・基本的に予後は悪いが，孤立性の病変であれば外科的切除と放射線療法，ならびに化学療法のコンビネーションにより30ヵ月以上の生存例も報告されている。
・CCNUを使用する場合は，日本未承認の薬剤であるため，個人輸入した薬剤を使用することの同意を得る必要がある。

全身

症例.111 うさぎ，雄，脱毛，鱗屑

主訴・所見

　ホーランドロップ，生後8ヵ月齢，雄。かゆみを主訴に来院した。生後3ヵ月齢時にペットショップで購入し，約1ヵ月後にかゆみが発症したという。左右耳根部および耳介に脱毛および軽度の鱗屑がみられたほか（写真111-1），頸背部にもわずかな鱗屑ならびに発赤がみられた。外耳道内に著変は認められなかった。ケージ内単独飼育で，他の動物との接触はない。飼い主の前腕部にもかゆみを伴う丘疹が生じた（写真111-2）。

問題

(a) 鑑別診断として，主に挙げられる疾患名は何か？
(b) もっとも強く疑われる疾患名は何か？　またその疾患を確定するために，一般的に行われる検査方法は何か？
(c) どのようにして治療を行うか？

写真111-1

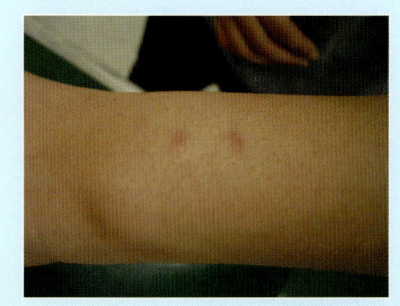

写真111-2

解答

(a) ツメダニ症，ズツキダニ症，皮膚糸状菌症，ミミダニ症，疥癬などが鑑別診断として挙げられる。主な症状として瘙痒ならびに脱毛，鱗屑を挙げ，鑑別診断リストを作成する。

(b) ツメダニ症が強く疑われる。診断のためにはテープストリッピング法を実施する。
頚背部に発生している点，接触したヒトに瘙痒性丘疹が生じている点は，上記鑑別診断の中でもツメダニ症が第一に疑われる所見である。疥癬も，ヒトで同様の丘疹を示すことがあるが，ウサギでの発生は極めてまれである。
テープストリッピング法は，皮膚最表層または被毛の採材に適した簡便な検査方法である。ツメダニやズツキダニは，この方法によって容易に検出されることが多い。

(c) イベルメクチン200〜400μg/kgの皮下注射を，2週間ごとに繰り返し投与する方法が一般的である。そのほか，ピレスロイド系や有機リン系殺虫剤の外用，また近年ではセラメクチンの滴下も効果的であるとされている。
本症例では，テープストリッピング検査や皮膚掻爬検査などを実施しても，ツメダニをはじめとした，いかなる病原体も検出されなかった。そこで，試験的にイベルメクチンの皮下注射を行ったところ，ウサギもヒトも症状が解消した。診断的治療によりツメダニ症が強く疑われた症例である。

●Key Point

- ウサギツメダニ（*Cheyletiella parasitovorax*）はうさぎの代表的な外部寄生虫の一種である。
- 病変は特に頚背部に好発し，発赤や鱗屑を伴う脱毛が典型的な症状であるが，時に無症状のこともある。
- セロハンテープにて採取した落屑や，被毛材料の鏡検で容易に診断できることが多い。

●オーナーへの伝え方

- 罹患したうさぎと接触したヒトの腕などに，かゆみを伴う丘疹が生じることがある。
- 各種検査で虫体が検出されず，試験的治療が必要となることがある。
- 駆虫を実施したとしても，完全に寄生を解消することは困難な可能性があり，再発が生じることも少なくない。
- ツメダニは宿主の角質を摂食して生活することから，グルーミングによる落屑の除去や，飼育環境をこまめに清掃することも治療効果の向上につながる。

全身

症例.112 犬，トイ・プードル，脱毛と色素沈着

主訴・所見

　トイ・プードル，3歳，去勢雄。体幹部，腰背部および大腿部後縁における脱毛（写真112-1），病変部周囲の被毛の質の著しい劣化および色素沈着（写真112-2）が認められた。その他の皮疹は認められず，かゆみもなかった。脱毛は1年前に体幹部からはじまり，徐々に腰背部および大腿後縁に拡大したが，それ以上の拡大傾向は示さなかった。季節による変化も認められなかった。

問題

(a) このような症状を示す鑑別疾患を挙げよ。
(b) 診断のために必要と思われる検査は何か？

写真112-1

写真112-2

> **解答**

(a) 毛包形成異常，脱毛症X，季節性（再発性）側腹部脱毛症。また年齢や犬種から可能性は低いが，甲状腺機能低下症や副腎皮質機能亢進症も考慮に入れる。未去勢雄の場合であればセルトリ細胞腫なども鑑別疾患に入れる必要がある。

(b) 最初に押捺塗抹検査，皮膚掻爬検査，被毛の鏡検を行う。特に毛軸におけるメラニンの凝集がないかどうかをよく観察する。その後，CBC，血液生化学検査および尿検査により全身状態のスクリーニングを行う。これらの検査で異常が認められず，内分泌疾患や精巣腫瘍などの全身性疾患の可能性が低いようであれば，最終的には皮膚生検により診断を行う。本症例は，生検の結果，著しい毛包漏斗部の角化亢進，毛軸内のメラニン凝集，毛包の歪曲などがみられ，また成長期毛包が多いことなどから，毛包形成異常と診断した。脱毛症Xでは著しい毛包の萎縮や休止期脱毛，ならびに火焔状毛包などが特徴であるが，毛包形成異常では，萎縮性の変化は弱く，メラニンの凝集や毛包の歪曲等の形成異常が主な変化で，かつ成長期毛包が多い。

●Key Point

- 毛包形成異常は毛質の劣化（写真112-2），被毛色調の変化，様々な程度の進行性の脱毛が特徴である。
- 詳しい原因は不明である。
- 発症年齢は犬種により異なるが，およそ3歳以下である。
- 体幹が好発部位であるが，頭部と四肢遠位以外のすべての部位で脱毛は起こる可能性がある。
- 治療はまず，メラトニン3mg/頭，q24hの1ヵ月間投与で反応をみる。何ら反応を示さない場合は投与回数をq12hとしてもう1ヵ月反応をみる。

●オーナーへの伝え方

- 基本的には審美上の問題で，健康を害する疾患ではないことを説明する必要がある。
- 治療に対する反応は脱毛症Xほど悪くはないが，中には抵抗性を示すケースもある。
- 発毛後に被毛色調が変化する（写真112-3）可能性があることを伝える。

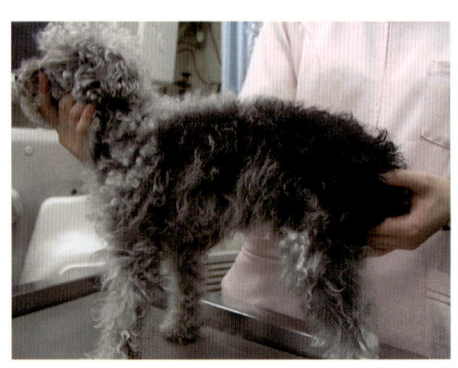

写真112-3

全身

症例.113 犬，去勢雄，色素性局面

主訴・所見

　チワワ，2歳，去勢雄。前頚部（写真113-1），鼠径部（写真113-2）および後肢内側面（写真113-3）に直径5mm以下の色素沈着を伴う局面を認めた。病変部は境界明瞭で，表面はやや不整である。病変は1ヵ月前より発生し，徐々に増数した。なお，本症例の犬は8ヵ月齢より全身性の毛包虫症を発症しているが，治療に対する反応は悪く完治には至っていない。CBCではリンパ球減少症が認められた。血液生化学検査，尿検査では特筆すべき異常は認められない。

問題

(a) このような経過を示す病変に対して，どのような鑑別疾患を考え，どのように診断プランを立てていくか？

(b) 診断のために生検を行う場合，どのような点に注意する必要があるか？

(c) 今後どのような経過をたどる可能性があるか？

写真113-1

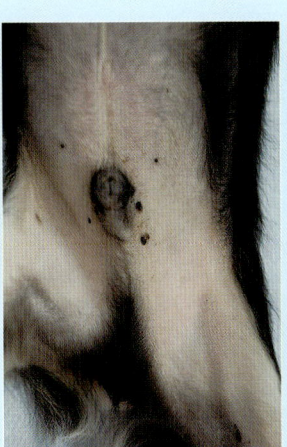

写真113-2

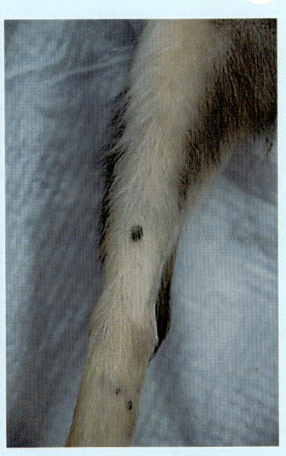

写真113-3

> **解答**

(a) 肉眼的には黒色腫，母斑，色素性ウイルス性局面などが挙げられる。このような急速に進行する隆起性病変に対しては経過を観察することはせず，なるべく早期に皮膚生検を実施する。

(b) 腫瘍性疾患を疑うのであれば，浸潤度の評価もふまえてある程度のマージンをとった切除生検を行う。また，ウイルス性局面を診断するためにはなるべく発生して間もない病変を採取する。陳旧な病変を採取してもウイルスが見つからない可能性がある。ウイルスの検出のためにPCRや電子顕微鏡による探索が必要となる場合も考えられるため，そのための材料も採取した方がよい。
本例は生検の結果，パピローマウイルスに対する免疫染色において陽性を示したため色素性ウイルス性局面と診断された。

(c) 色素性ウイルス性局面では，一定期間にわたり局面は成長するが，その後平衡状態に達することが多い。ただし，扁平上皮癌へ悪性転換する可能性もあるため経過には注意する必要がある。

● Key Point

- 色素性ウイルス性局面は犬パピローマウイルスに関連して起こる疾患である。
- 通常1cm以下の，色素沈着を伴う卵形から円形の多発性の局面を肉眼的特徴とする。
- 好発部位は腹側面，四肢近位内側面である。
- 甲状腺機能低下症，副腎皮質機能亢進症，低グロブリン血症，免疫抑制剤の投与中など，免疫抑制状態で発生しやすいと考えられている。本症例も，若齢時より全身性毛包虫症を発症しており免疫抑制状態にあった可能性もある。
- アジスロマイシン10mg/kg，q24h, 2週間の投与で病変が消失したとの報告がある。

● オーナーへの伝え方

- 多くは重大な続発症を伴わないが，癌化する可能性があることを伝える。
- おそらく重度の免疫抑制状態にあることが考えられるため，その他の感染症にも十分に注意することを伝える。

全身

症例.114　犬，去勢雄，脱毛，かゆみ，多飲多尿

主訴・所見

雑種犬，12歳，去勢雄が，顎，前後肢，腹部の脱毛とかゆみ（写真114-1）ならびに多飲多尿を主訴に来院した。6年前に他院にて落葉状天疱瘡と診断され，プレドニゾロン（0.6 mg/kg，q24h），セファレキシン（25 mg/kg，q12h），甲状腺ホルモン剤などが処方されていた。

他院で6ヵ月前，ALPの高値が認められたため，プレドニゾロンを減量したところ，最近，顔面，手足のかゆみがますますひどくなった（写真114-2，114-3）。オーナーはさらなるかゆみ止めの増量を求めている。容易に出血が起きるため，踵，肘にはいつも手作りのサポーターをしているとのことであった。

問題

(a) 治療歴，身体検査からどのような疾患を疑うべきか？
(b) 初診時に必要な検査は何か？
(c) このような状態にならないよう，どのような処置が必要であったか？
(d) かゆみの原因は何か？

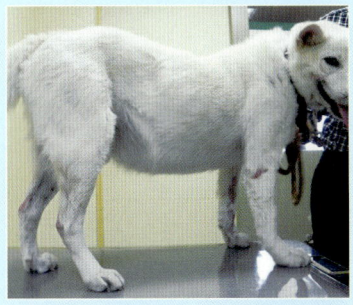

写真114-1

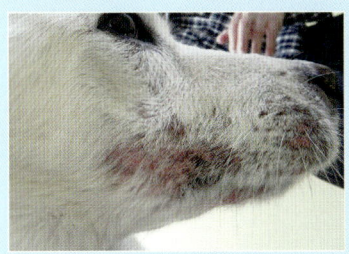

写真114-2

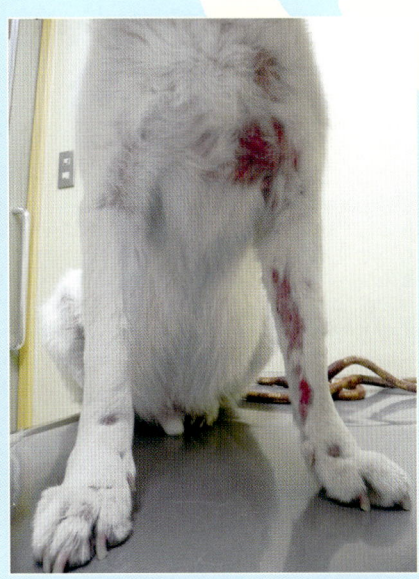

写真114-3

解答

(a) 医原性クッシング症候群を疑う。治療歴の中で，本症例は落葉状天疱瘡と診断され，6年間かなりの高用量でプレドニゾロンを処方されていたことに注目する。多飲多尿を主訴とし，身体検査では体型は腹部が下垂しており，皮膚は菲薄化し，筋肉量が低下しているため，肘や踵はわずかな刺激で容易に出血した。

(b) 押捺塗抹検査，皮膚掻爬検査，CBC，血液生化学検査，ACTH刺激試験を行う。本症例では，押捺塗抹検査で球菌が認められ，皮膚掻爬検査では毛包虫が検出された。血液生化学検査でGPTが290 IU/L，ALPが1809 IU/Lと高値を示した。ACTH刺激検査ではコルチゾール値が刺激前で0.2μg/dL未満，刺激後が0.5μg/dLであった。細菌同定検査ではS. intermediusが検出されたが，薬剤耐性菌は認められなかった。

(c) 落葉状天疱瘡の寛解を確認した後に副腎皮質ホルモン剤を速やかに漸減することと，定期的なモニターが必要であった。

(d) 医原性クッシング症候群に併発した毛包虫症および膿皮症が原因と考えられる。

● Key Point

- 落葉状天疱瘡は病変がほぼ改善するまで，免疫抑制量の副腎皮質ホルモン剤の投与が必要であった。一般的に落葉状天疱瘡の治療は，プレドニゾロン2〜4mg/kg，q24hを投与し，症状が改善あるいは治癒した後に数週間から数ヵ月程度かけて漸減し，症状がないあるいは容認できる症状を維持できる最小限の投薬を続ける。
- 6年間のうち，かゆみがひどくなったのは最近であり，皮疹の種類や分布は落葉状天疱瘡とは一致しない。また押捺塗抹検査でも，棘融解細胞の検出は認められなかった。これらのことより，今回の皮膚の症状は落葉状天疱瘡とは関係がないと考えられた。
- 正確な甲状腺ホルモン値を検査するには，副腎皮質ホルモン剤を中止し再検査を行う必要があるが，急な中止は危険を伴うため，長い期間をかけて漸減する。

● オーナーへの伝え方

- かゆみを抑えるために必要なものは，副腎皮質ホルモン剤の増量ではなく，細菌と寄生虫をコントロールするための，抗生剤と駆虫剤である。
- 医原性クッシング症候群に起因する毛包虫症と膿皮症が考えられるが，薬に頼る体質になっているため，副腎皮質ホルモン剤はすぐに中止してはいけないと伝える。
- まず，医原性クッシング症候群を治療する必要がある。この病気のために，一般的な感染症に比べて治療期間が長期になることを付け加えなければならない。

全身

症例.115 猫，9歳，耳介と鼻の痂皮

主訴・所見

　雑種猫，9歳，避妊雌，体重3.7kg。耳介の痂皮形成を主訴に来院した。病変は数年前からみられていたとのこと。体温は40.4℃，元気食欲などの一般状態には異常はないが，頭部にかゆみがみられるとのことであった。耳介（写真115-1）および鼻梁（写真115-2）に厚い痂皮の付着およびびらんが認められ，爪床にはクリーム色の滲出物の付着（写真115-3）がみられた。また，わずかではあるが耳介に微小な膿疱が散在していた。その他の一般身体検査に異常はなく，CBC，血液生化学検査，尿検査およびFIV・FeLV検査では特筆される異常は認められなかった。

問題

(a) このような症例に対して，まずどのようにアプローチしていくのが適切か？

(b) 診断のための皮膚生検を行う際の注意点を挙げよ。

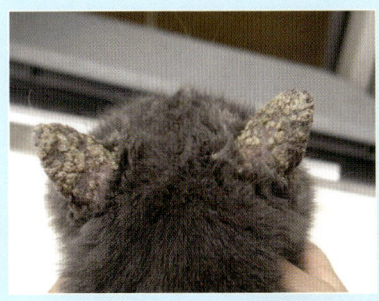

写真115-1

写真115-2

写真115-3

解答

(a) すぐにエリザベスカラーを装着し，オーナーに生検の同意を得る。

臨床所見からは落葉状天疱瘡（PF）が強く疑われる症例である。PFの診断的な生検サンプルを採取する為には，無傷の膿疱を採取する。しかし，膿疱は非常に壊れやすく，本症例のように耳介に散在するケースは非常に"貴重"である。この膿疱が壊れると，新しい膿疱が出現するまで数日待たなくてはならない場合もある。

問診によるとこの症例はかゆみを有しているとのことなのですぐにエリザベスカラーを装着し，掻破から膿疱を保護する。そして，膿疱は数時間で壊れてしまう場合があるので，なるべく早急に生検ができるようにオーナーの同意を得る。押捺塗抹検査や皮膚掻爬検査は，鑑別診断を行うために必要なものであるが，臨床的に落葉状天疱瘡が疑われ，生検材料を得がたいときは省略することもある。

(b) 生検部位の消毒を行う際は消毒液の噴霧程度にとどめ，決して擦らないこと。また，耳道内に消毒液が入らないようにすること。生検材料を採取する際は膿疱を壊さないように丁寧に行うこと。PFのような免疫介在性疾患が疑われる場合は，必ず凍結切片用のサンプルも採取すること，などが主な注意点である。

● Key Point

- PFは猫においてもっとも多くみられる免疫介在性皮膚疾患である。
- 主な臨床所見は膿疱性病変であるが，通常膿疱は壊れやすく，痂皮，鱗屑，脱毛およびびらんが多く認められる。また，多くの症例が瘙痒を示す。
- 好発部位は鼻梁，耳介，眼周囲，肉球および爪床など。その他に体幹，四肢，乳頭周囲などの病変の報告もある。
- 診断的な生検材料を得るタイミングを逃さないようにする。1回の生検で診断的な材料を採取するようにする。
- 一般には副腎皮質ホルモン剤が第一に選択される治療法である。プレドニゾロンを2～4mg/kg，q24hで導入し，寛解が得られたら，状態をみながら徐々に漸減する。またトリアムシノロンが効果的であったとの報告もある。
- 副腎皮質ホルモン剤に反応しない症例は，クロラムブシル0.1mg/kg，q24h（症状により投薬量を調節）を単独または副腎皮質ホルモン剤と併用する。

● オーナーへの伝え方

- 基本的には予後の良い疾患ではあるが，かなり長期的に（あるいは一生）治療が必要となることを最初に伝える。また，治療中にも再発，あるいは治療に対して抵抗性を示す可能性があることも伝える。
- 他の免疫介在性疾患（糸球体疾患や貧血など）を併発する可能性がある。

全身

症例.116 犬，14歳，活動性低下，被毛粗剛

主訴・所見

雑種犬，14歳，避妊雌，体重27kg。約1年前から活動性の低下がみられ，体重が増加し，徐々に鼻部が脱毛してきたという主訴で来院した。体温は37.2℃，心拍数は100回/minであった。診察台の上でも起立はするがほとんど動かず，自宅でも食事の時以外はほとんど動かないとのことであった。

全身の被毛が粗剛で艶がなく（写真116-1），鼻部と尾部の脱毛が認められた（写真116-2，116-3）。また，鼻部では色素沈着が観察された。血液検査ではPCVが33.0％，総コレステロール値が400mg/dL以上で他に異常は認められなかった。

問題

(a) この症例では皮膚症状は軽度であるが，その他の一般状態が内分泌疾患に特徴的である。その疾患名は何か？

(b) 診断するには甲状腺ホルモン値（基礎T_4，fT_4）の測定が必要であるが，測定値（特に基礎T_4）に影響を与える主な要因は何か？

(c) 治療を開始した後，どの症状が比較的早期に改善し，どの症状が時間を要すると考えられるか？

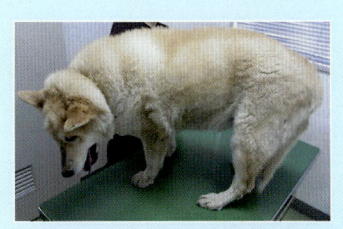

写真116-1

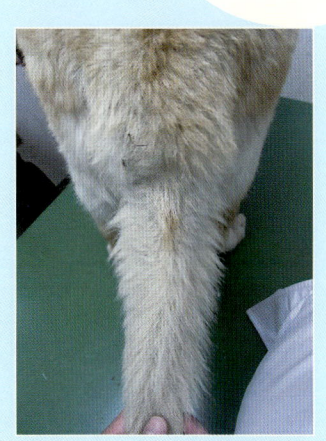

写真116-3

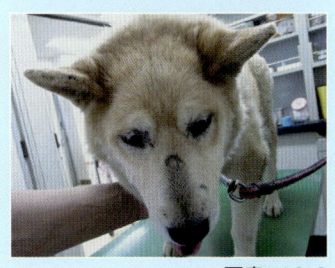

写真116-2

解答

(a) 甲状腺機能低下症がもっとも考えられる内分泌疾患である。本症例の場合にみられた鼻部の色素沈着を伴う脱毛は，この疾患に特徴的であるが他の疾患でもみられる症状であるため確定診断には至らない。したがって，皮膚以外の症状を検討する必要がある。よくみられる皮膚以外の症状は活動性の低下，沈うつ，体重増加，徐脈，体温低下などである。無治療で経過すると神経症状がみられる場合もある。特に重症例では，診察台の上で伏せたまま動こうとしないことがある。

皮膚症状だけで他の内分泌疾患との鑑別が難しい場合は，上記のような皮膚以外の症状から診断名を検討していくことが重要である。

(b) 薬剤（副腎皮質ホルモン剤，フェノバルビタール，フロセミド，NSAIDs等），心疾患，クッシング症候群などが基礎T_4値を低下させる要因となる。したがって基礎T_4値の測定前に，該当する薬剤の投与がないかどうか，他の疾患に罹患していないかを確認する必要がある。甲状腺機能低下症を基礎T_4値の低下のみで診断すると誤診を招くことがあるので，スクリーニング目的で測定することはせず，症状と基礎T_4値を低下させる要因がないことを確認して検査を進める必要がある。

(c) レボチロキシンナトリウムで治療すると，活動性の低下や体重増加，徐脈，体温低下などは比較的早期に改善がみられる。しかし，脱毛などの皮膚症状や神経症状の改善には数ヵ月を要することが多い。神経症状に関しては完全に治癒せず症状が残ることがある。

● Key Point

・甲状腺機能低下症は左右対称性の脱毛，悲愴感のある顔貌といった症状がよく知られているが，臨床の現場ではこうした教科書に記載されている典型的な症状が軽度だが他の症状から本疾患が疑われる場合が多い。また，基礎T_4値が低いという理由のみで診断されてしまうケースがあるが，様々な要因で基礎T_4値が低下してしまうことに注意する必要がある。

● オーナーへの伝え方

・レボチロキシンナトリウムで治療すると，急に活発になりすぎてしまうことがある。したがって，オーナーには散歩時などにトラブルや事故にならないよう注意してもらう。

全身

症例.117 犬，15歳，多発する小型腫瘤

主訴・所見

マルチーズ，15歳，避妊雌。全身のかゆみを主訴に来院した。体幹部全体に丘疹や膿疱が観察され，表在性膿皮症が疑われたが，それらの皮疹とは別に，全身性に多発する小型腫瘤が認められた（写真117-1）。

オーナーによれば，これらの腫瘤は，ここ1年ほどで特に目立つようになったが，それ以前から少数の存在が確認されていたという。腫瘤は拡大傾向を示しているものの，その速度は緩徐であり，犬自身はかゆがったり気にしたりする様子はないとのこと。腫瘤のFNA検査を実施したところ，特徴的な細胞集塊が採取された（写真117-2）。

問題

(a) 写真117-1に観察される腫瘤の，肉眼的所見の特徴を述べよ。

(b) 写真117-2に観察される，細胞診所見の特徴を述べよ。

(c) 肉眼的所見および細胞診所見から，もっとも強く疑われる診断名を答えよ。

(d) 今後どのような経過が予想されるか？

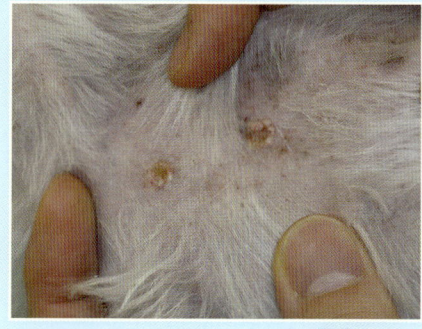

写真117-1

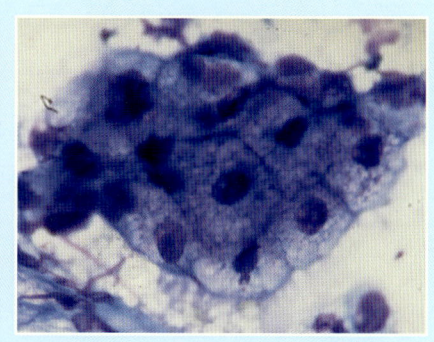

写真117-2

解答

(a) 複数の小葉に分かれて、カリフラワー状を呈する小型の無毛腫瘤が複数認められる。腫瘤の中央部は潰瘍化し、脂性の分泌物または痂皮が付着している。

(b) 小さな濃染核と泡沫状の細胞質を有する細胞が、房状に配列している。

(c) 脂腺過形成、または脂腺腺腫が疑われる。本症例にみられた細胞診所見は、細胞どうしの接着が強く、細胞質に無数の脂肪滴を含む脂腺細胞の形態に合致する。またカリフラワー状の外観も特徴的であり、このような肉眼的所見を呈する腫瘤は脂腺細胞由来である可能性が非常に高い。
細胞診にて典型的な脂腺細胞が大部分を占める場合は、脂腺過形成または脂腺腺腫が疑われる。一方、典型的な脂腺細胞の割合が少なく、小型の基底細胞様細胞が主体となって観察されるものは脂腺上皮腫と呼ばれ、潜在的に悪性の性格を有する。(写真117-3)。

(d) 脂腺過形成と脂腺腺腫を、肉眼的あるいは細胞学的に区別することは難しく、さらに組織学的にでさえ鑑別困難なこともある。しかしこれらはいずれにせよ良性病変であり、局所浸潤や転移の心配はなく、積極的な治療は必要とならないことが多い。自潰や傷害による潰瘍化が生じるなどして治療が必要となった場合には、適切に切除すれば再発は起こらない。

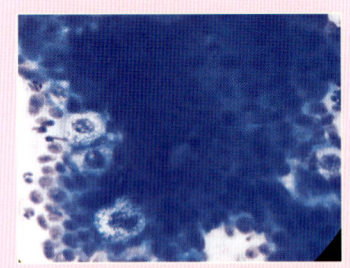

写真117-3

● Key Point
・カリフラワー状の外観を呈する小型腫瘤は脂腺系腫瘍である可能性が高い。
・肉眼的所見と細胞診所見から、診断は容易である。
・治療が必要な場合には、完全な外科的切除が行われるほか、凍結外科やレーザー外科が選択できる。

● オーナーへの伝え方
・脂腺過形成または脂腺腺腫は良性病変であり、積極的な治療は必要とならないことが多い。
・特に脂腺過形成はしばしば全身性に多発するため、外科的切除後も別の部位に新たな病変が生じる可能性が高い。

全身

症例.118 犬，15歳，鼻の色素脱失，粘膜潰瘍

主訴・所見

雑種犬，15歳，避妊雌。4ヵ月前に頚部の発疹に気付き，徐々に拡大してきたため来院した。鼻鏡部では色素脱失および潰瘍，口唇では局面，口腔粘膜で潰瘍が認められた（写真118-1）。さらに眼周囲にも紅斑，腫脹が見られた。頚部〜背部にかけてと，体幹，前肢，後肢に1円玉大から500円玉大の局面が多数みられ（写真118-2，118-3），大型の局面の中央部では潰瘍が形成されていた。押捺塗抹検査では多数の好中球と球菌の他，大型のリンパ球様細胞が検出された。

問題

(a) この症例のように皮膚に局面を形成する，進行性の皮膚疾患の鑑別疾患として何が挙げられるか？ また診断するにはどのような検査が必要であるか？

(b) 鼻鏡部に色素脱失がみられるが，なぜこのような皮疹が生じるのか？

(c) 本症に有効とされる治療法は何か？ また予後はどうか？

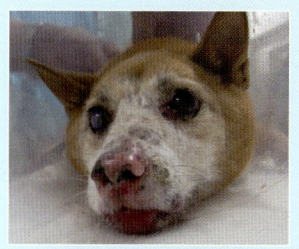

写真118-1

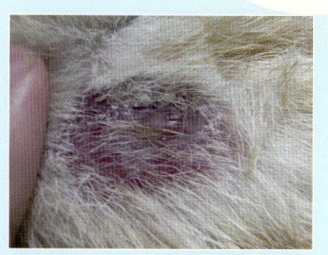

写真118-2

写真118-3

解答

(a) 上皮向性リンパ腫（菌状息肉症），非上皮向性リンパ腫，組織球系腫瘍が鑑別疾患として考えられる。診断は細胞診および皮膚生検によりなされる。細胞診を行う場合，潰瘍部は押捺塗抹検査で，局面または結節病変では細針吸引検査で実施可能である。細胞診によって腫瘍性疾患が疑われた場合でも，確定診断には皮膚生検が必要である。生検部位は，潰瘍・びらん部ではなく，結節または局面の辺縁，あるいは紅斑部位を選択する。紅斑部位はより初期の病変であるため，上皮向性か非上皮向性かを区別しやすいためである。また，異なる皮疹の複数ヵ所から材料を採取することが重要である。
この症例では局面辺縁から皮膚生検を実施したところ，表皮から真皮深層にかけて大型のリンパ球様腫瘍細胞が浸潤し，表皮および真皮組織が腫瘍細胞によって置換されていた。残存していた毛包上皮およびアポクリン腺上皮細胞内に腫瘍細胞が浸潤していたことから，上皮向性リンパ腫と診断した。

(b) 犬の鼻鏡部は表皮細胞に多量のメラニン色素が分布するため，肉眼で黒色〜褐色にみえる。上皮向性リンパ腫の初期病変は表皮〜真皮境界部に腫瘍細胞が浸潤し，正常の基底層が破壊される。したがって基底層に存在する，メラノサイトやメラニンを細胞内にもつ表皮細胞が真皮側に落下し，マクロファージに貪食される。それによって，表皮内のメラニン量が減少し，肉眼的に色調が変化する。

(c) 治療法として多中心型リンパ腫に使用する多剤併用療法が効果を示す場合がある。ただし，多中心型リンパ腫と比較すると寛解率は非常に低い。近年，ロムスチンによる治療が行われ，ある程度効果があるとされている。また，緩和療法として組み換えイヌインターフェロン−γをプレドニゾロンと併用すると，症状が緩和されることがある。いずれの治療を行っても本症の予後は非常に悪い。したがって化学療法で積極的に治療を行うか，緩和療法を実施するかどうかは，オーナーと話し合いを十分に行った上で選択する必要がある。

● Key Point

・発症初期の場合，本症は表在性膿皮症やアレルギー性皮膚炎と診断される場合がある。治療に反応の悪い皮疹があるために皮膚生検を実施したところ，本症であるとわかることがあるため，日頃から念頭において診察する。
・1回の生検ではリンパ腫と診断できないケースもあり，皮疹が拡大，進行する場合は皮膚生検を再度実施する。

● オーナーへの伝え方

・非常に予後の悪い疾患であるが，化学療法や緩和療法にある程度反応するので，治療費，通院回数，オーナーの考え方を考慮し，何らかの治療を行うことを勧めるのがよい。

全身

症例.119 犬, ミニチュア・ダックスフント, 1歳, 被毛が薄い

主訴・所見

ブラック&タンのミニチュア・ダックスフント, 1歳, 避妊雌。最近被毛が薄いとの主訴で来院した。左右の耳介外側, 体幹, 前胸部〜腹部, 大腿部尾側, 肛門周囲および会陰部に脱毛が認められる（写真119-1〜119-3）。患者は身体を掻くことはほとんどないが, 表皮小環が体幹および大腿部尾側にみられ, 全身には鱗屑がみられる。表皮小環での押捺塗抹検査では球菌が検出された。被毛検査では, ほぼすべての毛根が休止期であった。外部寄生虫は検出されず, 血液検査でも異常は認められなかった。

問題

(a) 若齢のミニチュア・ダックスフントで考えなければならない感染症以外の脱毛症は何か？

(b) この犬は多飲多尿, 徐脈, 低体温は認められず, 食欲も正常であった。脱毛の分布などを考慮に入れると, 診断をどのように進めればよいと考えられるか？

(c) 本症は特発性とされているが, 治療および日々のケアをどのように行うべきか？

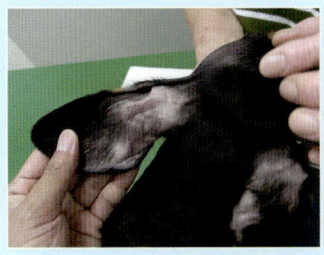

写真119-1

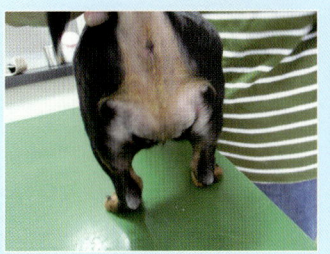

写真119-2

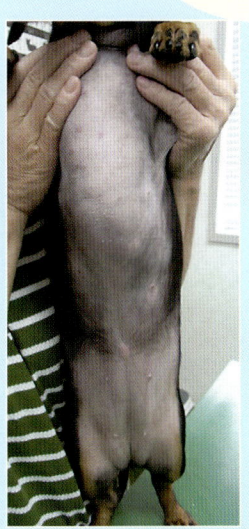

写真119-3

解答

(a) ミニチュア・ダックスフントにおいて非感染性の脱毛症で考慮すべき疾患は，パターン脱毛症，黒色毛包異形成（Black hair follicular dysplasia：BHFD），淡色被毛脱毛症（Color dilution alopecia：CDA）である。
パターン脱毛症は脱毛部位の分布が特徴的な特発性の脱毛症で，耳介外側，大腿部尾側，前胸部から腹部にかけて脱毛が生じる。病態は徐々に進行し，経過とともに色素沈着を伴うことがある。
BHFDは黒色被毛のみが抜ける疾患でメラニン異常が原因とされている。抜毛による被毛検査で毛軸中に巨大なメラニン凝集が認められる。CDAは淡色被毛（ブルー，グレー，シルバー，フォーン）が抜ける疾患で，毛軸内にメラニン凝集塊が認められる。BHFDおよびCDAは毛軸内のメラニン凝集塊が毛軸を破壊し脱毛が生じると思われる。

(b) 皮疹以外の症状，異常は特に認められないことや1歳という年齢から，内分泌疾患の可能性は低いと考えられる。次に脱毛分布はパターン脱毛症に一致する。脱毛は黒色および茶色の被毛で起きており，毛色に関連するBHFDやCDAの可能性も低い。このことは被毛検査において，毛軸内にメラニン凝集塊がないことからも合致する。
以上から診断はパターン脱毛症である。また，この動物には表皮小環がみられたが，これは二次的な表在性膿皮症である。脱毛部位は皮膚の防御機構が低下しやすく，二次感染が生じやすい。

(c) パターン脱毛症に対してメラトニン（個人輸入が必要）が有効な場合がある。6～12mg/頭，q12h～q24hで3ヵ月間投与し，効果を判断する。効果がある場合は継続し，発毛がない場合には治療を休止する。ただし，この治療への反応は良いとはいえない。
本症の患者には二次感染が起きやすいので保湿性のシャンプーで皮膚のバリア機能を整えることが有効である。しかし，被毛は抜けやすい状態なので，ブラッシングは軽く実施する程度にとどめておいた方がよい。二次感染が生じた場合はその治療を行う。例えば表在性膿皮症にはセファレキシンなどの抗生剤，マラセチアの過増殖に対しては抗真菌剤の投与を行う。

● Key Point

・本症は，犬種と特徴的な脱毛部位の分布から，診断には苦慮しない。しかし，皮膚生検による病理組織学検査を行うと，他の疾患と鑑別しやすくなる。その所見は，毛包が正常よりも小形で，異常なメラニンの凝集がない。

● オーナーへの伝え方

・メラトニンには副作用がほとんどなく，まず3ヵ月という期限を設けると治療を開始しやすい。
・メラトニンによる治療に反応がなくても，健康には影響はないと伝える。

全身

症例.120　猫，耳根部のかゆみ

主訴・所見

　日本猫，7歳，未去勢雄。1週間前から強いかゆみがあるという主訴で来院した。耳介から耳根部，頚部に脱毛，発赤，鱗屑が認められ（写真120-1，120-2），触れるだけでかゆみ動作が誘発される。

　この猫は屋外へ出ることが多く，1年前も同様の症状を示し，疥癬と診断されていたが，治療によって完治していた。オーナーにもかゆみを伴う皮疹があった。皮膚掻爬検査で外部寄生虫体と虫卵が多数検出された（写真120-3）。

問題

(a) この猫の皮疹の特徴は強いかゆみに加え，厚い鱗屑と脱毛を伴うことである。また，写真の虫体からも診断は可能である。この患者の診断名は何か？

(b) 本症の治療法と注意すべき点は何か？

(c) オーナーにもかゆみを伴う皮疹があるが，どのような対応をとるべきか。

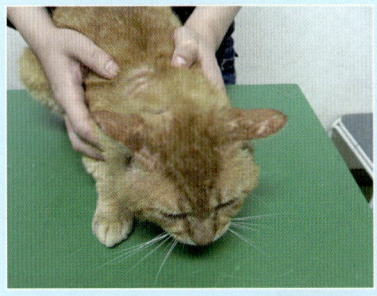

写真120-1 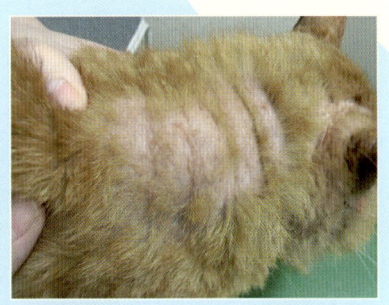　　　　　写真120-2

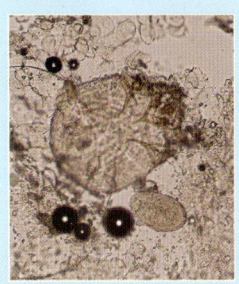

写真120-3

解答

(a) 写真120-3から、虫体がヒゼンダニであることは明らかであり、診断名は猫疥癬である。本症は非常に強いかゆみが特徴であり、触れるだけでかゆみを誘発することがある。初期には皮疹は耳介にみられ、頭部、顔、頚部へと拡大する。

猫では鱗屑および痂皮がある皮膚を、浅く広範囲に掻爬することで、虫体を比較的容易に検出できる。時に虫卵のみが検出される場合もあるので、低倍で虫体が見つからない時には注意深く虫卵を探すことが重要である。

(b) 猫疥癬の治療法としてイベルメクチンが有効である。用量は200〜300μg/kgで1週間から2週間隔で、3回ないし4回、経口投与あるいは皮下注射にて投与する。また、猫疥癬には認可されていないが、セラメクチンのスポット製剤も効果がある。用量は6〜12mg/kgを2週間ごとに2回または1ヵ月に1回である。

この猫の場合は、セラメクチンを2週間隔で2回投与し完治した。この治療は皮疹のあった箇所で皮膚掻爬検査を行い、虫体や虫卵が検出されなくなるまで行う。皮疹が改善したことで治療を終了すると、再発する危険性がある。治療の注意点として猫を複数飼育している場合は、全頭で治療を行う必要がある。症状がある猫以外の猫に皮疹がなくても、遅れて発症することがあるので、同時に治療することが重要である。

(c) 疥癬虫は宿主特異性が強いと考えられており、基本的に猫の疥癬虫は、ヒトの皮膚で増殖しない。しかし、一次的にヒトの皮膚に存在することで、皮疹が出現することがある。ヒトの症状は一過性であるが、治まらない場合はヒトの皮膚科への受診を勧め、飼い猫が疥癬に罹患していることを医師に伝えてもらう。乳幼児や持病を持つ高齢者など、免疫力が低下しているヒトへの接触は避ける。

● Key Point

- イベルメクチン製剤は非常に苦いので、猫への経口投与が困難であることが多い。したがって、イベルメクチンの投与は皮下注射で行うことが無難である。
- セラメクチンはスポット製剤なので使用しやすく、性質上の問題で通院が困難な猫には有効な手段である。

● オーナーへの伝え方

- 屋外でも活動する猫は、外で接触した猫から再感染する可能性がある。
- 複数飼育をしている場合は、家庭内で相互に感染するので全頭を同時に治療する必要があることを説明する。

全身

症例.121 犬，去勢雄，皮膚腫瘤，紫斑

主訴・所見

　ゴールデン・レトリーバー，10歳，去勢雄。全身性に多発する小型の暗赤色をした皮膚の腫瘤を主訴に来院した。全身状態に大きな問題はなかった。腫瘤には3日ほど前に気付いたとのことであった。同居犬1匹とともに屋内飼育され，既往歴はない。
　表皮に固着し，皮下織とは遊離した可動性の腫瘤が全身に散在しており，直径3mm前後のものがもっとも多く，大きいものでも1cmに満たなかった（写真121-1，一部を矢印で示した）。身体検査の結果，胸骨部などに紫斑が認められた（写真121-2）。
　血液検査にて軽度の再生性貧血に加え，重度の血小板減少症を認めたため，血液凝固検査を追加した。その結果，APTTは正常であったが，PTの延長が認められ，さらにフィブリノーゲンの減少ならびにFDPの上昇がみられた。
　腫瘤のFNAを実施したが，採取されたのは大部分が血液成分であり，診断意義のある細胞は検出されなかった。

問題

(a) 全身的にどのような病態にあると考えられるか？
(b) 腫瘤に関して，もっとも疑われる診断名は何か？
(c) どのように診断するか？　その際の注意点とともに述べよ。
(d) そのほかに追加すべき検査を挙げよ。

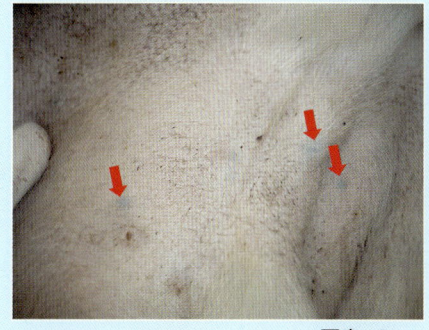

写真121-1 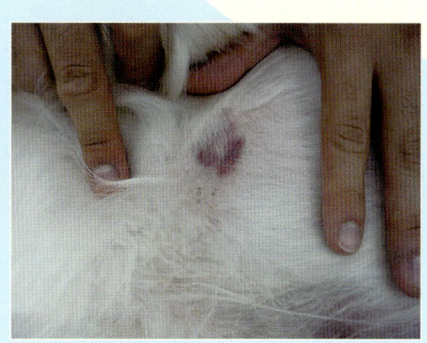　　　　　　　　　　　　　　　　写真121-2

解答

(a) 播種性血管内凝固症候群（DIC）の病態であると考えられる。各種血液凝固系検査の異常がこれを支持する所見とみなされる。ただし，この時点ではDICの大前提となる基礎疾患が確認されていない。DICから脱出するためには基礎疾患の治療が最重要であることから，このような場合には，迅速に基礎疾患を検索する必要がある。

(b) 血管肉腫を疑う。この腫瘍は高率にDICを起こす基礎疾患となることが知られている。暗赤色の肉眼的所見や細胞診所見からも，血管腫や血管肉腫などの血管系腫瘍が，鑑別診断の上位に挙げられる。

(c) 腫瘍の生検によって診断を確定する。ただし止血異常がみられることから，生検後の持続性出血を想定する必要がある。また，血流の停滞は，DICによる微小血栓形成の悪化因子となるため，鎮静や全身麻酔による血圧低下は可能な限り避ける。
本症例では，輸血と低分子ヘパリンの投与により，ある程度血液凝固能を改善させたうえで，局所麻酔下にて後肢遠位の腫瘤をパンチ生検し，さらに長時間の圧迫包帯を施した。病理学的に，真皮に限局する結節性の血管肉腫と診断された。

(d) 腹部および胸部の画像診断を行う。皮膚原発の血管肉腫がDICの原因となることは，多くないとされている。DICを伴う血管肉腫では，多くの場合，腹腔内臓器を精査することによって皮膚以外の原発巣が発見される。また，皮膚腫瘤が多発性を呈していることも，皮膚病変は転移巣であること，すなわち原発性腫瘍が別に存在することを疑わせる所見である。
特に腹部超音波検査によって脾臓腫瘤を，そして心臓超音波検査によって右心房の腫瘤を，それぞれ検索することが重要である。これらは犬の血管肉腫が好発する部位として知られている。

● Key Point

・皮膚に血管肉腫が生じた際には，それが原発巣である場合と，内部臓器原発の腫瘍から転移した場合の2つの可能性を考える。
・特に内部臓器の血管肉腫は，DICの基礎疾患として一般的である。
・細胞診で診断的な所見が得られることは少ない。
・内部臓器原発の場合よりも，皮膚原発の血管肉腫であった場合の予後は良好である。特に真皮に限局した腫瘍は，外科的な完全切除が比較的容易であり，予後良好だが，それに比べると皮下組織に生じた血管肉腫はより悪性度が高く，悪い経過が予想される。

● オーナーへの伝え方

・たとえ皮膚病変が顕著であったとしても，単純な皮膚疾患ではない可能性があることを十分に説明する。皮膚科学的検査のみでなく，全身のスクリーニング検査を実施するべきである。
・脾臓や心臓などの内部臓器に腫瘍が認められた場合は，予後は非常に悪い。
・内部臓器に腫瘍が発見されず，皮膚原発と考えられるならば，広範囲の外科的切除によって良好な予後が期待される。

全身

症例.122　うさぎ，雌，脱毛，鱗屑

主訴・所見

　ロップイヤー系の雑種うさぎ，1歳，雌。2週間前からの頚背部の脱毛を主訴に来院した。屋内での単頭飼育であり，他の動物と接触した経歴はない。全身状態に異常はなく，身体検査では，頚背部および耳介背側に脱毛が認められ，軽度の鱗屑と発赤を伴っていた（写真122-1）。また全身の被毛に，細かな「コショウを振りかけたような」付着物が肉眼で確認された。テープストリッピング検査により，付着物と被毛を採取し，鏡検したところ，被毛の付着物は外部寄生虫であると考えられた（写真122-2，122-3）。

問題

(a) この外部寄生虫の名称は何か？
(b) その寄生によってもたらされる，一般的な症状を述べよ。
(c) どのような治療を実施するべきか？

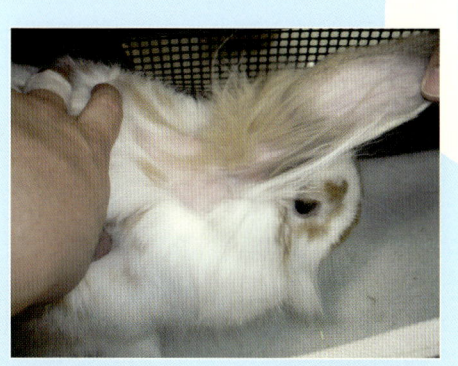

写真122-1

写真122-2 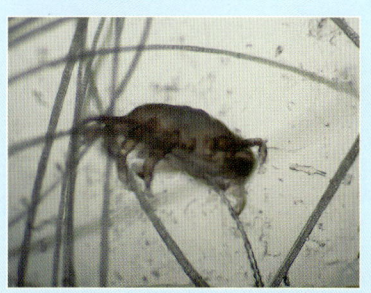　　　　写真122-3

解答

(a) ウサギズツキダニである。うさぎのテープストリッピング検査で検出される外部寄生虫として代表的なものに，ウサギツメダニとウサギズツキダニがある。これらのダニは形態学的に容易に鑑別できる。ツメダニはその名の通り，触肢の先端に内方へ彎曲した大きな爪と，大きく発達した口器をもつことが特徴である。一方，ズツキダニは高密度のキチン質によって赤茶色を呈し，雌は卵形，雄は虫体後方に突出した尾葉をもつことが特徴となる（写真122-2）。左右に薄く，扁平な形態をしているため，標本上は「横向き」を呈することも多い（写真122-3）。

(b) 無症状であることが多い。一般的にズツキダニは，非病原性の外部寄生虫として知られている。しかし臨床の現場では，このダニの寄生に伴って，脱毛や落屑などの症状が認められることも少なくない。

(c) 病原性の強いダニではないため，駆虫によって大きな副作用が生じないようにすることが肝要である。無症状であれば，経過観察とするのも選択肢の1つと考えられる。治療を行う際には，イベルメクチン200～400μg/kgの皮下注射を，2週間ごとに繰り返し投与する方法が一般的である。そのほか，ピレスロイド系や有機リン系殺虫剤の外用，また，近年ではセラメクチンの滴下も効果的であるとされている。

● Key Point

- ウサギズツキダニ（*Listrophorus*（*Leporacarus*）*gibbus*）はうさぎの代表的な外部寄生虫の一種である。
- 寄生が認められても，無症状であることが多いとされる。
- 著者の経験では，臨床症状を伴うことも少なくないと思われる。
- テープストリッピング法にて採取した落屑や，被毛材料の鏡検にて，容易に診断できることが多い。

● オーナーへの伝え方

- ヒトに寄生することはないとされている。
- 駆虫を実施したとしても，完全に寄生を解消することは困難な場合がある。また，再発が生じることも少なくない。
- 無症状または軽症の場合には，無治療で経過観察とするのも選択肢の1つである。

全身

症例.123 犬，右後肢のかゆみ，眼と口の周囲の痂皮

> **主訴・所見**
>
> ヨークシャー・テリア，7歳。1年前から続く右後肢のかゆみで来院した（写真123-1）。紹介元の病院では，抗菌剤，抗真菌剤が投与された後，病理組織学検査ではアレルギー性皮膚炎に一致するとのことで副腎皮質ホルモンを投与したが，十分改善しなかった。病変とかゆみは右後肢からはじまり，最近では顔面に拡大した（写真123-2）とのことであった。押捺塗抹検査を実施したところ写真123-3のような細胞が認められた。

問題

(a) 写真123-3に認められる細胞は何か？
(b) このような細胞が認められた場合，どのような疾患が鑑別疾患として挙げられるか？
(c) 次に進める検査は何か？
(d) どのような治療法が適切であるか？

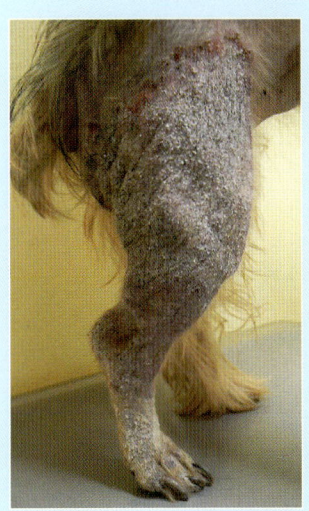

写真123-1

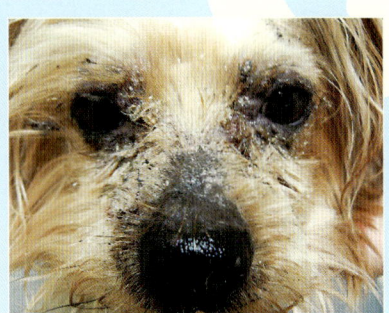

写真123-2

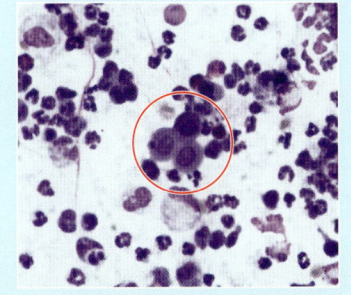

写真123-3

269

解答

(a) 棘融解細胞である。棘融解細胞は，一般的に犬や猫の落葉状天疱瘡で損傷のない膿疱あるいは痂皮を剥がした下のびらん面からの皮膚押捺塗抹標本において，非変性好中球とともに多数観察されることが多い。しかし，細菌性膿皮症や皮膚糸状菌症の一部の症例にもこの細胞が検出されることがある。

(b) 落葉状天疱瘡，皮膚糸状菌症，膿皮症などが挙げられる。落葉状天疱瘡における棘融解は，表皮細胞間のデスモソーム接着分子に対する自己抗体によって起きると考えられている。しかし，この棘融解角化細胞と好中球の存在は，犬の落葉状天疱瘡に特異的ではなく，犬や馬の皮膚糸状菌症でも認められる。皮膚糸状菌症においては皮膚糸状菌から産生されるケラチナーゼやその他のタンパク分解酵素により，棘融解が起きるとされる。また，表在性細菌性毛包炎でも，好中球から産生される加水分解酵素により棘融解が起こり，棘融解角化細胞が認められることが知られている。犬の皮膚糸状菌症で，棘融解細胞がみられた例は Trichophyton mentagrophytes で報告されている。

(c) 皮膚の病理組織学検査を行う。本症例は，紹介病院ですでに病理組織学検査が行われていたが，検査結果と臨床所見が一致しない場合には再度生検を行ったほうがよい。当院での病理組織学検査結果では，増加した角質層中に PAS 陽性の菌糸様構造物が認められた。真菌培養および遺伝子検査の結果，Trichophyton rubrum が検出され，T. rubrum による皮膚糸状菌症と診断された。

(d) 5〜10 mg/kg のケトコナゾールを 1 日 1 回で経口投与し，2%ケトコナゾールシャンプーによる洗浄を 1 週間に 2 回行う。

● Key Point

- 北米での報告によると，犬の皮膚糸状菌症の主な原因菌は Microsporum canis であり，全症例中の約 7 割から分離される。残りの 10〜30％の症例からは M. gypseum あるいは Trichophyton spp. が分離されることがほとんどで，Trichophyton 属の中では T. mentagrophytes がもっとも多く，T. rubrum や T. terrestre が続いて多い。T. rubrum はヒト好性の真菌であり，ヒトの白癬（いわゆる水虫）の原因菌として知られている。
- Trychophyton spp. の感染例では，菌要素は表皮角質のみに認められ，毛幹部には認められないことも報告されている。また，ヨークシャー・テリアは皮膚糸状菌症の好発犬種である。
- 本症例の場合，紹介病院では病理組織学検査を動物の一般的な検査施設で行っていたが，皮膚の病理組織学検査は専門機関に依頼することが勧められる。

● オーナーへの伝え方

- 皮膚糸状菌症は人獣共通感染症であり，この疾患の感染源はヒトの可能性も考えられる。
- 感染した可能性のある場所を確認する。もし同居しているオーナーが原因であれば，環境の浄化はもちろんのこと，白癬菌に感染している家族全員の治療が必要である。

全身

症例.124 雑種犬, 14歳, 毛艶がない, 運動性低下

主訴・所見

　雑種犬, 14歳, 未去勢雄である。フィラリアの検査目的で来院したが, 診察台の上で全く動こうとしない（写真124-1）。オーナーは, 食事量は少ないが以前よりも太ってきたこと, 散歩に行かなくなったこと, そして被毛に艶がなくなったことに気付いてはいたが, 年齢によるものと考えていた。多飲多尿は認められない。体温は38.8℃, 心拍数は90回/min, 体重は25.4kgであり1年間で6kg増加した。フィラリアは陰性で, PCVが28%であった。

問題

(a) 皮膚症状として鼻梁部の脱毛および色素沈着（写真124-2）, 背部の脱毛および皮脂によるべたつきがみとめられたが（写真124-3）, 皮膚以外の症状を考慮して考えられる疾患は何か？

(b) 甲状腺機能低下症を診断するうえでeuthyroid sick syndromeの存在を念頭に入れる必要がある。euthyroid sick syndromeとは何か？

(c) 患者はレボチロキシンナトリウムで治療し, 約1週間で活動性が改善した。本疾患に対する治療評価をどのように行えばよいか。また予後はどうか？

写真124-1

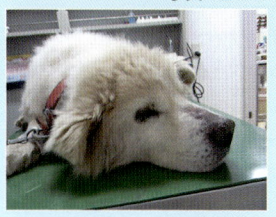

写真124-2

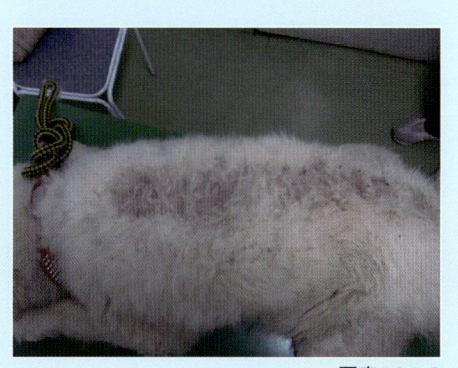

写真124-3

解答

(a) 写真から分かる皮疹には鼻梁部の色素沈着を伴う脱毛，背部の脱毛および皮脂の過剰な分泌による汚れがある。被毛に触れると粗剛な触感であった。このような皮疹から，内分泌性疾患の可能性が考えられる。患者は未去勢雄であるが，精巣腫大は認められないので性ホルモン異常が除外される。次に多飲多尿および多食がなく，皮膚の菲薄化や石灰沈着，腹囲膨満などのクッシング症候群に特徴的な所見はなかった。そして，活動性の低下，食事量が少ないにもかかわらず体重が増加していること，PCVの低下，軽度の徐脈から，甲状腺機能低下症がもっとも疑われる疾患である。

(b) 甲状腺以外の疾患が存在することにより，甲状腺の機能が正常であっても基礎T_4値が低下することをeuthyrod sick syndromeという。基礎T_4値の低下は，疾患に罹患すると細胞代謝が低下するという生理反応によるものであると考えられている。特に心疾患やクッシング症候群がよく遭遇する併発疾患である。特に後者は脱毛が生じることから，皮疹の印象だけで基礎T_4値を測定し，誤診することがある。本症例の基礎T_4値は0.5μg/dL以下であったが，併発疾患が見つからなかったので甲状腺機能低下症を疑診とした。

(c) レボチロキシンナトリウムの内服を10〜20μg/kg，1日2回で経口投与し，約4〜8週間後に基礎T_4値を測定する。臨床症状の改善がみられ，基礎T_4値が正常範囲内であれば治療が成功していると判断できる。ほとんどの症例で予後は良好である。
しかし，発症から長期間経過している患者は治療に対する反応が悪く，症状が改善するまでに時間を要することがある。また，神経症状が認められる場合は治療しても完全に回復しないことがある。

● Key Point

・本症例のように甲状腺機能低下症を疑う症状があっても，オーナーは年齢や性格が原因と考えている場合があるので注意が必要である。

● オーナーへの伝え方

・甲状腺機能低下症は治療を行えば，予後は良いということを説明する。ただし，治療への反応が遅い場合もあることを伝える必要がある。

全身

症例.125 猫，雌，体幹の脱毛

主訴・所見

雑種猫，5歳，雌。広範囲の脱毛を主訴に来院した（写真125-1〜125-3）。脱毛は1年以上前から認められていた。日中は自宅に誰もおらず，同居猫が他に3頭いるが特に干渉し合わない仲である。この猫は夜間によく鳴き，皮膚を異常に舐めていた。

問題

(a) 皮膚検査として押捺塗抹検査および被毛検査を実施したが，症例の写真から被毛検査で毛の先端がどのようになっていると考えられるか？　また，その結果から，猫のどのような行動がこの症状を引き起こしていると考えられるか？

(b) 確定診断を行うために，検査や除外診断をどのように進めるとよいか？

(c) どのような治療の選択肢が挙げられるか？

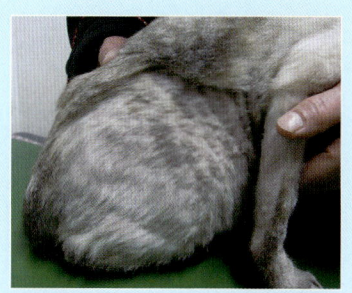

写真125-1

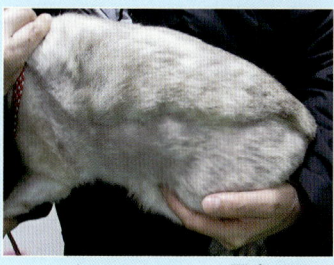

写真125-2

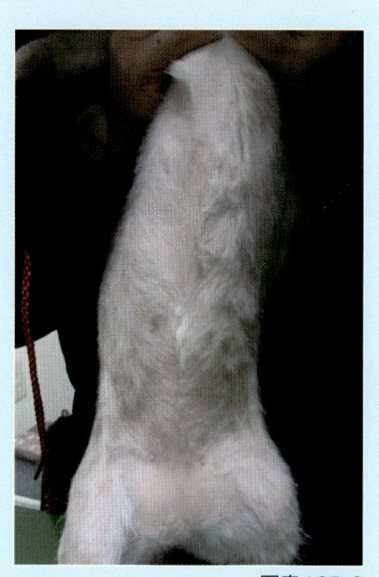

写真125-3

解答

(a) 症例の皮疹をよく観察すると，被毛の短い部分が境界明瞭である。このことから，被毛検査で多くの毛が先端で切れていることと，毛根は成長期と休止期が混在し，全てが休止期性脱毛ではないことがわかる。したがって患者が，過剰なグルーミングで被毛を舐めて毛先が切れ，被毛の短い部位が境界明瞭であることが予想される。

(b) 鑑別疾患として外部寄生虫感染（ノミ，ニキビダニ），食物アレルギー，猫のアトピー性皮膚炎，猫の心因性脱毛が挙げられる。本症例では完全室内飼育であることや，ノミの糞や虫体が認められなかったことから外部寄生虫感染の可能性は低いと考えられる。また，被毛検査でニキビダニの虫体は検出されず，毛包虫症は否定できる。次に食物アレルギーやアトピー性皮膚炎による瘙痒で，皮膚を舐めている可能性を考える。今回はプレドニゾロン（2mg/kg，q24h）の試験的投与を行ったが，反応がなかったことから，アレルギー性疾患の可能性は低いと考えられた。以上の鑑別疾患から除外診断することにより，本症例は猫の心因性脱毛の可能性がもっとも高い。

(c) 本症例はアミトリプチリン10mg/頭，q12hの2週間内服で徐々に発毛し，約2ヵ月後には，ほぼ正常に改善した。しかし，オーナーの判断で休薬したところ，前肢に斑状脱毛が出現し，夜間によく鳴くようになった。アミトリプチリンを10mg/頭，q24hで夜に内服させると再度発毛し，夜間に鳴かなくなり，良好な状態で維持している。
本疾患の治療には環境の改善，エリザベスカラーや服の着用，薬物による治療がある。環境の改善に関してはオーナーや同居動物との関係を見直し，原因となっている可能性のあることを改善させることが有効である。また，エリザベスカラーは猫にはストレスになることが多いので，服を着せることができれば症状の悪化を防ぐことが可能である。薬物の場合はアミトリプチリンやクロミプラミンなどの三環系抗うつ薬のほか，比較的鎮静作用の強い抗ヒスタミン剤が使用される。

● **Key Point**

・猫の心因性脱毛は比較的まれな疾患であるが，臨床所見のみで判断されがちである。しかし，本疾患を診断するにはオーナーへの注意深い問診と，他の皮膚疾患を除外していくことが重要である。
・アレルギー性疾患を除外するために，皮膚生検を複数ヵ所で実施することも有効である。

● **オーナーへの伝え方**

・猫の心因性脱毛は軽度の脱毛程度なら薬物治療を実施せず，環境を変えることで対処可能な場合が多い。多くの場合，オーナーの過剰な接触や同居動物との関係が原因となっているので家庭での環境を考えてもらう。特に猫が安心して過ごせる場所（キャットタワーなど）を確保するとよい。

全身

症例.126 犬，5歳，重度のかゆみと皮膚炎

主訴・所見

ワイヤー・フォックス・テリア，5歳，未避妊雌である。重度の瘙痒を伴う皮膚炎を主訴に来院した（写真126-1〜126-3）。生後半年より，顔面および腋窩に対して瘙痒を示し，いくつかの病院で治療を受けたものの，徐々に悪化傾向にあるとのことであった。

問題

(a) 認められる皮疹およびその分布は？
(b) 疑われる疾患名および必要な検査は何か？
(c) 治療方法として何があるか？

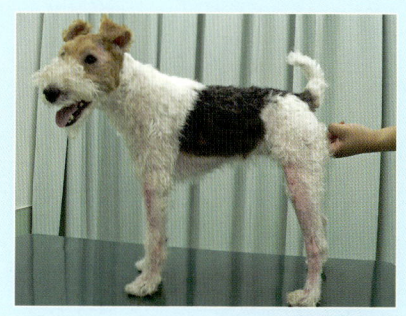

写真126-1

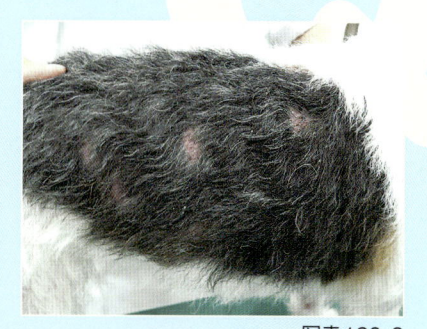

写真126-2

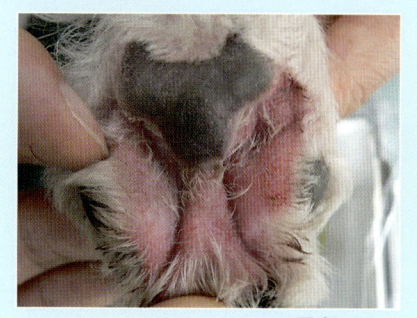

写真126-3

解答

(a) 眼周囲，四肢を中心に，丘疹および紅斑を伴う脱毛が認められる（写真126-1）。側腹部には紅斑，鱗屑を伴う脱毛が多発性に生じ（写真126-2），趾間には重度の紅斑が認められる（写真126-3）。

(b) 病歴および臨床症状からアトピー性皮膚炎，食物アレルギー，蕁麻疹，感染症（表在性膿皮症やマラセチア性皮膚炎），外部寄生虫症（疥癬），上皮向性リンパ腫（初発が生後半年であることから，本症例での可能性は低い）などが疑われる。押捺塗抹検査，掻爬検査，被毛検査，ウッド灯検査などの一般的な皮膚検査を行い，感染症を除外する。

(c) 重度の瘙痒が認められることから，疥癬の可能性を考えて，セラメクチンやイベルメクチンを用いた診断的治療を行う。次に表在性膿皮症やマラセチア性皮膚炎などの，二次感染に対しての治療を行う。本症例では，押捺塗抹検査にてブドウ球菌およびマラセチアが多数分離された。したがって，抗菌性および抗真菌性のシャンプーによる薬浴を行い，さらに抗菌剤および抗真菌剤の全身投与を行った。
疥癬の可能性が除外され，二次感染がコントロールされたにもかかわらず瘙痒を認める場合には，若年性発症と発症部位を考慮し，アトピー性皮膚炎または食物アレルギーを疑い治療を開始する。まずは食物の関与を疑い除去食試験を1～2ヵ月間行う。除去食試験に反応を示した場合は負荷試験により，原因食物を特定することもできる。除去食でも改善が認められない場合には，免疫抑制剤（グルココルチコイド，シクロスポリン）や減感作療法，犬組換え型インターフェロンなどを用い，多角的に治療を行う。

● **Key Point**

- アトピー性皮膚炎は慢性に経過し，増悪と寛解を繰り返す瘙痒性の皮膚炎である。病歴や皮疹の分布に基づき，他の鑑別疾患を除外することで診断される。
- IgE抗体は病態に関与することもあるが，診断には必ずしも必要ではない。病態には皮膚バリア機能の低下が大きく関与することが報告されている。初期には抗原の感作によるIgE産生が起こり，いわゆる液性免疫パターンのTh_2優位となるが，慢性化すると細胞性免疫パターンのTh_1優位になるといわれている。

● **オーナーへの伝え方**

- アトピー性皮膚炎は，生涯にわたる長期的な治療が必要であるため，オーナーの病気への理解が治療成功の鍵を握る。二次感染を適宜治療，予防した上で，適切な免疫抑制剤を単独あるいは併用して治療する。
- 長期的に症状をコントロールする上で重要なことは，それぞれの症例に適した維持療法を見つけることである。副作用を最小限に抑えられ，かつ最大限に効果のある治療法を見つけることが，長期的に高いQOLを保つことにつながる。
- オーナーは早期の改善を望むことがあるかもしれないが，多少時間がかかっても，適切な治療方法を見つけることが，長期的には動物のためになるということを理解してもらう。

全身

症例.127 犬, パグ, かゆみ, ステロイドに反応悪い

主訴・所見

　6歳9ヵ月齢のパグ。1ヵ月程前から顔面をかゆがるようになり, 近医を受診した。抗菌剤を投与するも改善せず, 皮疹は全身に広がった（写真127-1, 127-2）。

　初診時において, 顔面, 頭部, 背部を中心にびらん, 潰瘍, 色素脱失, 脱毛, 痂皮がみられ, 瘙痒も強く認められた。皮膚の細胞診および皮膚搔爬検査では少数の球菌を認めるものの, それ以外に著変はみられなかった。

　プレドニゾロン（1mg/kg）を1日1回経口投与すると瘙痒はやや軽減するが, 皮疹の顕著な改善は認められなかった。

問題

(a) 鑑別診断として何が挙げられるか？
(b) 診断をするためにもっとも必要な検査は何か？
(c) (a)でもっとも疑われる疾患に対し, 治療計画はどのようにすればよいか？

写真127-1　　　　　　　　　　写真127-2

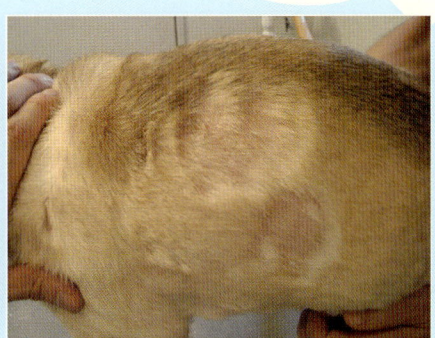

解答

(a) 上皮向性リンパ腫（菌状息肉症），多形紅斑，薬疹，アレルギー性皮膚疾患が鑑別疾患として挙げられる。

(b) 皮膚生検による病理組織学検査。生検に適するのは，色素脱失や環状紅斑が認められる皮疹の比較的新しい部位である。上皮向性リンパ種の初発病変では，臨床的および病理組織学的な所見が一般的な炎症性皮膚疾患（膿皮症，アトピー性皮膚炎等）に類似することがあり，診断に至るまでに複数回の病理組織学検査が必要な場合もある。その他，全身状態を把握するために，一般血液検査，血液塗抹検査，胸部X線検査を追加する必要がある。本症例は上皮向性リンパ腫であった。

(c) 上皮向性リンパ種は来院してからの病状の進行が早いことが多いため，できるだけ早期に病理組織学検査を実施し，診断を確定することが求められる。診断確定後，皮疹の改善を望むときは化学療法による治療を行うことが必要である（詳細は他書に譲る）。

●Key Point

・上皮向性リンパ腫の多くは，Tリンパ球由来と考えられる悪性の皮膚原発腫瘍である。臨床的には強い瘙痒が特徴で，進行とともにびらん，潰瘍，局面が認められることが多い。

●オーナーへの伝え方

・本疾患は悪性の皮膚腫瘍であり，治療にかかわらず予後は不良であることをオーナーに伝える。多くの場合，この疾患に罹患した犬は，診断されてから1〜2年以内に死亡することが多い。
・治療を行う場合は，化学療法が選択される。

全身

症例.128 犬，ウェルシュ・コーギー，強いかゆみと紅斑性局面

主訴・所見

ウェルシュ・コーギー，8歳，未去勢雄。強い瘙痒を主訴に来院した。1年前より顔面，胸部，臀部を中心に瘙痒が出現し，近医にて副腎皮質ホルモン，シクロスポリンなどで治療され，一時的に瘙痒が軽減するものの，完治せず徐々に悪化した（写真128-1）。顔面には痂皮，びらんを伴う脱毛がみられ（写真128-2），腹部には紅斑性の局面の形成が認められた（写真128-3）。

問題

(a) 臨床症状および皮疹から疑われる疾患名は何か？ 必要とされる検査は何か？
(b) どのような治療方法があるか？

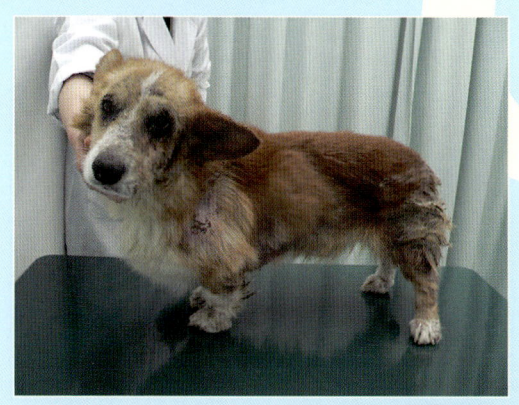

写真128-1

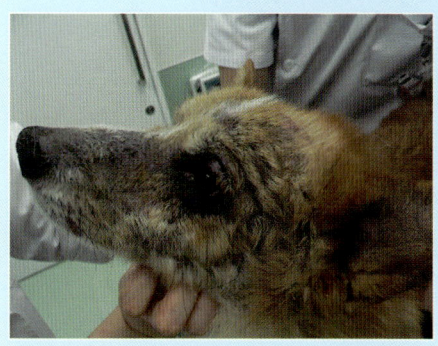

写真128-2

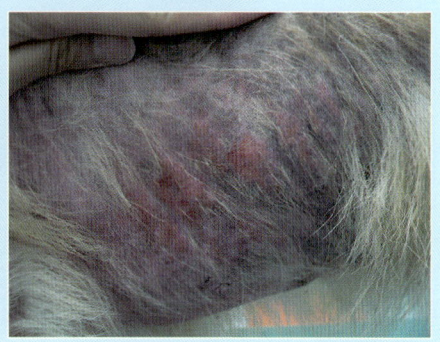

写真128-3

解答

(a) 瘙痒を伴う疾患が，類症鑑別に含まれる。アトピー性皮膚炎，食物アレルギー，表在性膿皮症，マラセチア性皮膚炎，皮膚糸状菌症，毛包虫症，疥癬，上皮向性リンパ腫などが挙げられる。免疫抑制剤に反応しない瘙痒であることから，感染症や外部寄生虫症，腫瘍がより疑われる。押捺塗抹検査，皮膚掻爬検査など一般的な皮膚検査を行う。

本症例の一般皮膚検査では細菌が検出され，皮膚生検では特異的な所見は得られなかった。また試験的に，セラメクチンスポット剤の外用を一度行ったが，特に改善は認められなかった。しかしながら数回目の来院時の皮膚掻爬検査において疥癬虫が検出され，疥癬と診断された（写真128-4）。

写真128-4

(b) 治療はセラメクチンスポット剤の外用，あるいはイベルメクチンの経口投与または皮下注射を行う。セラメクチンスポット剤の外用は，原則的に月に1度の処方であるが，2週間に1度投与する方が，より効果的である。イベルメクチンは0.2〜0.4 mg/kgを週に1度，経口投与とするか，2週間に1度皮下注射する。同時に抗脂漏性シャンプーや抗菌性シャンプーを用いて薬浴を行う。細菌感染がある場合は，適宜抗生剤の投与を行う。改善が認められるまでに，1ヵ月ほどかかることが少なくない。

● Key Point

・疥癬はイヌセンコウヒゼンダニ（Sarcoptes scabiei var.canis）が皮膚に感染することで生じる疾患である。副腎皮質ホルモンに反応の乏しい激しい瘙痒が一般的に認められるが，時として一時的に副腎皮質ホルモンに反応する場合もある。
・皮疹は症例により様々で，紅斑や丘疹，鱗屑や痂皮を伴う脱毛が認められることもあれば，ほとんど病変がみられない場合もある。
・掻爬検査による，虫体または虫卵の検出頻度は高くないため，掻爬検査で虫体が認められなくても疥癬でないとはいえない。また診断的治療に対する反応も，2週間程度では明確にならないことが多く，本症例でも2週間では改善しなかった。疥癬を見逃さないためには，皮膚掻爬検査を繰り返す必要がある。

● オーナーへの伝え方

・イヌセンコウヒゼンダニはヒトへ感染し，皮膚症状を起こすことが知られている。腹部や上腕部などに皮疹がみられることが多く，オーナーに瘙痒を伴う丘疹などが認められる場合は皮膚科を受診するように勧める。

全身

症例.129　犬，脱毛，落屑，皮膚の苔癬化

主訴・所見

　症例は，13歳の避妊雌。かゆみや皮膚の脱毛と落屑に対して，他院にて副腎皮質ホルモン剤の投与を行っていた。約2ヵ月前から，皮膚が著しく苔癬化し，色素沈着が強くなった。また衰弱してきた，という主訴で来院した（写真129-1～129-3）。

問題

(a) どのような疾患が鑑別診断として挙げられるか？
(b) どのような検査方法で診断を行うか？
(c) 治療方法はどのようなものがあるか？

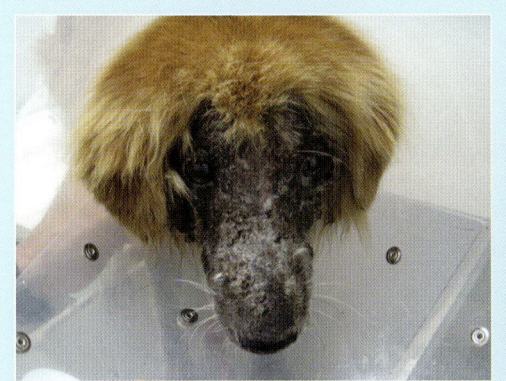

写真129-1

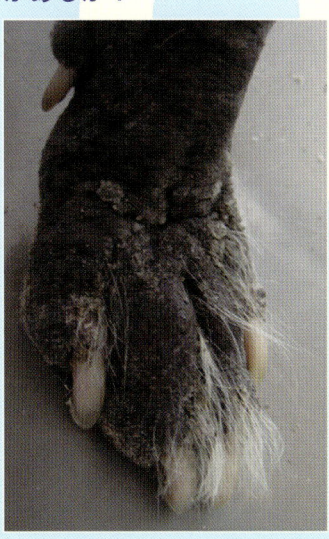

写真129-2

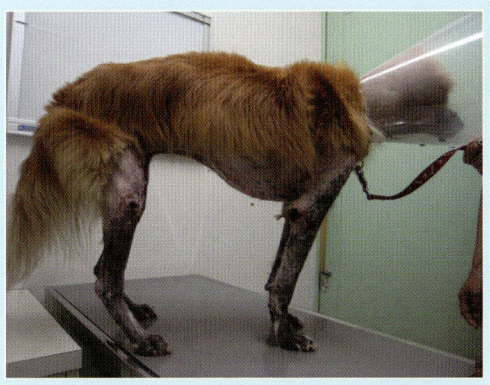

写真129-3

解答

(a) 膿皮症（表在性あるいは深在性），皮膚糸状菌症，アトピー性皮膚炎，マラセチア皮膚炎，落葉性および紅斑性天疱瘡，皮膚エリテマトーデス，犬の毛包虫症，疥癬などが挙げられる。

(b) 抜毛による被毛検査で，毛包虫の虫体が観察された（写真129-4）。皮膚掻爬検査でも虫体が確認された。

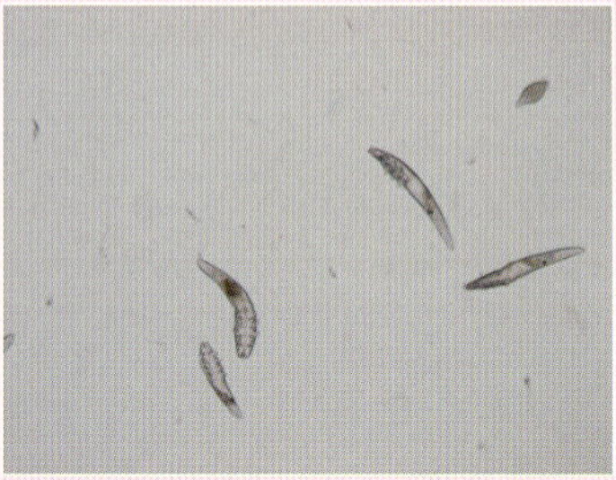

写真129-4

(c) 1. イベルメクチン300〜600μg/kg, q24h, PO。投与量は，100μg/kgより開始し，1〜2週間かけて最大用量へ漸増する。ただしイベルメクチンは，MDR1遺伝子に異常の認められる可能性のある，コリー，シェットランド・シープドッグなどの犬種には用いない。
2. ミルベマイシンオキシム，0.75〜2 mg/kg, q24h, PO。
3. ドラメクチン，600μg/kg，週に1回SCを行う。300μg/kgより投与開始し漸増していく。
4. モキシデクチン，400μg/kg, q24h, PO。副作用はイベルメクチンと同様。
5. 1週間に1回，過酸化ベンゾイルシャンプーでシャンプーした後，アミトラズの0.025〜0.05％溶液で全身の薬浴を実施する。
6. 二次性膿皮症の治療を，長期間（最低でも3〜4週間）実施する。
7. 動物が避妊していない場合は避妊する。

● **Key Point**

・成犬発症性全身性毛包虫症は，18ヵ月齢以上の犬にみられる。
・免疫を抑制する治療（特に副腎皮質ホルモン剤投与），内分泌疾患（甲状腺機能低下症，副腎皮質機能亢進症など），真性糖尿病，自己免疫性および腫瘍などの基礎疾患と関連する，免疫抑制状態にある中年から高齢の犬に多くみられる。また，症例の25％は基礎疾患が認められないという報告がある。
・臨床症状は様々であるが，脱毛，鱗屑，脂漏症，紅斑，膿疱，丘疹，痂皮および潰瘍を伴い，かゆみの程度は様々である。主な原因は，Demodex canisであるが，Demodex injai, いまだ命名されていない短尾のDemodexも報告されている。

● **オーナーへの伝え方**

・主な原因であるDemodex canisが動物間で感染するのは，出生直後の母から仔への経路に限定されると考えられており，同居犬などへの感染の危険性はない。
・若年発症性の毛包虫症は遺伝的要素を有すると考えられているため，繁殖に用いるべきではない。
・予後は良好からやや良好であるが，再発を繰り返したり，臨床的には改善していても毛包虫が認められることがある。したがって，周期的，あるいは生涯にわたる治療が必要になることもあると伝える。

全身

症例.130　うさぎ，雄，下腹部と後肢のただれ

主訴・所見

　後躯麻痺に陥った9歳の雄うさぎが，会陰部から下腹部，さらに後肢がただれたとの主訴で来院した（写真130-1）。後躯麻痺は1.5ヵ月くらい前から認められ，次第に進行したとのことであった。

問題
(a) もっとも可能性の高い診断名は何か？
(b) 診断を進めるために行うべきことは何か？

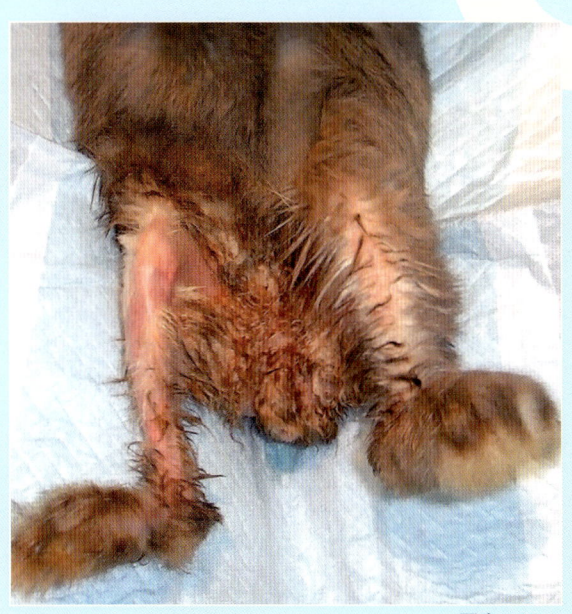

写真130-1

> **解答**

(a) 脊髄障害による膀胱麻痺に起因するいわゆる尿やけ，すなわち尿による湿性皮膚炎。

(b) 1. 膀胱を触診し，尿の貯留の程度や膀胱の緊張度を調べる。脊髄障害で後躯麻痺がある場合，その多くは後肢の麻痺に加えて膀胱の麻痺を伴っており，膀胱は著しく多量の尿で膨らみ，アトニーの状態にあることが多い。膀胱内に多量の蓄尿があったら，それを圧迫して排尿を促す。
2. 尿検査と血液検査を行う。血液検査では腎機能の低下の有無に注意する。
3. 脊椎の損傷などがないかどうかをX線検査により評価する。

● Key Point

- うさぎの皮膚は湿潤すると膿皮症（湿性皮膚炎）になりやすい。
- 膀胱麻痺が起きると徐々に膀胱アトニーが進行し，膀胱が常時満杯の状態で，オーバーフローした尿だけが排泄される状態となる。これが長期間続くことで，湿性皮膚炎になるばかりでなく，腎機能が損なわれ，腎後性腎不全に陥る恐れがある。
- 根本的な原因である脊髄障害は治療に反応しないことが多い。その場合は，1日最低1回は膀胱を圧迫して排尿させることにより，腎後性腎不全を予防するとともに尿の不随意な流出を止めて湿性皮膚炎を防ぐ必要がある。オーナーに圧迫排尿の方法を指導して毎日家庭で行ってもらう。
- 湿性皮膚炎の治療には抗生剤や消炎剤の内服を要することが多い。本症例にはオフロキサシンとメロキシカムを用いた。内服治療の間にオーナーによる圧迫排尿が順調に行えるようになったことから，2週間で休薬とした。

● オーナーへの伝え方

- 圧迫排尿を家庭で行うことはオーナーにとって負担であるが，皮膚炎の治療のみならず，腎不全を予防する意味からも重要であることを伝える。
- うさぎは抱かれて圧迫されることに，はじめは非常に抵抗し，精神的ストレスも被るが，多くの個体はすぐに慣れる。排尿後にご褒美として好物を与えるのもよい。
- 圧迫排尿後に後躯を薬浴してもよい。ただし，シャンプーの後はよく乾かさないと，かえって皮膚を湿らせることになり湿性皮膚炎は改善しない。また毛玉は水分を吸って湿るとなかなか乾かず，皮膚を湿らせるもとになるので，シャンプーの前には毛玉を刈り取るようにする。

全身

症例.131 犬，12歳，鼻梁と尾の脱毛と色素沈着

主訴・所見

ダックスフント，12歳10ヵ月齢の去勢雄。3年前より，鼻梁（写真131-1）や体幹の被毛が徐々に抜けはじめ，尾の毛（写真131-2）がほとんど脱毛した。また，最近は動きが鈍く，歩行時に足を突っ張ったような歩様をし，前肢の爪が削れてしまう，という主訴で来院した。

問題

(a) どのような鑑別診断が挙げられるか？

(b) 本症例では血液検査において，正球性正色素性の軽度の貧血（Ht 27.5%）や総コレステロール値（T-Cho）の上昇（361mg/dL）が認められた。(a)で挙げた鑑別診断の中で，どの疾患の可能性が高いと考えられるか？

(c) 確実に診断するためには，どのような追加の検査が必要であるか？

(d) どのような治療方法があるか？

(e) 治療開始後のホルモン測定は，投与後何時間の時点で行うことが望ましいか？

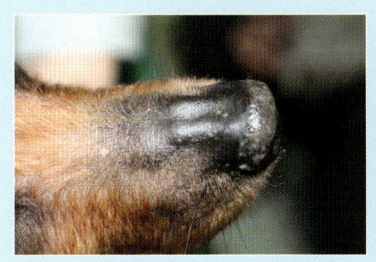

写真131-1

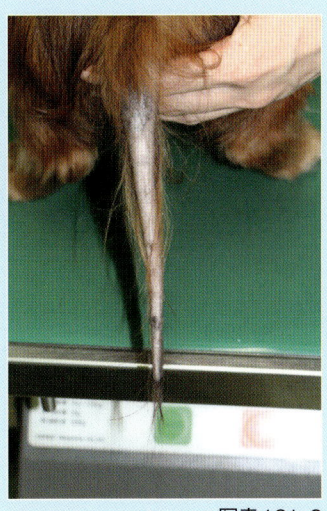

写真131-2

解答

(a) 甲状腺機能低下症や副腎皮質機能亢進症のような内分泌性の脱毛を起こす疾患，マラセチア性皮膚感染症，毛包虫症，表在性膿皮症，皮膚糸状菌症などが挙げられる。

(b) 甲状腺機能低下症

(c) 基礎T_4，fT_4，c-TSH（犬甲状腺刺激ホルモン），TgAA（サイログロブリン自己抗体：リンパ球性甲状腺炎の時に産生される）などの測定を行う。この症例は，基礎T_4 0.3 μg/dL未満（参考基準値：1.1〜3.6 μg/dL），fT_4 0.3 μg/dL未満（参考基準値：0.9〜2.6 μg/dL）がそれぞれ低値を示し，c-TSH 1.70 ng/mL（参考基準値：0.03〜0.32 μg/dL）は高値を示し，臨床症状，問題文(b)の血液検査の結果などから，甲状腺機能低下症と診断した。

(d) レボチロキシンナトリウム（L-サイロキシン）0.02 mg/kg，q12hを投与。症状が消失（約8〜16週間）すれば，1日1回投与する。心疾患のある場合は，0.005 mg/kgを1日2回投与する。表在性膿皮症や，マラセチア性皮膚炎などがあれば，あわせてその治療も実施する。

(e) 投与後4〜6時間後の血清中基礎T_4値を測定し，正常範囲の上限ないし正常よりやや高値で維持されることが望ましい。治療開始後1ヵ月での測定が良いと考えられる。

● Key Point

- 甲状腺ホルモンの欠乏は，甲状腺自体の障害（原発性甲状腺機能低下症），TSH（下垂体で産生）やTRH（視床下部で産生）の欠乏（中枢性甲状腺機能低下症）が原因となって起きる。
- 甲状腺機能低下症でもっとも多いとされる原因は，原発性甲状腺機能低下症で，リンパ球性甲状腺炎や特発性萎縮が原因である。中齢から高齢犬の中型から大型の純血種（ラブラドール・レトリーバー，ゴールデン・レトリーバー，ドーベルマン，セッター種，スパニエル種，シェットランド・シープドッグなど）にもっとも発症率が高いが，この症例のように小型犬であるダックスフントなどにも発症する。大型犬では若齢の成犬にも発症することがある。
- 甲状腺ホルモンは，体内のほとんどすべての臓器に影響を与えるため，その欠乏は多種多様な臨床症状を起こす。
- 臨床症状は主に代謝異常と皮膚異常であり，代謝異常により体重増加，嗜眠，運動不耐性など，皮膚症状として鼻梁，尾の脱毛や体幹部の左右対称性の脱毛などが認められる。
- 病態後期の臨床徴候は，カーペット様被毛や粘液水腫（真皮層へのグリコサミノグリカン蓄積）が認められることがある。粘液水腫の結果，皮膚は肥厚しむくんで腫れたように変化するが，指圧痕は残らない。これらの変化は，顔面にもっとも現れやすく，眼瞼の下垂，口唇と顎の皮膚の肥厚により，結果として悲愴な表情が形成されることが特徴である。

● オーナーへの伝え方

- 甲状腺機能低下症は，犬で多くみられる内分泌疾患である。甲状腺ホルモンの低下は，皮膚症状として脱毛，脂漏性の皮膚などを起こす。皮膚以外の症状は様々で，倦怠感，肥満，低体温，神経筋傷害および繁殖障害などがある。
- 甲状腺ホルモンの投与により，皮膚症状は2〜3ヵ月以内に，その他の症状も数日以内に正常に戻ることがほとんど（神経筋異常は完全に消失しないことがある）であるが，治療は生涯にわたり継続する必要がある。

全身

症例.132 猫，頭部の脱毛と痂皮，爪床の炎症

主訴・所見

シャム猫，6歳，去勢雄がかゆみを伴う脱毛を起こし，「天疱瘡と診断され，現在他院で治療を受けているが良くならない」との主訴で来院した。初発は10ヵ月前で，病変は耳介からはじまり，副腎皮質ホルモンの外用薬を塗布していたが，次第に顔面に広がり（写真132-1，132-2），四肢端，特に前肢の爪周囲には同様の脱毛と痂皮が認められた（写真132-3）。それに伴って，元気，食欲も低下した。また，外耳炎を併発していた。現在，他院での治療はプレドニゾロン1mg/kg，q24h，ドキシサイクリン，塩酸シプロヘプタジンであった。皮膚の病理組織学検査は実施されていなかった。当院での皮膚搔爬検査では外部寄生虫は陰性であった。押捺塗抹検査では球菌が認められ，セファレキシンを2週間処方したが全く改善が認められなかった。CBCでは白血球が増多していたが，血液化学スクリーニング検査では異常は認められなかった。細菌同定検査では，*Enterococcus*. spが検出された。

問題

(a) 診断を絞り込むには，どのような検査が必要か？
(b) この治療方法では，なぜ治癒に至らなかったか？

写真132-1

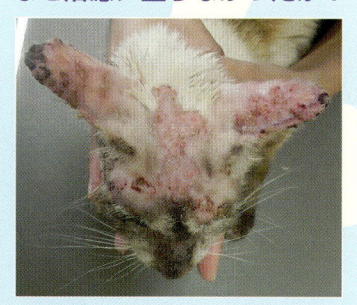

写真132-2

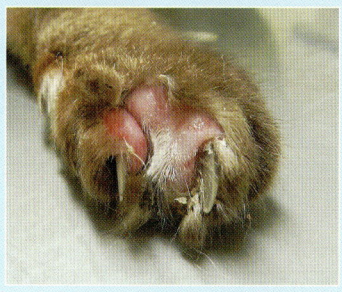

写真132-3

解答

(a) 病変部の細胞診を行い，感染が疑われないときは生検，皮膚の病理組織学検査を行う。細菌，真菌の感染が細胞診で認められない場合は皮膚の病理組織学検査を行う。
本症例の場合は球菌による細菌感染が認められた。このような場合，2～3週間の抗生剤の投与を行い膿皮症を除外した後，皮膚の病理組織学検査を行う。膿皮症では，変性好中球と球菌が観察されることに対し，天疱瘡では非変性好中球と棘融解細胞が認められる。特に壊れていない膿疱中に細菌が存在せず，多数の非変性好中球と棘融解細胞が存在した場合，落葉状天疱瘡の可能性が非常に高い。細胞診を行った以外の場所に膿疱がまだ存在する場合，膿疱を潰さずにこの場所を生検に使用する。病変部は多くの場合，その膿疱が潰れたことにより厚い痂皮に覆われる。

(b) プレドニゾロンを投与していても1 mg/kgでは有効でないことがしばしばある。
病変がほぼ改善するまで，免疫抑制量の副腎皮質ホルモン剤を投与する。一般的にはプレドニゾロン2～4mg/kg，q24hを投与し，症状が改善あるいは治癒したのち，数週間から数ヵ月程度かけて漸減し，症状がないあるいは容認できる症状を維持できる最小量の投薬を続ける。
長期間における免疫抑制療法が必要であるため，FeLV，FIVの検査を治療前に必ず行う。

●Key Point

・猫における落葉状天疱瘡の好発品種はない。発症はすべての年齢で認められるが，もっとも多いのは，中年齢期である。病変発生部位でもっとも多いのは顔面，耳介，爪周囲，乳頭周囲である。耳介は中でも病変発生の頻度が高く，非常に厚い固着性の痂皮が形成され，耳道の内部に痂皮が脱落することにより，外耳道炎を併発することがある。本症例ではこれらの臨床徴候が落葉状天疱瘡と一致するため，視診により落葉状天疱瘡も鑑別診断に含まれる。

●オーナーへの伝え方

・長期間の治療が必要になるが，寛解状態になれば最小限の薬物による状態の維持が期待できる。
・長期間の副腎皮質ホルモン剤投与による副作用で，肝疾患，糖尿病が発現する可能性があるため，定期的なスクリーニング検査が必要となる。
・猫の天疱瘡に対する，紫外線の影響は不明である。

全身

症例.133 犬, シェットランド・シープドッグ, 顔面と尾の脱毛

主訴・所見

シェットランド・シープドッグ, 5歳, 雌。4ヵ月齢のときに顔面に脱毛が観察され, 抗生剤やプレドニゾロンの投与による治療を受けたが症状は改善しなかった。

診察時, 眼の周囲, 鼻梁, 頬部, 耳介や尾端部と四肢圧定部に脱毛, 紅斑, 痂皮, 色素沈着, 瘢痕形成, 鼻の色素脱失がみられた (写真133-1, 133-2)。オーナーによると一般状態は良好で, 症状はわずかに良化, 悪化を繰り返し, 瘙痒やいたみはないとのことであった。

本犬の出産した仔犬の中にも顔面や四肢, 尾に脱毛が認められるものがいた (写真133-3)。

問題

(a) もっとも可能性の高い診断名は何か？
(b) 本疾患はどの犬種に好発するか？
(c) この疾患の主な発症年齢は？
(d) 皮膚以外にみられる症状は？

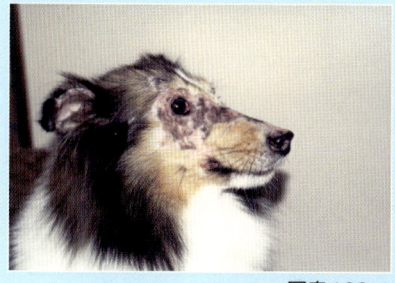

写真133-1

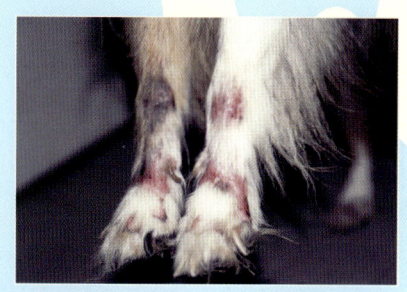

写真133-2

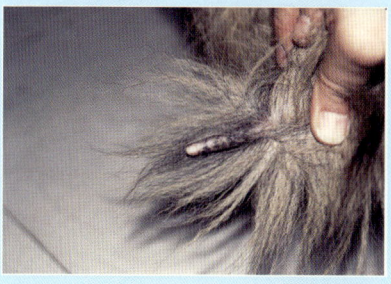

写真133-3

解答

(a) 本症例の犬種や発症年齢，家族歴，臨床症状より犬の家族性皮膚筋炎が疑われる。顔面に脱毛を伴う炎症性皮膚症状がみられた場合，毛包虫症や膿皮症，皮膚糸状菌症などの感染性皮膚疾患，円板状エリテマトーデス（皮膚エリテマトーデス）などの自己免疫性疾患，血管炎などの疾患が鑑別疾患として疑われる。

(b) 犬の家族性皮膚筋炎はコリーやシェットランド・シープドッグおよびその交雑犬に発症が報告されているが，同じような虚血性皮膚疾患は他の犬種にも報告がある。

(c) 一般的には生後2～6ヵ月齢までに発症し，成犬での発症はまれである。皮膚症状は鼻梁，眼の周囲，口唇，耳介先端，尾端，四肢の骨隆起部などの部分にみられる。皮疹は，さまざまな程度の丘疹，水疱，脱毛，紅斑，鱗屑，痂皮，びらん，潰瘍，色素沈着や色素失調，瘢痕形成である（写真133-1～133-3）。通常瘙痒はない。

(d) 筋炎や血管炎。シェットランド・シープドッグでは皮膚症状より遅れて左右対称性に側頭筋や咬筋の萎縮が観察されることがある。重度の症例では発育不良や跛行，巨大食道症を発症することがある。

● Key Point

- 犬の家族性皮膚筋炎は皮膚および筋肉，時に血管に炎症を起こすまれな遺伝のみられる疾患で，コリーでは常染色体性優性遺伝様式をとると考えられている。
- 発症誘因は遺伝的な素因以外に自己免疫機序，細菌やウイルスの感染，日光照射が関与しているのではないかと考えられている。
- 成犬発症はまれであるが外傷，発情，分娩および長時間の日光照射が発症あるいは再発の誘因になるのではないかと考えられている。
- 本疾患に罹患した犬は日光や外傷を避け，二次感染があれば抗生剤やシャンプーによる対症療法を行う。必須脂肪酸やペントキシフィリンによる内科療法で皮膚症状の改善がみられることがある。

● オーナーへの伝え方

- 犬の家族性皮膚筋炎は病因が不明な遺伝のみられる疾患で，発症に性差は報告されていない。同居動物およびヒトへの感染の心配はないが，罹患犬の繁殖は避ける。
- 一般的には生後6ヵ月齢までに発症し，多くは1歳頃までに自然治癒する。
- 瘢痕を残し症状が改善する症例，顔面，四肢，尾に皮膚症状が継続する症例，筋炎症状が重度で長期生存が困難な症例まで，予後は様々である。

全身

症例.134 犬，未去勢雄，被毛菲薄，下腹部の線状紅斑

主訴・所見

シェットランド・シープドッグ，6歳，未去勢雄が，3日前からの下痢で来院した。一般身体検査では，被毛に艶がなく乾燥していた。体幹と尾の被毛は薄く（写真134-1，134-2），腹部は脱毛していた。また，包皮から陰嚢にかけて，線状の紅斑（写真134-3）が認められた。CBCでは特筆すべき所見はなく，血液生化学検査ではALPが879 IU/Lであった。

問題

(a) 考えられる鑑別診断の中で，もっとも可能性が高い診断名は何か？
(b) 下痢に対する検査の他，どのような検査が必要か？
(c) どのような処置が適切であるか？

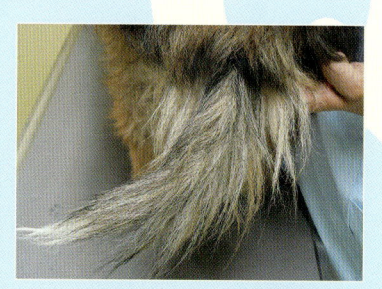

写真134-2

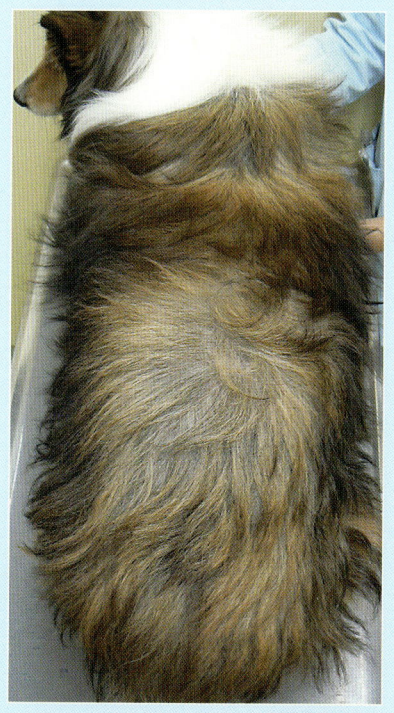

写真134-1

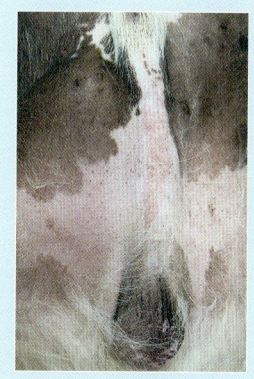

写真134-3

解答

(a) 対称性の非炎症性脱毛の鑑別診断として挙げられるのは，甲状腺機能低下症，副腎皮質機能亢進症，性ホルモン性疾患，脱毛症X（アロペシアX）などがある。その中でも，陰茎から睾丸にかけて線状の紅斑が認められる疾患は，エストロジェン過剰症に伴う脱毛の可能性がある。

(b) 触診により両側の睾丸を確認し，潜在精巣（陰睾）が認められた場合，X線検査，超音波検査などの画像診断検査により潜在精巣の存在を確認する。また，エストロジェンの骨髄への影響を評価するため，CBCを実施し，甲状腺機能，副腎皮質機能についても評価する。本症例では血中エストラジオール値が84 pg/mL（参考基準値：雄 15以下，雌25～62，発情期75以上）と高値を示した。その後，潜在精巣の摘出手術を行い，病理組織学検査でセルトリ細胞腫と診断された。

(c) 潜在精巣の摘出手術および去勢手術を行う。

● **Key Point**

・潜在精巣（陰睾）は，セルトリ細胞腫，間質細胞腫の危険因子となる。
・セルトリ細胞腫，ライディヒ細胞腫などの分泌性精巣腫瘍では，異常にエストロジェンが産生亢進される場合がある。このような場合，本症例のような皮膚症状の他，反対側の精巣萎縮や，女性化乳房，包皮の下垂が認められることがある。
・骨髄抑制による造血機能障害（貧血，白血球減少および汎血球減少）が一般的にみられるので注意を要する。

● **オーナーへの伝え方**

・健康診断などで，潜在精巣が認められた場合，オーナーにインフォームド・コンセントを必ず行い，潜在精巣の摘出および去勢手術の必要性について説明する。
・すでにエストロジェンによって骨髄抑制を起こしている症例は不可逆性のことも多く，生命の危険もあることを説明する。

全身

症例.135 犬, シェットランド・シープドッグ, 鼻と肢端の紅斑, 脱毛

主訴・所見

シェットランド・シープドッグ, 6ヵ月齢, 雌。1ヵ月ほど前より鼻梁部, 前肢端部, 尾部に紅斑と脱毛がみられはじめたとのことで来院。瘙痒はなく, 徐々に脱毛が拡大しているとのことだった (写真135-1, 135-2)。初診時には鼻梁部の脱毛と紅斑が認められたが, びらん, 痂皮はみられなかった。健康状態は良好で, 皮膚スクリーニング検査および血液検査の結果に異常は認められなかった。

問題

(a) 鑑別診断を挙げ, そのうちもっとも疑われる病名を答えよ。
(b) この疾患の病因は何か？
(c) どのような治療を行えばよいか？

写真135-1

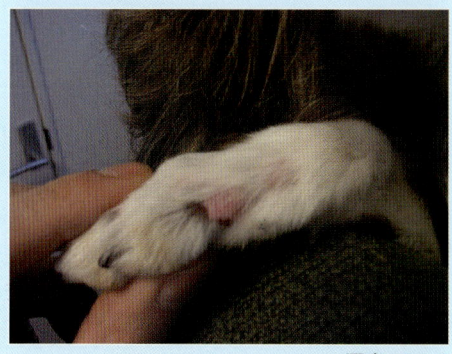

写真135-2

解答

(a) シェットランド・シープドッグおよびコリーの家族性皮膚筋炎，血管炎，甲状腺機能低下症，全身性エリテマトーデスなどが鑑別として挙げられる。本症例は，犬種がシェットランド・シープドッグであり，発症年齢が6ヵ月齢未満と早く，病変が鼻鏡，尾の先端，四肢の骨隆起部上に発生していることから，家族性皮膚筋炎の可能性が強く疑われる。

(b) 病因は明らかではないが，遺伝的な好発素因に加えて免疫介在性の病態，および微小血管障害等が関与していると考えられている。

(c) 無治療で瘢痕などを残して終息することもあるが，永続的な瘢痕や進行する筋萎縮に苦しむ場合もある。有効と思われる治療として，ビタミンE（400〜800 IU/頭，q24h），ペントキシフィリン（25 mg/kg，q12h）あるいはプレドニゾロン（1 mg/kg，q24h）を病変の改善が認められるまで経口投与することなどが挙げられる。

●Key Point

・一般的に病変は2〜6ヵ月齢で認められはじめ，同腹仔が複数罹患することがある。
・病変は通常非瘙痒性であることが多く，主に鼻梁部，耳介部，口唇部，尾部，四肢の骨隆起部に紅斑，脱毛，びらん，潰瘍，痂皮などを認める。
・皮膚以外に筋肉の萎縮がみられることがあり，この場合，歩行や咀嚼に異常がみられる。

●オーナーへの伝え方

・遺伝性疾患であることと，治療しても改善が認められない場合があることをオーナーに伝える。
・予後は重症度によって様々で，幼少期に発症したものでは自然治癒することもあるが，成犬で発症した場合は自然治癒しないことがある。また，一度病変が消失しても，再発する場合もある。

全身

症例.136 犬，12歳，強いかゆみ，鱗屑

主訴・所見

　ミニチュア・ダックスフント，12歳，雄。数ヵ月前から強いかゆみ，鱗屑，脱毛を認めるようになる（写真136-1，136-2）。他院にてプレドニゾロンおよび抗生剤内服による治療を受けていたものの改善がなく，徐々に拡大し，セカンド・オピニオンを得るために来院した。定期的なノミ予防はしている。散歩は1日2回で，月に1回トリミングサロンに通っているが，それ以外は主に室内で過ごしている。最近，オーナーにもかゆみを伴う丘疹が認められるようになった（写真136-3）。

問題
(a) もっとも可能性の高い診断名は何か？
(b) どのような検査が必要か？
(c) どのような管理や治療が必要か？

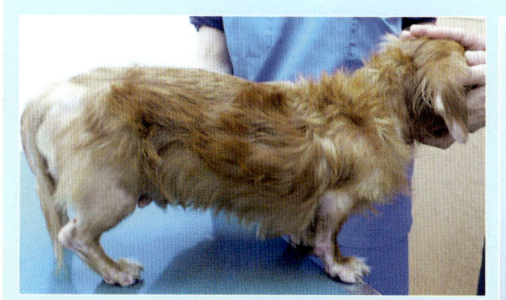

写真136-1

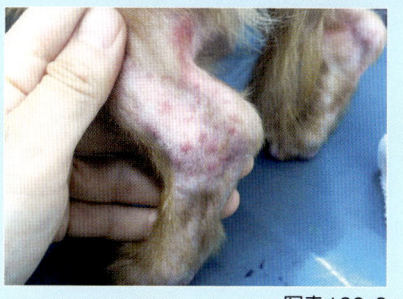

写真136-2

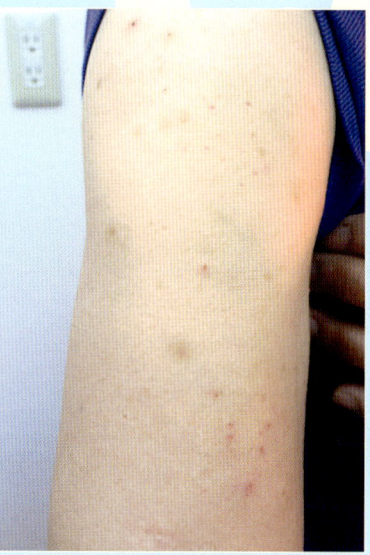

写真136-3

> **解答**

(a) 疥癬

(b) 皮膚掻爬試験を詳細に行う必要がある。もし外部寄生虫が確認されなかったとしても、試験的治療（例：セラメクチン，イベルメクチン）を検討する。

(c) 疥癬の場合，身近な同種動物から感染した可能性が高いため，同居動物や接触した可能性のある動物について同様の症状がないか調査し，罹患犬は隔離する。治療としてはセラメクチンの外用（6 mg/kg，1回／月にて2回，または1回／2～3週にて3～4回），イベルメクチンの皮下注射（200～400 μg/kg，1回／2週にて2～3回），イベルメクチン内服（200～400 μg/kg，1回／週にて4～6回），アミトラズ薬浴（250 ppm，1回／2週にて2～3回），フィプロニルスプレー外用（1回／月にて2回），ミルベマイシン内服（2 mg/kg，1回／週にて3回）などを検討する。

● Key Point

- 犬の疥癬は，イヌセンコウヒゼンダニ（*Sarcoptesscabei* var. *canis*）による宿主特異性の強い感染症であるが，猫やヒトなど他種動物にも一過性の症状を生じることのある人獣共通感染症である。
- ヒゼンダニの上皮，唾液，糞便などに含まれる成分を抗原とした過敏反応を生じ，多くは強いかゆみを示す。
- 疥癬の診断は，ヒゼンダニを検出することで確定できる。感染部位は皮膚表面（表皮角質内）であり，皮膚掻爬試験の掻爬は浅くても構わないが，できる限り多くの病変を検査することが重要である。
- 疥癬は適切な治療を行うことで完治が期待できる。皮膚検査によりヒゼンダニが検出されなくても，疑われる場合は積極的な試験的治療が推奨される。

● オーナーへの伝え方

- 犬の疥癬は，犬のみならず，一過性ではあるが猫やヒトなどの他動物にも感染しうる人獣共通感染症であることから，特に免疫学的抵抗力の低いヒトや動物は罹患犬が改善するまで接触を回避するように伝える。
- 犬の体を離れたヒゼンダニは3日以内には死滅するが，罹患犬が接触した物や場所（例：ベッド，洋服，おもちゃ）は50℃以上の温水による洗濯や殺ダニ効果が期待できる薬剤（例：フィプロニルスプレー）などの噴霧を行うように伝える。
- 犬の疥癬は，皮膚掻爬検査で検出できれば確定できるものの，検出しにくいことがあり，場合により積極的な試験的治療を行う必要のあることを伝える。

全身

症例.137　犬, ポメラニアン, 頚部, 大腿部の脱毛

主訴・所見

　ポメラニアン，4歳，未去勢雄。頚部の脱毛およびかゆみを主訴に来院した。患者は全身的に一次毛が少なくほとんどが二次毛であり（写真137-1），頚部，大腿部尾側の脱毛が認められた（写真137-2，137-3）。頚部の脱毛部に表皮小環が認められた。表皮小環の部位の押捺塗抹検査では少数の好中球および球菌が検出され，複数ヵ所の被毛検査ではほとんどの毛の毛根は休止期であった。血液検査では特記すべき異常所見はなかった。

問題

(a) 犬種，脱毛部位，血液検査所見からもっとも考えられる脱毛症は何か？　また，診断はどのように行えばよいか？

(b) この犬はかゆみを呈していたが，それは脱毛を起こした疾患が一次的な原因であると考えられるか？

(c) この疾患の治療法には何があるか？　また，それぞれの治療法にはどのような特徴があるか？

写真137-1

写真137-2

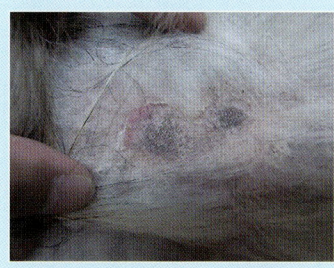

写真137-3

解答

(a) この犬は全身の一次毛が減少し、二次毛である細く柔らかい被毛が残存している。頚部、大腿尾側に脱毛が認められ、大腿部尾側では色素沈着が生じている。また、患者は北方犬種であるポメラニアンである。さらに血液検査所見では異常所見が認められなかったことから、もっとも疑われる疾患は脱毛症X（アロペシアX）である。
脱毛症Xはポメラニアンなどの北方由来の犬種で認められる脱毛症である。
診断は犬種および脱毛の部位（頚部、背部、大腿部尾側）から本疾患を疑い、発症年齢（2～5歳）、身体検査、および他の内分泌疾患の否定によって行う。

(b) 基本的に脱毛症Xによる脱毛だけではかゆみは生じない。本症例では写真のように表皮小環が数ヵ所で認められ、押捺塗抹検査により表在性膿皮症が発症していることがわかった。セファレキシン22mg/kgを1日2回で2週間経口投与し、かゆみと表皮小環は改善した。皮膚の乾燥が問題になるときはシャンプーによる保湿も必要である。

(c) 治療の選択肢として未去勢雄の場合は去勢手術、メラトニン、トリロスタンの経口投与、あるいは無治療が挙げられる。去勢手術によって、完全に発毛するかどうかは不明であるが、可能なら実施する。メラトニンは3～12mg/頭、q24h～q12hで内服し、1～3ヵ月間治療を継続する。メラトニンの長所は副作用が少ないことである。
トリロスタンはクッシング症候群の治療薬として認可されているが、本症でも使用すると発毛が高い確率でみられる。しかし、副腎抑制作用があるので副作用が生じる可能性があり、使用に関しては注意が必要である。本症が問題になるのは主に審美的観点からであり、シャンプーなどによるスキンケアと二次感染の治療のみを行えば、ほとんどの場合は問題とならない。また、脱毛を隠すために洋服を使用することで、オーナーが満足を得られることも多い。

● Key Point

- 診断名は犬種から予想でき、血液検査、皮膚検査で他の疾患を除外することで、診断が可能である。皮膚の防御機能が弱まることから、保湿や二次感染の予防に徹すると皮膚のコンディションを良好に保つことができる。

● オーナーへの伝え方

- 本症は審美的には問題となるものの、健康上は問題がないので、無治療も選択肢として挙げることができる。
- 去勢手術、メラトニンによる治療は実施しやすく副作用はほとんどないので勧めるとよい。

全身

症例.138 犬, スタンダード・プードル, 脱毛と鱗屑

主訴・所見

スタンダード・プードル, 6歳, 去勢雄。約1年前からの抗菌剤に反応しない鱗屑および脱毛を主訴に来院した。初診時において, 本症例では頭部, 体幹, 腰仙部に上記の症状を認め, いずれの発疹も斑状のパターンを示した。発疹部には瘙痒が認められないとのことであった。皮膚科学検査では毛幹に厚い鱗屑の付着を認めたが（写真138-1）, 外部寄生虫や真菌は認められなかった。

問題
(a) もっとも疑わしい診断名は何か？
(b) 本症の確定診断はどのように行うか？
(c) 本症の治療はどのように行うか？

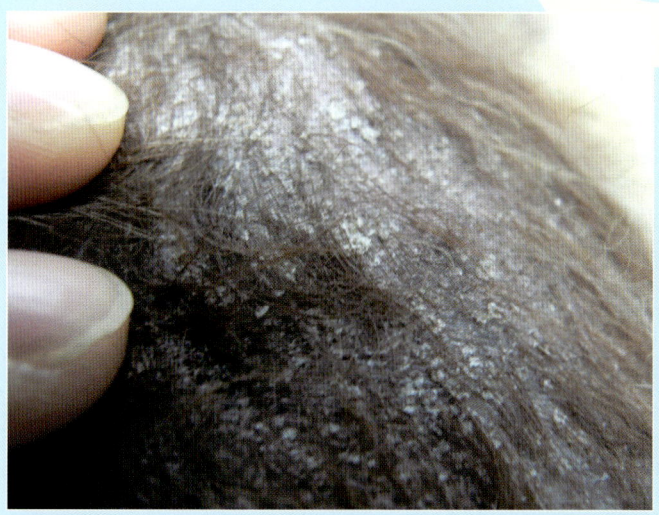

写真138-1

解答

(a) 犬脂腺炎

(b) 確定診断には皮膚病理組織学検査が必須である。脂腺部位における肉芽腫性炎症および脂腺の消失が認められた場合は本症を強く疑う。

(d) 鱗屑の軽減には，角質溶解シャンプーや保湿剤が用いられる。シクロスポリンA（5～10mg/kg，q24h）は，臨床症状の改善と共に脂腺を再生させることが報告されている。レチノイド剤も本症の治療に用いられるが，催奇形性などの副作用に留意する必要がある。

● Key Point

- 犬脂腺炎はスタンダード・プードルや秋田犬，ビズラなどに好発するとされているが，その他の犬種でも発症例が報告されている。
- 本症では，頭部，耳介部，体幹部，腰仙部などに斑状～びまん性の脱毛および厚い鱗屑の付着が認められる。被毛の肉眼的所見により，毛幹部に付着する厚い鱗屑（毛包角栓）が認められる。
- 本症の確定診断には皮膚生検が必須である。病理組織学的に，脂腺部に一致した肉芽腫性炎ならびに脂腺の著しい消失が認められたら本症を考慮する。

● オーナーへの伝え方

- 本症は根治しないものの，治療により症状の改善がみられることがあるため，確定診断に基づいた治療法の選択を勧める必要がある。

全身

症例.139 犬，雄，痂皮，表皮小環

主訴・所見

　ミニチュア・ダックスフント，10歳，雄。3歳時から皮膚症状と外耳炎がみられはじめ，再発を繰り返してきた。他院で処方されたセファレキシンの経口投与によりかゆみは減ったが，皮疹は改善しなかったため，その後は経口投与を中止し，4年前から2週に1回マイクロバブルバスによるスキンケアを行っている。
　来院時の所見としては，頭部を除くほぼ全身の被毛部に表皮小環が散在し，痂皮が付着していた（写真139-1）。表皮小環の痂皮をはがすと紅斑がみられ（写真139-2），そこから押捺塗抹検査をしたところ，多くの球菌が検出された（写真139-3）。ノミ予防は定期的に行っており，食事はナマズタンパク質を含むアレルギー用療法食をここ数年間継続している。

問題

(a) もっとも可能性の高い診断は何か？
(b) 他に鑑別すべき診断は何か？
(c) どのような検査や調査が必要か？
(d) どのような管理や治療が必要か？

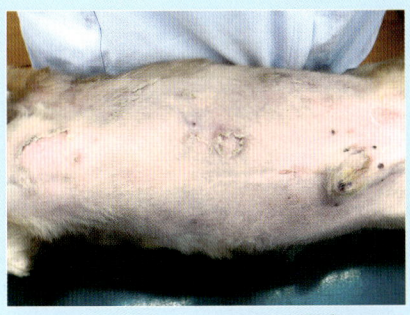

写真139-1

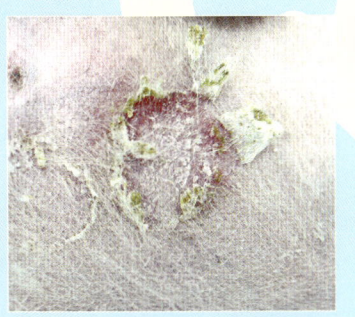

写真139-2

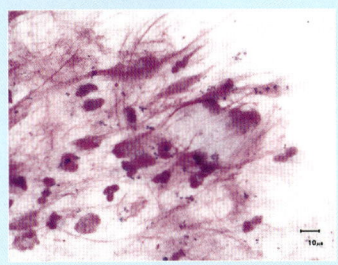

写真139-3

> **解答**

(a) 表在性膿皮症

(b) 多形紅斑，落葉状天疱瘡，上皮向性リンパ腫，毛包虫症，皮膚糸状菌症など．

(c) 押捺塗抹検査，皮膚掻爬検査，被毛検査，細菌培養検査，感受性試験を行う必要がある．さらに高齢であることから一般状態を丁寧に確認したうえ，一般血液検査や尿検査を行い，基礎疾患の関与を調査する．

(d) 表在性膿皮症の治療として，感受性のある抗菌剤の全身投与を行う．本症例は過去のセファレキシン投与にて十分な反応がみられていないとのことであるが，その時の用量や投与期間を調査し，さらに感受性試験を行ったうえで，増殖菌がセファレキシンに耐性であるか判断する必要がある．抗生剤の投与期間は少なくとも2週間は継続してから効果を評価する必要がある．さらにこのように全身性で再発性の膿皮症の場合，抗菌性シャンプーを併用する．抗菌性シャンプーは週2回行い，少なくとも2週間は継続してから効果を評価する．これらの治療に反応せず，一般血液検査などによりいずれの基礎疾患も確認されなかった場合は，皮膚生検による病理組織学検査が望まれる．本症例は，一般血液検査などにより問題がなかったことから，感受性試験に基づきミノサイクリン（8mg/kg，q12h，PO）の投与を行い，毛刈りのうえ抗菌性シャンプーを併用したところ，3週間後に改善傾向が示された．

●Key Point

- 表在性膿皮症に対する抗菌剤としては，セファレキシン（22～30mg/kg，q12h），ミノサイクリン（5～12mg/kg，q12h），アモキシシリン・クラブラン酸（22mg/kg，q12h），エンロフロキサシン（5mg/kg，q24h～q12h），オルビフロキサシン（5mg/kg，q24h），セフォベシン（8mg/kg，2週に1回，SC）などが使用され，少なくとも2週間は継続してから効果を評価する．
- 抗菌性シャンプーはクロルヘキシジン，過酸化ベンゾイル，ポビドンヨード，乳酸エチルなどを含むものであり，基本的な使用方法としては，週2回を少なくとも2週間は継続してから効果を評価する．全身性の場合は，毛刈りの必要性も検討する．
- 難治性，再発性の表在性膿皮症の場合は，細菌培養検査と感受性試験を実施のうえ，使用する抗生剤が適切かどうかを評価する必要がある．
- 適切な治療に反応しない膿皮症の場合，基礎疾患を調査のうえ，皮膚生検による病理組織学検査を検討する．

●オーナーへの伝え方

- 表在性膿皮症は，多くは常在菌（特にStaphylococcus pseudintermedius）が免疫力や皮膚機能の低下により過剰に増殖したものであり，ヒトや同居動物に感染する可能性のないことを伝える．
- 難治性，再発性の表在性膿皮症が高齢犬にみられる場合は，一般血液検査や，場合により内分泌機能検査，画像診断検査などを行い，免疫力を低下させる基礎疾患がないか調査する必要のあることを伝える．

全身

症例.140 犬，去勢雄，脱毛と痂皮

主訴・所見

チワワ，10歳2ヵ月齢，去勢雄，体重は2.4kgである。2週間前より，体幹（写真140-1），眼周囲や鼻梁から頬部にかけて（写真140-2），胸背中部（写真140-3），大腿部の後側（写真140-4）から膿を排出し，脱毛がみられるようになった。他院にてエンロフロキサシン15mg/頭，q24hやポピドンヨードによる消毒にて治療していたが，改善が認められなかったため，当院に来院した。

問題

(a) 鑑別診断として何が挙げられるか？
(b) 写真140-5は膿疱の細胞診所見であるが，どのような細胞が認められているか？
(c) どのようにして診断を行うか？
(d) 治療方法には，どのようなものがあるか？

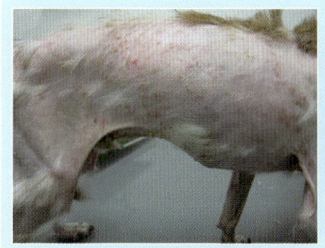

写真140-1

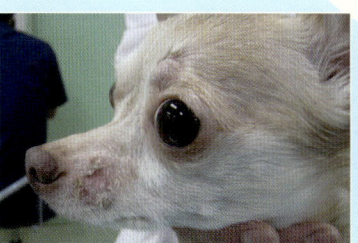

写真140-2

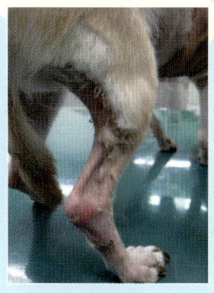

写真140-3

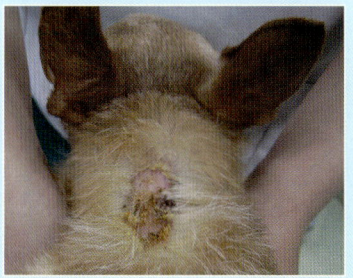

写真140-4

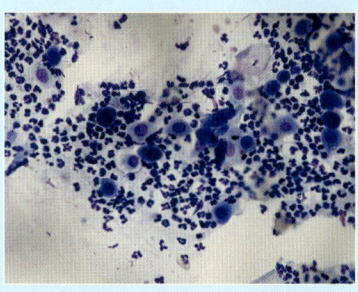

写真140-5

解答

(a) 表在性膿皮症，皮膚糸状菌症，毛包虫症，上皮向性リンパ腫，落葉状天疱瘡，角層下膿疱性皮膚症，薬疹などが挙げられる。

(b) 大型の好塩基性の核を有する棘融解細胞と変性のない好中球が多数認められる。細菌は観察されない。

(c) 臨床症状，細胞診所見，病理組織学検査の結果を総合して落葉状天疱瘡と診断した。

(d) 治療には，プレドニゾロン（2〜4 mg/kg，q12h，PO）ならびに併用薬としてアザチオプリン（2 mg/kg，PO，1〜2日に1回，猫には用いない），金チオグルコース（1 mg/kg，7日ごと，IM），シクロスポリン（2.5〜5 mg/kg，q12h，PO），テトラサイクリンとニコチン酸アミド（体重10kg以上：各々500 mg，q8h，PO。体重10kg以下：各々250 mg，q8h，PO）などを用いる。

● Key Point

- 落葉状天疱瘡は，犬と猫の自己免疫性皮膚疾患の中でもっとも多く認められる疾患である。これは，重層扁平上皮の細胞間接着装置（おそらくデスモソーム蛋白）に対する自己抗体（通常IgG）によって起きる疾患である。すなわち細胞間に抗体が沈着することにより，表皮最上層において細胞と細胞が解離する現象が起きる。これによって遊離した細胞が棘融解細胞である。
- 初期病変は，表在性膿疱であるが，見つけることが困難な場合が多く，二次性の病変（表在性のびらん，紅斑，鱗屑，痂皮，表皮小環，脱毛など）でオーナーが気付くことがほとんどである。
- 病変は，鼻梁，眼周囲および耳介からはじまり，全身に拡大することが多いが，他臓器を含む全身症状はほとんどなく，かゆみの程度も様々である。粘膜病変は，犬では通常認められない。猫では爪床および乳頭の周辺に病変がみられるケースがある。

● オーナーへの伝え方

- 落葉状天疱瘡は自己免疫性皮膚疾患であり，犬と猫の中でもっとも多く認められる疾患である。通常は，皮膚のみに病変が起こり，かゆみの程度は様々である。予後は良好であることが多いが，寛解状態を維持するには，多くの場合で生涯にわたる治療が必要である。

全身

症例.141 犬，鼻の潰瘍を伴う腫瘤

主訴・所見

雑種，10歳，去勢雄。鼻鏡部の腫瘤を主訴に来院。鼻鏡部に潰瘍を伴う局面の形成が認められた（写真141-1）。周囲は色素脱失を伴っていた。オーナーは気付いていなかったが，体幹部に紅皮症（写真141-2）や潰瘍を伴う局面，肉球のびらんおよび色素脱失（写真141-3）なども認められた。一般健康状態に異常はなく，かゆみはほとんどないとのこと。身体検査上も皮膚以外の異常は認められなかった。

問題

(a) 複数の症状がオーバーラップしているが，どのような点にポイントをおいて皮疹をみる必要があるか？
(b) もっとも可能性が高い診断名は？
(c) 生検を行う際の注意点を挙げよ。
(d) どのような治療法があるか？

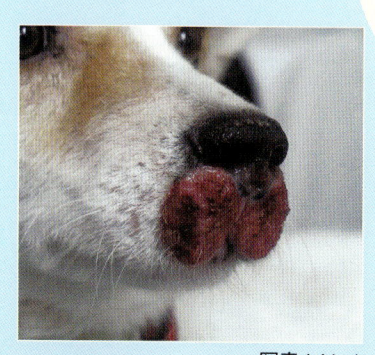

写真141-1

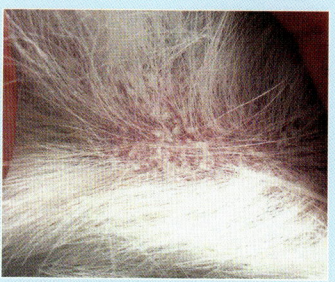

写真141-2

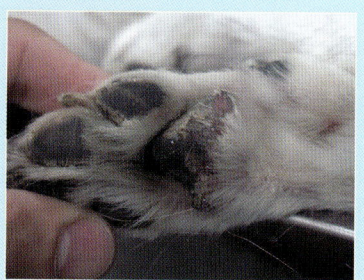

写真141-3

解答

(a) 写真141-1, 141-3において色素脱失が認められることに注目する。色素脱失があるということは基底膜を冒す疾患の存在が考えられる。そして写真141-1のような増殖性の病変を有する場合は，基底膜を侵して増殖する腫瘍性疾患が示唆される。また紅皮症については，疥癬やアレルギー性皮膚炎などでもみられることがあるが，本症例ではかゆみがないことに着目する。

(b) 臨床症状から上皮向性リンパ腫（菌状息肉症）である可能性が高い。

(c) 様々な病態を示しているため，できる限り複数の，それも異なる病変部からサンプルを採取することが好ましい。1ヵ所だけの生検では病理組織学的に診断できない可能性がある。

(d) 古くからある方法では，ビタミンA酸の一種であるイソトレチノイン 1～3mg/kg, q24h, POなどがある。またCCNU 50～100mg/m^{2}なども効果の高い治療法として報告がある。

● Key Point

- 上皮向性リンパ腫は表皮および付属器への浸潤を特徴とするリンパ球系の腫瘍性疾患である。
- 病期は紅皮症期，局面期および腫瘍期に分けられるが，これらはオーバーラップすることが多い。したがって明確に線引きをすることはできない。
- 臨床症状は非常に変化に富むため，Scottらは次の4つのカテゴリーに分けることを提唱している。①剥脱性紅皮症，②皮膚粘膜境界部病変，③孤立性あるいは多発性の局面あるいは結節，④口腔内の潰瘍性病変の4つである。
- 臨床症状が多様なため，鑑別すべき疾患も多岐にわたる。

● オーナーへの伝え方

- 予後は非常に悪いことを伝える。
- 短期間で病状が進行する場合もあるが，2年ほどの長期的な臨床経過をたどるものもある。
- イソトレチノインおよびCCNUは日本未承認の薬剤であること，個人輸入した薬剤を使用することなどの同意を得る。

全身

症例.142 犬，チワワ，脱毛

主訴・所見

チワワ，1歳3ヵ月齢，去勢雄が，脱毛を主訴に来院した。生後3ヵ月齢より大腿部の被毛が薄くなり，その後徐々に脱毛が頭部，頚部，四肢へと進行した。身体所見では頭部，耳介外側，背部，四肢を中心とした全身に脱毛が認められた（写真142-1〜142-3）。

問題

(a) 行うべき検査および疑われる疾患名は？
(b) この疾患の原因は何であると考えられるか？
(c) どのような治療を行うか？ どのような予後であると考えられるか？

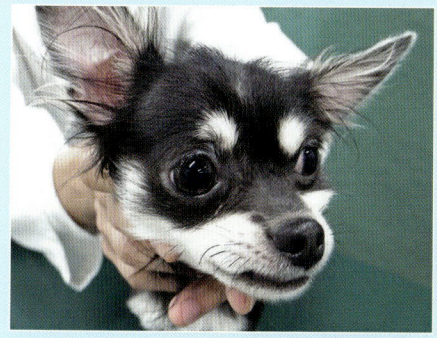

写真142-1

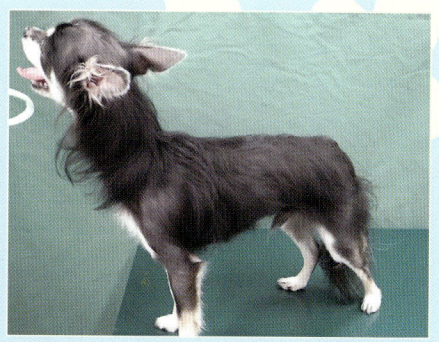

写真142-2

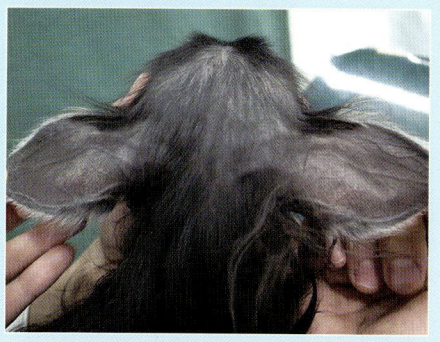

写真142-3

解答

(a) 脱毛以外の目立った皮膚疾患が認められず，生後早い時期より脱毛していることから，遺伝性の脱毛症が疑われる。また，本症例は被毛色がブルータンであり，白色の被毛は残り，ブルーの被毛が脱毛していることから，淡色被毛脱毛症（color dilution alopecia：CDA）が疑われた。検査としては押捺塗抹検査および皮膚掻爬検査を行い，感染症，外部寄生虫症を除外する。また必要であればスクリーニング検査として血液検査を行い，内分泌疾患による脱毛の可能性を除外する。

淡色被毛脱毛症を診断する場合，抜毛した被毛を顕微鏡下で検査することが重要である。脱毛部周囲の同色の被毛を抜毛し，スライドグラスの上にミネラルオイルや生理食塩水を載せ，そこに抜毛した被毛を載せカバーガラスをかぶせて鏡検する。

本症例では写真142-4に示すように，毛幹部に大型のメラニン凝集塊が多数認められた。また皮膚病理組織学検査においても，毛包内に多数のメラニン凝集が認められ（写真142-5），本症例は淡色被毛脱毛症が強く疑われた。

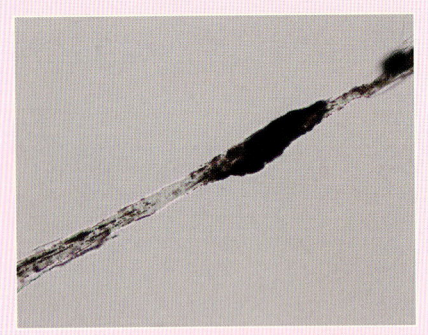

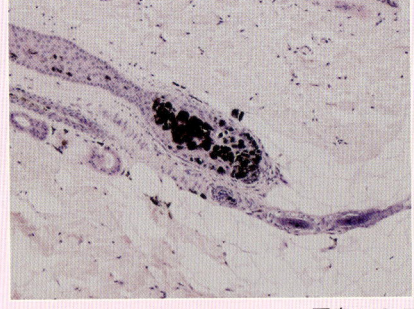

写真142-4　　　　　　　　　　　写真142-5

(b) 淡色被毛脱毛症は，多数の大型のメラニン凝集が毛包に起きることから，被毛が正常に形成されず，被毛の脆弱化と破壊が起きるとも考えられる。つまり初期には被毛は抜けるのではなく，途中で折れて切れる。加齢につれて，やがて毛包は正常に形成されなくなり，完全な脱毛へと進行する。本疾患はメラノサイトからのメラニンの輸送異常が原因の1つであると考えられており，常染色体劣勢遺伝が疑われている。

(c) 本疾患は先天的なメラニンの輸送異常が根本的な原因であるとも考えられており，現在までに有効な治療法は報告されていない。メラニンの凝集，毛包の嚢腫化に伴い，二次的に膿皮症が起こることがあり，必要に応じて適切な抗菌剤やシャンプーを用いて治療する。本疾患は審美上の問題はあるが，動物のQOLに影響を及ぼすことはない。

●Key Point
・淡色被毛脱毛症（CDA）および黒色被毛毛包形成異常症（black hair follicular dysplasia）はいずれもメラニンの異常凝集と関連する脱毛症であり，その臨床症状や病理組織学所見は類似している。
・淡色被毛脱毛症が，ブルーあるいはフォーンの希釈性被毛をもった犬種に起きる一方，黒色被毛毛包形成異常症は，明るい色の被毛がベースで，暗い色の被毛が斑点状にある犬の，暗い色の被毛部に脱毛が起きる。

●オーナーへの伝え方
・本疾患は被毛の構造上の異常が脱毛の原因であり，治療により脱毛が改善されることはまれである。しかしながら動物の健康には影響しないため，その点をオーナーに理解してもらうように努める。
・本疾患には効果的な治療法がないことのみを伝えるのではなく，皮膚検査や血液検査を行い，感染症や内分泌疾患による脱毛の可能性を除外した上で，健康に異常がないことを強調して伝える。

Column

ウッド灯検査

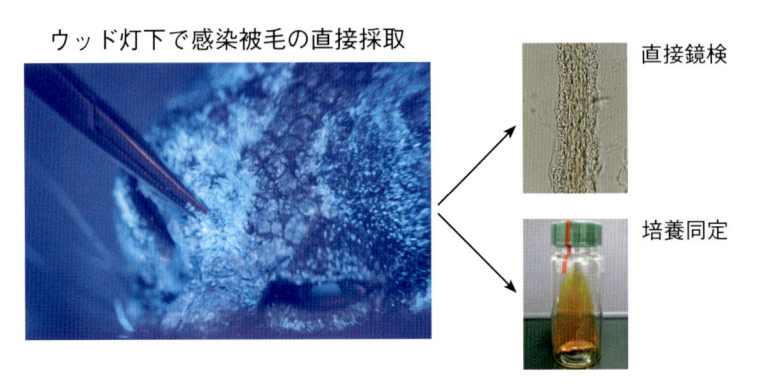

ウッド灯下で感染被毛の直接採取

→ 直接鏡検

→ 培養同定

　皮膚糸状菌の検出に用いる簡便な検査であり，*Microsporum canis* 感染症例の約50％が陽性反応（蛍光発色）を示す。陽性反応が認められた場合，ウッド灯照射下で感染被毛を採取し，直接鏡検および真菌培養検査に用いる。検査時は鱗屑や痂皮，外用剤などが示す偽陽性反応に注意する。ウッド灯検査が陰性であった場合でも皮膚糸状菌症を否定できないことに注意する。

真菌培養同定検査

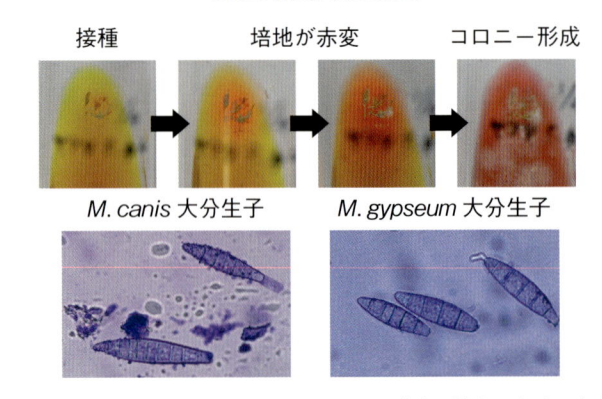

接種 → 培地が赤変 → コロニー形成

M. canis 大分生子　　*M. gypseum* 大分生子

　真菌培養同定検査は①皮膚糸状菌感染症例において，感染源特定のために皮膚糸状菌の菌種同定を行う場合，②深在性の皮膚真菌感染症が疑われる場合などに実施を考慮する。真菌感染の証明は，皮膚掻爬物直接鏡検，細胞診，抜毛検査，病理組織学検査により行われ，真菌培養同定検査は真菌の感染を直接証明する検査ではないことを理解しなければならない。皮膚糸状菌用簡易培地（DTM）を用いて培養同定検査を院内で行う場合は，適切な温度・湿度管理のもと，培地色の変化やコロニーの形成などを経時的に観察する（基本的には毎日観察）とともに，形成されたコロニーを鏡検し，大分生子や小分生子の形態を観察する。*Microsporum canis* が確認された場合は動物（特に猫）を，*M. gypseum* が確認された場合は主に土壌を感染源として考慮する。

執筆担当症例一覧

(五十音順：数字は症例番号)

池　順子………… 6, 7, 9, 23, 41, 76, 89, 90, 92, 133
加藤(渡邊)理沙… 11, 20, 48, 52, 55, 77, 102, 103, 105, 106
門屋美知代……… 12, 14, 19, 28, 40, 68, 70, 71, 83, 94
小林哲郎………… 24, 25, 60, 66, 74, 82, 95, 100, 126, 128, 142
斉藤久美子……… 16, 26, 37, 46, 54, 65, 81, 97, 104, 130
佐藤理文………… 5, 22, 56, 107, 109, 110, 112, 113, 115, 141
島田健一郎……… 17, 18, 45, 47, 50, 53, 67, 72, 127, 135
強矢　治………… 2, 59, 73, 75, 80, 87, 111, 117, 121, 122
関口麻衣子……… 10, 21, 32, 42, 64, 84, 93, 108, 136, 139
西藤公司………… 8, 15, 29, 43, 44, 96, 98, 99, 101, 138
堀中　修………… 13, 27, 49, 62, 69, 78, 86, 129, 131, 140
藪添敦史………… 51, 57, 58, 116, 118, 119, 120, 124, 125, 137
山岸建太郎……… 1, 3, 31, 33, 35, 38, 39, 61, 79, 88
横井愼一………… 4, 30, 34, 36, 63, 85, 91, 114, 123, 132, 134

■参考文献

症例2
- ペルシャネコの顔面皮膚炎．カラーアトラス　犬と猫の皮膚疾患，第2版．p327．文永堂．
- Bond R, Curtis CF, Ferguson EA, Mason IS, Rest J. ペルシャ猫における特発性顔面皮膚炎．獣医皮膚科臨床，11(1)；40-45．2001．
- Fontaine J, Heimann M. Idiopathic facial dermatitis of the Persian cat: three cases controlled with cyclosporine. *Vet Dermatol*, 15(1)；64. 2004.
- Diesel A, DeBoer DJ. Serum allergen-specific Immunoglobulin E in atopic and healthy cats: comparison of rapid screening immunoassay and complete-panel analysis. *Vet Dermatol*. 22(1)；39-45. 2011.
- 猫のアトピー-in vitro検査とin vivo検査：診断への挑戦．*SMALL ANIMAL DERMATOLOGY*, 1(3)；インターズー．2010．pp183-189．

症例4
- Gross TL, Ihrke PJ, Walder EJ, Affolter VK. 日本獣医皮膚科学会 監訳．犬と猫の皮膚病(第2版)．臨床的および病理組織学的診断法．インターズー．2009．pp669-670．

症例6，7，9，23，41，76，89，90，92，133
- Scott DW, Miller WH, Griffin CE. Muller&Kirk's Small Animal Dermatology, 6 th ed. WB Saunders. Philadelphia. 2001.
- Medleau L, Hnilica KA. Small Animal DERMATOLOGY A Color Atlas and Therapeutic Guide. WB Saunders. Philadelphia. 2001.
- Éric GUAGUÈRE, Pascal PRÉLAUD. PRACTICAL GUIDE 猫の皮膚科学．小方宗次 監訳．メリアル・ジャパン株式会社．2002．
- Gross TL, Ihrke PJ, et al. 犬と猫の皮膚病〔第2版〕臨床的および病理組織学的診断法．日本獣医皮膚科学会監訳．株式会社インターズー．東京．2009．
- 第6回世界獣医皮膚科会議．卒後教育プログラム(日本語版)．日本獣医皮膚科学会．

症例11
- Medleau L, Hnilica KA. カラーアトラス　犬と猫の皮膚疾患　第2版．文永堂．2007．pp286-288．
- Havey RG, McKeever PJ. カラーハンドブック　犬と猫の皮膚病．インターズー．2001．pp118．
- Gross TL, Ihrke PJ, Walder EJ, Affolter VK. Skin Disesase of the Dog and Cat. Second Edition. Blackwell. 2005. pp481-484.
- Hutchings SM. Juvenile Cellulitis in a Puppy. *Can Vet J*, 418-419. May 44(5), 2003.

症例20
- Medleau L, Hnilica KA. カラーアトラス　犬と猫の皮膚疾患　第2版．文永堂．2007．pp316-317．
- Havey RG, McKeever PJ. カラーハンドブック　犬と猫の皮膚病．インターズー．2001．p106，172．
- Gross TL, Ihrke PJ, Walder EJ, Affolter VK. Skin Disease of the Dog and Cat. 2nd Edition. Blackwell. 2005. pp167-169.

症例47
- Devriese LA, Vancanneyt M, Baele M, et al. *Staphylococcus pseudintermedius* sp. nov., a coagulase-positive species from animals. *International Journal of Systematic and Evolutionary* Microbiology, 55；1569-1573. 2005.
- Jones R, Kania S, Rohrbach B, Frank L, Bemis D. Prevalence of oxacillin-and multidrug-resistant staphylococci in clinical samples from dogs: 1772 samples (2001-2005). *Journal of the American Veterinary Medical Association*. 230；221-227. 2007.

症例48
- Medleau L, Hnilica KA. カラーアトラス　犬と猫の皮膚疾患　第2版．文永堂．2007．pp162-163，226-227．
- Havey RG, McKeever PJ. カラーハンドブック　犬と猫の皮膚病．インターズー．2001．pp122-124．
- Gross TL, Ihrke PJ, Walder EJ, Affolter VK. Skin Disease of the Dog and Cat. 2nd Edition. Blackwell. 2005. pp239-241.

症例52
- Medleau L, Hnilica KA. カラーアトラス　犬と猫の皮膚疾患　第2版．文永堂．2007．pp125-127，226-227．

- Havey RG, McKeever PJ. カラーハンドブック 犬と猫の皮膚病. インターズー. 2001. pp18-19.
- Gross TL, Ihrke PJ, Walder EJ, Affolter VK. Skin Disesase of the Dog and Cat. Second Edition. Blackwell. 2005. pp118-121.

症例55
- Medleau L, Hnilica KA. カラーアトラス 犬と猫の皮膚疾患 第2版. 文永堂. 2007. pp36-39.
- Havey RG, McKeever PJ. カラーハンドブック 犬と猫の皮膚病. インターズー. 2001. pp108-109.

症例59
- 毛包-表皮嚢腫(毛包漏斗部嚢腫). カラーアトラス 犬と猫の皮膚疾患, 第2版. 文永堂. pp443-444.
- 皮膚と皮下組織. カラーアトラス 犬と猫の細胞診. 文永堂. p. 31-82.
- Abramo F, Noli Cernando. 毛包系腫瘍と腫瘍様病変. *ViVeD*, 4(3); 174-182. 2008.

症例63
- Seppo AMS, Juuti KH, Palojärvi JH, et. al, *Demodex gatoi*-associated contagious pruritic dermatosis in cats-a report from six households in Finland, Acta Veterinaria Scandinavica, 51(40); 2009.

症例73
- 皮膚および付属器の腫瘍. 犬の腫瘍. 桃井康行 監訳. インターズー. pp583-604.
- 扁平上皮癌. カラーアトラス 犬と猫の皮膚疾患, 第2版. 文永堂. p371.
- Mueller RS, Olivry T. Onychobiopsy without onychectomy: description of a new biopsy technique for canine claws. *Vet Dermatol*, 10; 55-59. 1999.
- Marino DJ, Matthiesen DT, Stefanacci JD, et al. Evaluation of dogs with digit masses:117 cases(1981-1991). *JAVMA*, 207(6); 726-728. 1995.
- O'Brien MG, Berg J, Engler SJ. Treatment by digital amputation of subungual squamous cell carcinoma in dogs: 21 cases(1987-1988). *JAVMA*, 201(5); 759-761. 1992.

症例75
- 軟部組織肉腫. 犬の腫瘍. 桃井康行 監訳. インターズー. p554-565.
- 血管周皮腫. カラーアトラス 犬と猫の皮膚疾患, 第2版. 文永堂. pp419.
- 皮膚と皮下組織. カラーアトラス 犬と猫の細胞診. 文永堂. pp31-82.
- 廉澤 剛 監修. 軟部組織の肉腫. *SURGEON*, 15(1); 3-73. 2011.

症例77
- Medleau L, Hnilica KA. カラーアトラス 犬と猫の皮膚疾患 第2版. 文永堂. 2007. pp433-424.
- Gross TL, Ihrke PJ, Walder EJ, Affolter VK. Skin Disesase of the Dog and Cat. 2nd Edition. Blackwell. 2005. pp840-845.

症例80
- 口腔, 胃腸, 付随臓器. カラーアトラス 犬と猫の細胞診. 文永堂. pp181-200.
- 診断手法. カラーアトラス 犬と猫の皮膚疾患, 第2版. 文永堂. pp11-26.
- Carandina G, Bacchelli M,Virgili A, et al. Simonsiella filaments isolated from erosive lesions of the human oral cavity. *J Clin Microbiol*. 19(6); 931-933. 1984.

症例87
- メラノーマ. 犬の腫瘍. 桃井康行 監訳. インターズー. 2008. pp428-440.
- 黒色腫(メラノーマ). カラーアトラス 犬と猫の皮膚疾患, 第2版. 文永堂. p372.
- 皮膚と皮下組織. カラーアトラス 犬と猫の細胞診. 文永堂. pp31-82.
- Marino DJ, Matthiesen DT, Stefanacci JD, et al. Evaluation of dogs with digit masses:117 cases(1981-1991). *JAVMA*, 207(6); 726-728. 1995.
- Schultheiss PC. Histologic features and clinical outcomes of melanomas of lip, haired skin, and nail bed locations of dogs. *Journal of Veterinary Diagnostic Investigation*, 18(4); 422-425. 2006.

症例102
- Medleau L, Hnilica KA. カラーアトラス 犬と猫の皮膚疾患 第2版. 文永堂. 2007. pp243-245.
- Havey RG, McKeever PJ. カラーハンドブック 犬と猫の皮膚病. インターズー. 2001. pp174-176.
- Paradis M. 犬の甲状腺機能低下症. *ViVeD*, Vol. 5(3); 166-186. 2009.

・Nelson RW, Couto CG. Small Animal Internal Medicine. Second Edition. インターズー. 2001. pp705-720.

症例103
・Gerhardt N, Mueller RS. 毛包虫症の治療法. *ViVeD*, Vol. 2(4)；304-308.2006.
・川畑明紀子, 桃井康行, 山岸千恵, 岩崎利郎. イベルメクチン中毒を引き起こす遺伝子—MDR1 遺伝子. ViVeD, Vol. 2(4)；309-312. 2006.
・Medleau L, Hnilica KA. カラーアトラス 犬と猫の皮膚疾患 第2版. 文永堂. 2007. pp106-110.

症例105
・Medleau L, Hnilica KA. カラーアトラス 犬と猫の皮膚疾患 第2版. 文永堂. 2007, pp46-47.
・Havey RG, McKeever, PJ. カラーハンドブック 犬と猫の皮膚病. インターズー. 2001, pp122-124.

症例106
・今井壮一. 疥癬の原因. *ViVeD*, Vol. 2(1)；7-10. 2006.
・村井 妙. 疥癬の検査法および治療法. *ViVeD*. Vol. 2(1)；17-20. 2006.
・Medleau L, Hnilica KA. カラーアトラス 犬と猫の皮膚疾患 第2版. 文永堂. 2007. pp114-116.
・Havey RG, McKeever PJ. カラーハンドブック 犬と猫の皮膚病. インターズー, 2001. pp28-29.

症例111
・強矢 治 訳. ウサギの皮膚疾患. THE VETERINARY CLINICS OF NORTH AMERICA エキゾチックアニマル臨床シリーズvol.6. 皮膚科学. インターズー. 2004.
・田川雅代. 落屑, 鱗屑を伴う皮膚疾患. *VEC*. 7(1). 20-27. 2009.
・Chomel BB. Zoonoses of house pets other than dogs, cats and birds. Pediatric Infectious Diseases Journal, 11；479-487. 1992.
・Mellgren M, Bergvall K. Treatment of rabbit cheyletiellosis with selamectin or ivermectin: a retrospective case study. *Acta Vet Scand*, 50(1)；1. 2008.

症例117
・皮膚および付属器の腫瘍. 犬の腫瘍. 桃井康行 監訳. インターズー. p583-604.
・脂腺の腫瘍. カラーアトラス 犬と猫の皮膚疾患, 第2版. 文永堂. p406-407.
・皮膚と皮下組織. カラーアトラス犬と猫の細胞診. 文永堂. p31-82.
・Fernando Ramiro-Ibanez(2008). 犬と猫の脂腺系腫瘍. *ViVeD*, 4(3)；p183-193.

症例121
・亘 敏弘, 辻本 元. 播種性血管内凝固症候群(DIC)における出血傾向. *SA Medicine*, 5(1)；40-47. 2003.
・血管およびリンパ管の腫瘍. 犬の腫瘍. 桃井康行 監訳. p449-463. インターズー
・血管肉腫. カラーアトラス犬と猫の皮膚疾患, 第2版. 文永堂. p418.
・Ward H, Fox LE, Calderwood-Mays MB, Hammer AS, Couto CG. Cutaneous hemangiosarcoma in 25 dogs: a retrospective study. *J Vet Intern Med*, 8(5)；345-348. 1994.
・Hargis AM, Feldman BF. Evaluation of hemostatic defects secondary to vascular tumors in dogs: 11 cases(1983-1988). *J Am Vet Med Assoc*, 198(5)；891-894. 1991.

症例122
・強矢 治 訳. ウサギの皮膚疾患. THE VETERINARY CLINICS OF NORTH AMERICA エキゾチックアニマル臨床シリーズvol.6. 皮膚科学. インターズー. 2004.
・霍野晋吉. ウサギの外部寄生虫. *VEC*. 7(1)；44-56. 2009.

症例132
・*SMALL ANIMAL DERMATOLOGY*. Sep, 1(5). 2010.

■写真協力
症例108：東京動物医療センター（東京都杉並区）
症例10, 21, 32, 42, 64, 84, 93, 136, 139：よしむら動物病院（埼玉県鳩ケ谷市）

索　引

数字は頁番号

〖あ行〗

亜鉛反応性皮膚症……………………… 56, 206, 222
秋田犬…………………………………………… 204, 300
悪性黒色腫……………………………………… 162, 196
悪性線維性組織球腫………………………………… 170
アザチオプリン………………………………… 226, 304
アジスロマイシン…………………………………… 250
アトニー……………………………………………… 284
アトピー性皮膚炎
　　　　…………… 11, 15, 44, 124, 130, 156, 192, 212
アビシニアン……………………………… 28, 145, 146
アミトラズ………… 50, 68, 146, 160, 230, 282, 296
アミトリプチリン………………………………… 274
アメリカン・コッカー・スパニエル
　　　　………………………………… 55, 73, 126, 191, 233
アメリカンファジーロップ………………………… 72
アラスカン・マラミュート……………………… 202
医原性クッシング症候群…… 106, 108, 118, 252
イソトレチノイン………………………………… 306
イタリアン・グレーハウンド…………………… 147
犬疥癬………………………………………………… 86, 236
犬甲状腺刺激ホルモン……………………… 200, 286
犬上皮向性リンパ腫………………………………… 78
イヌキビダニ症………… 16, 30, 50, 68, 104, 252, 282
イヌハジラミ……………………………………… 154
犬毛包虫症………… 16, 30, 50, 68, 104, 252, 282
異物性肉芽腫……………………… 40, 162, 168, 190
イベルメクチン……… 26, 68, 92, 218, 230, 264, 296
インターフェロンγ療法………………………… 86
ウエスト・ハイランド・ホワイトテリア
　　　　………………………………………… 126, 157, 189
ウェルシュ・コーギー…………………………… 279
ウッド灯検査………… 38, 42, 134, 230, 234, 236, 276
壊死性遊走性紅斑………………………………… 222
エストロジェン過剰症………………………… 88, 292
円形脱毛症…………………………………… 104, 160
塩酸シプロヘプタジン…………………………… 287
円板状エリテマトーデス
　　　　………………………… 15, 16, 24, 32, 46, 56, 290
エンロフロキサシン……………… 84, 189, 302, 303

〖か行〗

オーストラリアン・シェパード………… 230, 236
疥癬………………… 16, 38, 218, 236, 264, 280, 296
外毛根鞘角化……………………………………… 132
火焔状毛包………………………………………… 248
下顎リンパ節………………………………… 41, 42, 63
過酸化ベンゾイルシャンプー………………… 282
下垂体性クッシング症候群…………… 107, 158
苛性カリ…………………………………………… 134
家族性皮膚筋炎……………………… 216, 290, 294
化膿性肉芽腫性皮膚炎………………………… 58, 64
眼瞼炎………………………………………………… 72
間質細胞腫………………………………… 144, 292
環状紅斑…………………………………… 15, 278
感染性毛包炎………………………………………… 40
肝皮膚症候群………………………………… 206, 222
寒冷凝集素病………………………………………… 60
紀州犬………………………………………………… 31
基礎 T_4 値　……… 92, 233, 255, 256, 272, 286
基底細胞腫………………………………………… 112
基底膜……………………………… 11, 12, 140, 306
棘融解細胞……… 36, 55, 98, 252, 270, 288, 304
棘融解性膿疱………………………………… 36, 226
虚血性皮膚症……………………………… 216, 224
筋萎縮……………………………………… 216, 224, 294
菌状息肉症………… 15, 78, 86, 140, 260, 278, 306
クリプトコッカス症……………………… 121, 122, 240
クロミプラミン…………………………………… 274
クロラムフェニコール……………………………… 52
クロルヘキシジングルコン酸塩…………… 119, 120
蛍光抗体直接法…………………………………… 98
形質細胞腫………………………………… 40, 162
形質細胞性足皮膚炎……………… 174, 180, 188
血管腫……………………………………… 28, 266
血管周皮腫……………………………… 162, 170, 171
血中エストラジオール値……………………… 292
ケラチナーゼ……………………………………… 270
ケラトヒアリン顆粒………………………… 11, 74
減感作療法……………………………… 156, 212, 276
抗核抗体検査………………………………… 32, 36, 60

315

高ガンマグロブリン血症‥‥‥‥‥‥174, 180, 188
膠原線維‥‥‥‥‥‥‥‥‥‥‥‥‥‥‥13, 136
抗原提示細胞‥‥‥‥‥‥‥‥‥‥‥‥‥‥40
好酸球性潰瘍‥‥‥‥‥‥‥‥‥‥‥‥44, 66
好酸球性肉芽腫‥‥‥‥‥44, 66, 124, 152, 174
好酸球性プラーク‥‥‥‥‥‥‥‥44, 66, 152
甲状腺機能低下症‥‥‥‥‥‥‥‥‥‥‥‥
‥‥‥‥‥92, 131, 177, 200, 228, 256, 271, 286
甲状腺ホルモン‥‥‥‥‥‥‥‥‥‥‥‥‥
‥‥‥‥‥‥88, 92, 200, 228, 251, 252, 255, 286
黒色毛包異形成‥‥‥‥‥‥‥‥‥‥220, 262
個細胞壊死‥‥‥‥‥‥‥‥‥‥‥‥‥‥‥70
骨膜反応‥‥‥‥‥‥‥‥‥‥‥‥‥‥‥165
コメド‥‥‥‥‥‥‥‥‥‥‥‥‥‥‥‥158

【さ行】
再発性膁部脱毛‥‥‥‥‥‥‥‥‥‥‥‥‥88
サイログロブリン自己抗体‥‥‥‥‥‥‥286
酢酸オサテロン‥‥‥‥‥‥‥‥‥‥‥‥‥96
痤瘡‥‥‥‥‥‥‥‥‥‥‥‥‥‥34, 58, 84
浅頸リンパ節‥‥‥‥‥‥‥‥‥‥‥‥‥‥41
蚕食性潰瘍‥‥‥‥‥‥‥‥‥‥‥‥‥‥‥66
シェットランド・シープドッグ‥‥‥‥‥‥
‥‥‥‥49, 67, 99, 143, 215, 221, 230, 236, 289, 293
耳介辺縁皮膚症‥‥‥‥‥‥‥‥‥‥‥‥‥60
シクロスポリン‥‥‥‥‥‥‥‥‥‥‥‥‥
‥‥‥‥‥‥‥66, 70, 152, 156, 168, 180, 204, 212
自己免疫性疾患‥‥‥‥‥‥292, 178, 188, 218, 238, 290
自己免疫性水疱性皮膚疾患‥‥‥‥‥‥‥238
刺咬性過敏症‥‥‥‥‥‥‥‥‥62, 76, 82, 188
耳垢腺嚢腫症‥‥‥‥‥‥‥‥‥‥‥‥‥‥28
糸状菌症‥‥‥‥‥‥‥‥‥‥‥‥‥‥94, 238
ジステンパー‥‥‥‥‥‥‥‥56, 157, 158, 206
雌性化乳房‥‥‥‥‥‥‥‥‥‥‥‥‥‥144
脂腺炎‥‥‥‥‥‥‥‥‥‥‥‥‥96, 204, 300
脂腺過形成‥‥‥‥‥‥‥‥‥‥‥‥‥‥258
湿性皮膚炎‥‥‥‥‥‥‥‥‥‥‥72, 128, 284
耳道切開術‥‥‥‥‥‥‥‥‥‥‥‥‥‥‥28
歯肉炎‥‥‥‥‥‥‥‥‥‥‥‥‥‥‥‥117
歯肉炎―口内炎―咽頭症候群‥‥‥‥‥‥118
柴犬‥‥‥‥‥‥‥‥‥‥‥‥‥‥53, 91, 211
シモンシエラ属‥‥‥‥‥‥‥‥‥‥‥‥182
若年性蜂窩織炎‥‥‥‥‥‥‥‥‥‥‥42, 64
ジャック・ラッセル・テリア‥‥‥‥‥‥213
ジャーマン・シェパード・ドッグ‥‥‥35, 80

上皮向性リンパ腫‥15, 78, 86, 140, 260, 278, 306
除去食試験‥‥‥‥‥84, 130, 152, 156, 212, 234, 276
食物過敏症‥‥‥‥‥‥‥‥‥‥‥‥‥‥‥24
脂漏性皮膚炎‥‥‥‥‥‥‥‥‥‥‥‥‥‥56
深在性膿皮症‥‥‥‥‥‥42, 64, 74, 168, 190, 214, 234
人獣共通感染症‥‥‥‥‥‥38, 94, 100, 122, 190, 240, 296
蕁麻疹‥‥‥‥‥‥‥‥‥‥16, 40, 42, 238, 242, 276
垂直耳道切除術‥‥‥‥‥‥‥‥‥‥‥‥‥28
垂直伝播‥‥‥‥‥‥‥‥‥‥‥‥‥‥‥‥30
スコティッシュ・フォールド‥‥‥‥‥‥‥27
スタンダード・プードル‥‥‥‥203, 204, 299, 300
ステロイド皮膚症‥‥‥‥‥‥15, 90, 106, 148, 186
スポットオン製剤‥‥‥‥‥‥‥‥‥‥‥‥
‥‥‥‥‥‥‥‥26, 54, 110, 150, 154, 208, 218, 232
精上皮腫‥‥‥‥‥‥‥‥‥‥‥‥‥‥‥144
精巣腫瘍‥‥‥‥‥‥‥‥‥‥‥‥144, 248, 292
デスモソーム接着分子‥‥‥‥‥‥‥‥‥270
セラメクチン‥‥‥‥54, 146, 150, 218, 236, 264, 280
セルトリ細胞腫‥‥‥‥‥‥‥132, 144, 248, 292
線維肉腫‥‥‥‥‥‥‥‥‥‥‥‥‥‥‥170
全耳道切除術‥‥‥‥‥‥‥‥‥‥‥‥‥‥28
全身性エリテマトーデス‥‥‥‥‥‥‥‥‥
‥‥‥‥‥‥‥‥‥‥‥32, 46, 56, 70, 78, 80, 294
足底潰瘍‥‥‥‥‥‥‥‥‥‥‥‥‥‥‥184
足底皮膚炎‥‥‥‥‥‥‥‥‥‥‥‥‥‥184
粟粒性皮膚炎‥‥‥‥‥‥‥‥‥‥16, 124, 208
組織球‥‥‥‥‥‥‥‥‥‥‥‥‥‥13, 22, 27
組織球系腫瘍‥‥‥‥‥‥‥‥‥‥‥‥22, 260

【た行】
代謝性表皮壊死症‥‥‥‥‥‥‥‥‥‥‥222
タクロリムス‥‥‥‥‥‥‥‥‥‥‥‥‥‥80
多形紅斑‥‥‥‥‥‥‥‥‥‥‥‥15, 70, 238
脱毛症X（アロペシアX）‥‥‥‥‥‥‥‥
‥‥‥‥‥‥‥‥‥‥88, 96, 132, 202, 248, 292, 298
淡色被毛脱毛症‥‥‥‥‥‥‥‥210, 262, 308, 309
チワワ‥‥‥‥‥‥‥39, 63, 113, 219, 249, 303, 307
狆‥‥‥‥‥‥‥‥‥‥‥‥‥‥‥‥‥‥229
ツメダニ症‥‥‥‥‥‥‥‥‥‥‥94, 150, 246
低アレルゲン食‥‥‥‥‥‥‥‥‥‥‥‥‥23
デキサメサゾン抑制試験‥‥‥‥‥‥‥‥118
テトラサイクリン‥‥‥‥‥‥‥‥32, 46, 304
電子線照射法‥‥‥‥‥‥‥‥‥‥‥‥‥‥74
テープストリッピング検査‥‥‥‥‥‥‥‥
‥‥‥‥‥‥‥‥‥‥24, 94, 146, 150, 246, 267, 268

トイ・プードル……… 25, 89, 131, 137, 185, 247
糖尿病………… 118, 152, 194, 206, 230, 282, 288
禿瘡……………………………………… 190
ドラメクチン……………… 38, 50, 160, 282
トリアムシノロン………… 89, 105, 226, 254
トルイジンブルー染色………………………47
トレポネーマ症………………………………52

【な行】
軟部組織肉腫………………………………170
肉芽腫………… 17, 42, 64, 122, 152, 239, 300
肉腫…………………………… 40, 170, 266
ニコチン酸アミド…………… 32, 46, 304
日光性皮膚炎………………………… 32, 46
ニューキノロン系抗菌剤…………… 51, 52
ネコハジラミ……………………… 110, 208
粘液肉腫……………………………………170
粘膜眼症候群…………………………………78
膿皮症………………………………………
……… 15, 92, 114, 128, 130, 160, 162, 200, 234, 270
ノミアレルギー性皮膚炎……………………
………………………… 44, 66, 86, 156, 188, 212
ノミ取り櫛検査………………………………92
ノルウェージャンフォレストキャット…… 101
ノーフォークテリア……………… 41, 175

【は行】
パグ…………………………………… 103, 277
剥脱性紅皮症…………………………… 306
白斑……………………… 15, 32, 36, 78, 80, 140
パターン脱毛症………………………… 262
パピヨン……………………………………201
播種性血管内凝固症候群………………… 266
パンチ生検……………… 132, 174, 204, 266
反応性組織球症……………………………40
バーニーズ・マウンテン・ドッグ………… 79
非上皮系悪性腫瘍………………… 170, 171
非上皮向性リンパ腫…………… 40, 244, 260
ヒゼンダニ…………… 38, 218, 236, 280, 296
ビタミンE………… 32, 46, 60, 216, 224, 294
必須脂肪酸…………………… 32, 204, 290
ヒト免疫グロブリン製剤……………………70
皮内角化上皮腫………………………… 138
皮内試験……………………………… 156, 212
鼻部不全角化症………………………………56

皮膚エリテマトーデス… 24, 32, 36, 46, 56, 282, 290
皮膚筋炎………… 30, 68, 216, 224, 290, 294
皮膚糸状菌症… 15, 16, 94, 134, 160, 190, 214, 270
皮膚真菌症……………………………… 162
皮膚石灰沈着症…………………… 16, 108, 194
皮膚組織球腫……………… 22, 40, 162, 176
皮膚粘膜境界部病変……………………… 306
肥満細胞腫……………… 22, 40, 48, 66, 162, 164
表在性壊死性皮膚炎……………… 206, 222
表在性膿皮症………………………………
………………… 70, 86, 114, 146, 200, 202, 234, 260, 302
表皮小環………… 113, 114, 261, 297, 298, 301, 304
表皮嚢腫………………………………… 138
鼻涙管…………………………………………72
フォークト―小柳―原田症候群………… 80
腹腔内陰睾…………………………… 144
副腎皮質機能亢進症………………………
…………… 15, 108, 158, 202, 230, 250, 282
ブドウ膜―皮膚症候群……… 15, 32, 46, 78, 140
フラットコーテッド・レトリーバー…… 161
フルオレセイン通過試験……………………72
フルコナゾール…………………… 122, 240
フレンチ・ブルドッグ………… 29, 88, 105
プロピレングリコール…………… 160, 204
ペルシャ……………………… 23, 24, 28, 225
ペルシャ猫の顔面皮膚炎………………… 24
ヘルペスウイルス感染症……………………62
ペルメトリン…………………………… 100
扁平上皮癌…………… 74, 112, 162, 166, 196
蜂窩織炎……………………… 34, 42, 58, 64
放射線療法……… 74, 164, 166, 170, 171, 197, 244
ポメラニアン………… 95, 96, 202, 297, 298
ポリクローナルガンモパシー………… 174
ホーランドロップ…………………… 72, 245

【ま行】
マイクロバブルバス…………………… 301
マクロファージ………… 63, 168, 188, 239, 260
マダニ……………………………………99, 100
マラセチア外耳炎………………………… 27
マラセチア性皮膚炎 24, 68, 116, 186, 192, 276, 280
マルチーズ……………………………… 69, 257
マルボフロキサシン…………………… 239
メチルプレドニゾロン……… 118, 145, 146, 152
ミトタン………………………………96, 202

317

ミニチュア・シュナウザー	88, 235, 241, 242
ミニチュア・ダックスフント	
	115, 159, 163, 167, 177, 209, 261, 295, 301
ミニチュア・ピンシャー	59
ミニチュア・プードル	119
ミノサイクリン	302
ミミヒゼンダニ	26, 54, 60, 82
ミルベマイシンオキシム	230, 236, 282
無痛性潰瘍	44, 66, 152
無菌性結節性脂肪織炎	168
メラトニン	88, 96, 131, 210, 248, 262, 298
メラニン凝集	210, 248, 262, 308
メラノーマ	28, 166, 196, 197
免疫介在性皮膚疾患	46, 82, 98, 116, 254
面皰	34, 58, 84, 104, 105, 158, 227
毛包炎	16, 34, 36, 58, 92, 130, 220
毛包形成異常	96, 132, 248, 309
毛包周囲炎	58
毛包上皮腫	112, 138
毛包嚢腫	16, 138
毛母腫	138
モキシデクチン	50, 146, 230, 282

[や行・ら行・わ行]

薬疹	36, 78, 116, 124, 168, 278, 304
蠅蛆症（ハエウジ）	142
ヨークシャー・テリア	237, 269, 270
落葉状天疱瘡	36, 98, 226, 251, 254, 288, 304
ラブラドール・レトリーバー	
	21, 135, 165, 195, 286
ランゲルハンス細胞	10, 11, 40, 176
ランゲルハンス細胞組織球症	40
リングワーム（輪癬）	93, 94
リンパ球性甲状腺炎	228, 286
リンパ節	42, 64, 66, 163, 174, 195, 240
涙嚢炎	72
レチノイド剤	300
レボチロキシンナトリウム	
	131, 200, 228, 256, 271, 272, 286
ロムスチン	78, 86, 140, 260
ワイヤー・フォックス・テリア	275
ワセリン	56, 120

[A-Z]

ACTH依存型—クッシング症候群	107, 158
ACTH刺激試験	118, 132, 158, 252
BHFD	220, 262
c-TSH	200
CCNU	140, 244, 306
CDA	210, 262, 308, 309
Cheyletiella parasitovorax	150
CO_2 レーザー	28, 48
CRP	241, 242
Cryptococcus neoformans	240
Demodex gatoi	146
DIC	242, 266
DLE	32
euthyrod sick syndrome	272
FeLV	240, 253, 288
FIV陽性	121, 122
fT_4	200, 228, 255, 286
KOH	94, 134, 214
Listrophorus gibbus	150
MDR1 遺伝子	50, 68, 230, 282
Microsporum spp.	94, 134, 214, 270
Pasteurella multocida	34
PAS染色	122, 239
PF	254
Staphylococcus pseudintermedius	
	114, 130, 191, 192, 234, 302
T細胞性	243, 244
T_4	131, 200, 228, 233, 255, 256, 272, 286
TgAA	286
Treponema cuniculi	52
Trichophyton mentagrophytes	270

■監修者プロフィール

東京農工大学大学院農学研究院獣医内科学教室 教授
岩﨑　利郎（いわさき　としろう）

　1949年兵庫県生まれ。1974年東京農工大学農学部獣医学科卒業。1983年農学博士（東京大学）。神戸大学医学部皮膚科研究生，神戸市平尾動物病院勤務，第一製薬勤務を経て，1991年からスタンフォード大学医学部皮膚科ポスドク研究員，1992年からノースウエスタン大学医学部皮膚科アシスタントプロフェッサー，1994年から岐阜大学農学部家畜病院助教授，1996年同教授。1999年より現職。2006年より2012年まで日本獣医皮膚科学会会長，2005年から2012年までアジア獣医皮膚科専門医協会会長，2008年第6回世界獣医皮膚科会議大会長。

症例でみる小動物の皮膚病診療Q&A

2012年8月10日　第1刷発行

監　修　　岩﨑利郎

発行者　　森田　猛

発行所　　株式会社 緑書房
　　　　　〒103-0004
　　　　　東京都中央区東日本橋2丁目8番3号
　　　　　ＴＥＬ 03-6833-0560
　　　　　http://www.pet-honpo.com

組　版　　美研プリンティング株式会社
印刷所　　三美印刷株式会社

©Toshiro Iwasaki
ISBN 978-4-89531-030-7　Printed in Japan
落丁，乱丁本は弊社送料負担にてお取り替えいたします。
本書の複写にかかる複製，上映，譲渡，公衆送信（送信可能化を含む）の各権利は株式会社緑書房が管理の委託を受けています。

JCOPY 〈(社)出版者著作権管理機構 委託出版物〉
本書を無断で複写複製（電子化を含む）することは，著作権法上での例外を除き，禁じられています。本書を複写される場合は，そのつど事前に，(社)出版者著作権管理機構（電話03-3513-6969，FAX03-3513-6979，e-mail：info @ jcopy.or.jp）の許諾を得てください。
また本書を代行業者等の第三者に依頼してスキャンやデジタル化することは，たとえ個人や家庭内の利用であっても一切認められておりません。